W0258978

Gerhard Fasching

Das Kaleidoskop der Wirklichkeiten

Über die Relativität naturwissenschaftlicher Erkenntnis

SpringerWienNewYork

Gerhard Fasching
o. Univ.-Prof. Dr. techn. habil., Technische Universität Wien, Österreich

Mit einem Geleitwort von

Hans-Peter Dürr
Em. Univ.-Prof., Direktor em. am Max-Planck-Institut für Physik, München
Träger des Alternativen Nobelpreises

Gedruckt mit Unterstützung des
Bundesministeriums für Wissenschaft und Verkehr in Wien

Softcover reprint of the hardcover 1st edition 1999

Satz: Reproduktionsfertige Vorlage des Autors
Druck und Bindearbeiten: Druckerei Theiss, A-9400 Wolfsberg

Gedruckt auf säurefreiem, chlorfrei gebleichtem Papier - TCF
SPIN: 10742468

Mit 38 Abbildungen

Die Deutsche Bibliothek – CIP-Einheitsaufnahme
Fasching, Gerhard:
Das Kaleidoskop der Wirklichkeiten: Über die Relativität naturwissenschaftlicher Erkenntnis/Gerhard Fasching.-
Wien; New York: Springer, 1999
ISBN-13: 978-3-7091-7412-8 e-ISBN-13: 978-3-7091-6814-1
DOI: 10.1007/978-3-7091-6814-1

Geleitwort

Hans-Peter Dürr, München

Die Wissenschaft spricht von einer Welt, die außerhalb von uns existieren soll. In der Tat: Durch unsere Sinne können wir diese Welt wahrnehmen. Wir lernen sie kennen als ein Etwas, das wir Materie nennen und in vielerlei Formen und Stücken einen dreidimensionalen Raum erfüllt. Mit unseren Fingern können wir sie fühlen und ertasten, mit der Hand Stücke greifen und begreifen. Diese Welt ist in stetiger Wandlung begriffen. Sie verändert ihre Form und Gestalt im Laufe einer dahinfließenden Zeit. Wir interpretieren dies als einen Prozeß, bei dem etwas, in einer nur geahnten Zukunft Vorbereitetes, sich in einem jeweiligen Augenblick, der Gegenwart, realisiert, um gleich danach in einer wieder nicht greifbaren Vergangenheit zu versinken. Zugänglich und direkt wahrnehmbar ist für uns die Welt nur in der Gegenwart, dem: Jetzt! Und auch dort nur in den Teilen, die für uns direkt greifbar sind, dem: Hier! Alles andere bleibt für uns zunächst eine Vorstellung, eine geistige Konstruktion eines bewußten Beobachters, der sich, durch sein Bewußtsein, als neben dieser Welt stehend und unabhängig von ihr empfindet. Doch selbst das, was wir jeweils 'Hier und Jetzt!' handgreiflich erfahren, ist schon Konstruktion. Denn die ursprüngliche, unmittelbare und spontane Erfahrung lebt zunächst noch in der Einheit, in der das wahrnehmende Selbst noch nicht vom Wahrgenommenen, den Teilen der äußeren Welt, abgetrennt ist. Grunderlebnis ist reine Beziehung, in der die Spaltung von Subjekt und Objekt noch nicht vollzogen ist. Hier wird "eigentliche Wirklichkeit" mehr erahnt als wirklich erlebt, da es in der Verbundenheit noch keinen Zeugen gibt, der ihre Wirkung erfahren und so von einer dinglichen Wirklichkeit, einer Realität, wissen oder im Gleichnis von einer äußeren Welt sprechen kann.

Offensichtlich darf diese hintergründige "eigentliche Wirklichkeit", was immer wir darunter verstehen wollen, nicht mit unserer Wahrnehmung dieser Wirklichkeit verwechselt werden. Weil die Wirklichkeit in unserem tätigen Leben uns als greifbare Wirklichkeit entgegentritt, gewinnen wir den Eindruck, daß die eigentliche Wirklichkeit in dem von uns Wahrgenommenen voll zum Ausdruck kommt, also mit dieser identifiziert werden kann. Die von uns erfahrene Welt erscheint uns schlechthin als die "eigentliche Wirklichkeit", und wir nehmen deshalb an, daß diese Identifizierung auch für alle wahrnehmenden Menschen gilt, was wir dann auch im Umgang mit anderen Menschen bestätigt finden. Dadurch wird Wirklichkeit zu etwas Intersubjektivem, sie löst sich vom subjektiven Betrachter und etabliert sich als eine äußere, objektiv existierende Welt. Offensichtlich ist diese Konstruktion äußerst lebensdienlich, da sie dem Menschen als Individuum und als Gattung das Überleben in der nicht-auftrennbaren Komplexität der Wirklichkeit erleichtert.

Gerhard Fasching konzentriert sich im vorliegenden Buch "Das Kaleidoskop der Wirklichkeiten" auf diese Verwechslung der eigentlichen Wirklichkeit mit ihrer Wahrnehmung. Er befaßt sich also mit der wichtigen und interessanten Frage, auf welche Art und Weise die "eigentliche Wirklichkeit" in der von uns "wirklich" erfahrbaren Wirklichkeit zum Ausdruck kommt und kommen kann. Dieser Übergang ist mehrdeutig, ähnlich den vielfältigen Farbmustern eines Kaleidoskops. Die von uns wahrnehmbare Wirklichkeit läßt nämlich keineswegs nur eine einzige Beschreibung zu, die dann als die einzig richtige und wahre Beschreibung zu gelten hätte, sondern sie läßt sich auf recht verschiedene, sogar widersprüchliche Weisen vorstellen und ausdrücken.

Das überrascht uns nicht. Solche Unterschiedlichkeit ist uns ja im Alltag geläufig. Unsere Wahrnehmungen sind verschieden, wenn wir z.B. ein bestimmtes Haus von verschiedenen Seiten, oder eine Landschaft einmal von einem Hochsitz am Waldrand und dann durch das Fenster eines fahrenden Zuges betrachten. Die jeweiligen Eindrücke hängen wesentlich vom Standort und der Bewegung des Beobachters ab. Mit dem gedanklichen Prozeß der 'Objektivierung' gelingt es uns jedoch, dieser offensichtlichen Relativität der Eindrücke erfolgreich zu entkommen, indem wir dem "Objekt" abstrakt nur das zuordnen, was bei allen Betrachtungsweisen letztlich als Gemeinsames vom Betrachteten, dem Objekt, übrig bleibt. So ist auch an den Relativitätstheorien von Albert Einstein nicht, wie oft zitiert wird, wesentlich, daß "alles relativ", also vom Ort und Bewegungszustand des Betrachters abhängig ist, sondern vielmehr, daß sich hinter dieser Relativität gewisse eingeprägte Eigenschaften des Betrachteten zeigen oder auch verbergen, sogenannte Invarianten (wie z. B. die Ruhmasse), die für alle Betrachter gleichwertig sind.

Die Gleichwertigkeit verschiedener Betrachtungen ist nicht immer gleich einzusehen. Die verschiedenen wahrgenommenen Wirklichkeiten stehen oft unverträglich einander gegenüber und führen bei den Betrachtern zu unversöhnlichem Streit. Die Geschichte ist reich an dramatischen Beispielen. In diesem Zusammenhang ist der Glaubensstreit zwischen dem alten ptolemäischen und dem kopernikanischen kosmischen Weltsystem charakteristisch, der im Mittelalter manch einen Gelehrten auf den Scheiterhaufen gebracht und Galileo Galilei zum Widerruf seiner Erkenntnisse gezwungen hat. Diese beiden Weltbilder dienen auch Gerhard Fasching als pädagogisches Paradebeispiel für verschieden vorgestellte Wirklichkeiten. Begrenzt auf den damals phänomenologisch zugänglichen

Erfahrungsbereich können sie durchaus als gleichwertige Beschreibungen gelten. Es spielt in der Tat in der Bewegung der Himmelskörper, der Fixsterne, Planeten und Monde, was deren beobachteten Bewegungen anbelangt, prinzipiell keine Rolle, ob man sich nun die Erde oder die Sonne als ruhend vorstellt, weil nur die relativen Abstände und Geschwindigkeiten der Himmelskörper in die physikalische Beschreibung eingehen. Die Unterschiede werden erst dann merklich, wenn man versucht diese Bewegungen als Folge bestimmter Kräfte zu deuten und dabei auch noch eine gewisse Einfachheit der Darstellung fordert. Und auch hier muß man im Auge behalten, daß es sehr von unseren Gewohnheiten abhängt, was wir als einfach empfinden. Der wesentliche Unterschied der beiden Weltbilder für den Menschen liegt selbstverständlich darin, daß er mit der Sonne anstelle der Erde als Zentralgestirn sich seiner Sonderstellung im Universum beraubt sehen mußte.

Ein Vergleich der ptolemäischen und der kopernikanischen Wirklichkeit reicht jedoch als Beispiel noch nicht aus, den vollen Reichtum äquivalenter Wirklichkeiten aufzuzeigen. Die moderne Physik hat hier die Möglichkeiten auf ungeahnte Weise erweitert. Waren in der Beschreibung des Planetensystems noch beide Betrachtungsweisen vorstellbar als Bewegungen von Körpern in einem dreidimensionalen Raum in einer gemeinsamen Zeit - und auch die Einsteinsche Allgemeine Relativitätstheorie läßt sich noch in diesem allgemeinen Rahmen verstehen - , so lassen sich in der Mikrophysik die verschiedenen Beschreibungen der kleinsten "Bausteine" der Materie, der Elementarteilchen, die sich widersprüchlich einmal wie Wellen und dann auch als Teilchen verhalten, nun nicht mehr auf eine einzige für uns begreifbare Vorstellung zurückführen. Die dahinter vermutete "eigentliche Wirklichkeit" entzieht sich grundsätzlich unserer unmittelbaren Anschauung und Einsicht. Die Vielheit von Wirklichkeiten entspringt nun nicht nur verschiedenen Ansichten einer komplizierteren, aber letztlich immer noch anschaulich vorstellbaren Wirklichkeit, sondern einer ganz andersartigen "eigentlichen Wirklichkeit", die nicht mehr "begreifbaren" Kriterien genügt. So wird in ihr die uns gewohnte Zweiwertigkeit eines Entweder/Oder, eines Ja/Nein unter Ausschluß eines Dritten ('tertium non datur'), erweitert zu der offeneren Wertigkeit eines Sowohl/Als-auch, wodurch Widersprüchliches im alten Sinne sich als Komplemente auf einer höheren Ebene miteinander versöhnen lassen. Dies erfordert wesentliche Opfer an Verständlichkeit, weil 'verstehen' und 'erklären' eine andere, unschärfere Bedeutung erhalten. Eine eingeprägte Schranke wissenschaftlichen Wissens wird erkennbar: *Es gibt ein Wissen um prinzipielles Unwissen, das nicht einfach mit Ignoranz oder einem Noch-nicht-wissen interpretiert werden kann, sondern schlechthin als nicht-wißbar gelten muß. Diese Schranke ist nicht nur negativ zu werten. Wissen ist nicht alles.* Grenzen des Wissens öffnen und vergrößern die Geltungsbereiche für intuitives Wahrnehmen und unmittelbares Erleben. Rationalität findet wieder zu ihrer umfassenden Bedeutung zurück, welche die abwägende, wertträchtige Vernunft wesentlich mit einbezieht und sich nicht auf das Verstandesmäßige beschränkt als eine Fähigkeit, Wissen - exaktes Wissen, wie wir vielfach glauben - über die Wirklichkeit, so sammeln und kritisch denkend verarbeiten zu können, daß es sich zu einer besseren Steuerung unseres absichtsvollen Handeln eignet.

Warum sind solche Überlegungen über die Vielfalt von Wirklichkeiten für uns so wichtig? Es hat den Anschein, als ob ein Teil unserer heutigen großen Probleme zu Beginn eines neuen Jahrhunderts darin begründet liegt, daß wir in den Lebenswissenschaften, in der Biologie und Medizin, und den Gesellschaftswissenschaften, in der Politik und Wirtschaft, immer noch mit der alten mechanistischen, deterministischen 'Denke' des 19. Jahrhunderts versuchen, Phänomene zu begreifen und Kräfte zu bändigen, die wir wesentlich durch die ganz andersartigen, Offenheit und Ganzheitlichkeit implizierenden Einsichten des 20. Jahrhunderts erschlossen haben.

Wie so oft in unserer Menschheitsgeschichte erliegen wir auch heute wieder der Versuchung, unsere jeweiligen Einsichten in die Wirklichkeit zu überschätzen. Gelingt es uns, einen kleinen Zipfel der "Wahrheit" zu erhaschen, dann meinen wir, verabsolutierend, in diesem Zipfel gleich die einzige und ganze Wahrheit zu sehen. Wir betrachten das ganze Weltgeschehen nur unter diesem einen neuen Gesichtspunkt und zwängen, was nicht so recht passen will, mit Intelligenz, Schlauheit, Eloquenz, doch auch mit unbewußter oder bewußter Mogelei und Gewalt in dieses Korsett. Dieser Impuls entspringt nicht nur unserer Dummheit und Ungeduld. Dahinter steckt der verständliche Wunsch, die undurchsichtige Komplexität unserer Mitwelt auf etwas für uns Einfaches und damit Einsehbares, Überschaubares zu reduzieren. Eine solche vereinfachte Vorstellung der Wirklichkeit eröffnet für uns vielfältige Chancen, in unsere Mitwelt absichtsvoll einzugreifen und sie für unser eigenes und das Fortkommen unserer Mitmenschen besser zu nutzen. Die große Gefahr solcher Vereinfachungen und Verabsolutierungen liegt andererseits in der einseitigen Übertreibung. Aus ihr können leicht Entgleisungen resultieren in Form von Destabilisierungen des Gesellschaftssystems oder gar des umfassenden Ökosystems, in das wir als Menschen existentiell eingebettet sind. Solche Destabilisierungen deuten sich durch eine lawinenartige Eigendynamik an, einem ständigen Wachstums- und Beschleunigungsprozeß, der zu extremen gesellschaftlichen Ungleichgewichten und, bei den heutigen gigantischen Einflußmöglichkeiten des Menschen, sogar letztlich zu einer Zerstörung seiner natürlichen Lebensgrundlagen führen kann. Ähnlich wie die Artenvielfalt für die dynamische Stabilität des Biosystems wesentlich ist, so ist für die Zukunftsfähigkeit des Menschen die kulturelle Vielfalt wichtig. In der Vielfalt der Kulturen spiegelt sich mehr vom Wesen der 'eigentlichen Wirklichkeit' wider als in jeder einzelnen Kultur, die jeweils nur einer bestimmten Wahrnehmung den Vorzug gibt.

München, 1. Juli 1999

Inhaltsverzeichnis

EINLEITUNG

Das Buch findet zu einem überraschenden Ergebnis: Man selbst gehört nicht zur Wirklichkeit, sondern *man steht außerhalb jeder Wirklichkeit*. Man steht außerhalb, und man hat eine mehr oder minder große Auswahl panoramenhafter Wirklichkeiten vor sich, in denen man sich orientieren und zurechtfinden kann. Wenn einem danach ist, dann kann man eine solche Wirklichkeit auch verlassen, in eine andere überwechseln - ganz nach Belieben!

Diese bizarre Idee wirkt fürs erste fast wie ein Fieberwahn. Was soll das heißen: Man steht außerhalb jeder Wirklichkeit.

Wenn man diese merkwürdige Behauptung näher beleuchten möchte, dann wird man wohl als erstes die Methode des naturwissenschaftlichen Erkennens heranziehen. Denn von dort her erwartet man ja die präzisesten Auskünfte über das Wesen von Wirklichkeit. Das geschieht im *1. Kapitel* des Buches. Was sich allerdings da zeigt, ist erst recht eigenartig, denn wir stoßen sogar auch in Kernbereichen des naturwissenschaftlichen Denkens unversehens auf *relative* Wirklichkeiten.

Einen ungewöhnlichen Schritt werden wir daher im Verlauf unserer Überlegungen vollziehen müssen: Wir werden die vermeintliche Absolutheit von Wirklichkeiten loslassen und Wirklichkeiten als etwas "Gewordenes" auffassen. Wo ist aber dann der feste Punkt, worauf wir stehen? Unser Ausgangspunkt wird nicht die naturwissenschaftliche Wirklichkeit sein, sondern jenes, was jeder (!) Wirklichkeit in sprachloser Gewißheit für uns selbst zugrunde liegt. *Unser Ausgangspunkt ist also nicht irgend ein Teil einer Wirklichkeit (wie Materie in Raum und Zeit ...), sondern er liegt außerhalb jeder Wirklichkeit, er übersteigt jede Wirklichkeit, er ist in Bezug auf Wirklichkeiten, wie wir sie hier verstehen, transzendent.* Der Ausgangspunkt hat sich also aus der Wirklichkeit heraus verschoben und er ist dabei gleichzeitig zum legitimen Quellpunkt für viele Wirklichkeiten geworden. Nicht *Teil* einer Wirklichkeit ist man, sondern *jenseits* von ihr steht man und bringt sie selbst hervor. Nicht *eine* Wirklichkeit ist es, die dabei vorrangig entsteht, sondern *mehrere* Möglichkeiten sind dabei offen. Wirklichkeiten stehen nicht in Konkurrenz sondern in Konkordanz, sie harmonieren aus der Gewißheit des gemeinsamen Quellpunktes.

Wendet man sich insbesondere der Naturwissenschaft zu, dann erkennt man mit Erstaunen, daß man hier ein und dasselbe Kernphänomen in unterschiedliche Wirklichkeiten kleiden kann. Dabei zeigt sich, daß das gar kein Nachteil ist. Jede Wirklichkeit leistet das, was man von ihr billigerweise verlangen kann und jede hat ihren Wert. Viele Bilder, viele Wirklichkeiten werden hier also sichtbar, leuchten auf und sind auf ihre Weise legitim.

Das 2. Kapitel greift ein konkretes Beispiel auf und zeigt, wie es dazu kommt, daß eine Wirklichkeit schrittweise entsteht und wieso man an einer derart "konstruierten" Wirklichkeit" schließlich festhält. Vom ptolemäischen Weltbild der Astronomie, welches in Jahrtausenden geworden ist, soll hier die Rede sein. Heute sind wir zwar der festen Meinung, daß nicht das ptolemäische, sondern das kopernikanische Weltbild zutreffend ist. Gerade deshalb ist es für unsere Überlegungen besonders lehrreich, ausführlich zu zeigen, auf welche Weise man Schritt für Schritt den Regel-und-Methoden-Kanon aufgebaut hat, der zuletzt die ptolemäische Wirklichkeit mit allen Details entstehen ließ. Es ist dabei bemerkenswert, daß man hunderte Beobachtungen am Himmel mit eigenen Augen machen und auf diese Weise in aller Ausführlichkeit das Entstehen einer Wirklichkeit verfolgen kann. Man erkennt dabei, daß all die Tatsachen, die da zutage gefördert werden, miteinander eng verbunden sind. Es wird sich zeigen, daß diese

Wirklichkeit nicht bloß eine ausgeprägte erklärende Kraft aufweist, sondern auch in erstaunlicher Weise Voraussagen macht, die einer Überprüfung standhalten. Es ist bekannt, welch hohe Bedeutung diese Wirklichkeit auch für das kulturelle Zusammenleben in der Gesellschaft gehabt hat. Dieses konkrete Beispiel ist ferner deswegen interessant, weil wir an diesem Text mit den heutigen Vorstellungen der kopernikanischen Wirklichkeit herangehen und weil die kopernikanische Wirklichkeit bei der Lektüre durch die ptolemäische Wirklichkeit immer stärker überdeckt wird. Wir erleben also an diesem Beispiel an uns selbst, was da eigentlich vorgeht, wenn eine Wirklichkeit "wirklich" wird.

Das 3. Kapitel spricht von Vielheit und Einheit und weist zuerst auf weitere Beispiele hin, die als plurale Wirklichkeiten deutbar sind. Der Ausgangspunkt, also das eigentliche Fundament, liegt dabei immer jenseits der Grenzen von Erfahrung und ist in diesem Sinn transzendent. Die fundamentale Einheit, auf der die Wirklichkeiten ruhen, kündigt sich an.

Das Buch bemüht sich im Textteil, die Frage des Wirklichkeits-Pluralismus mit einem Minimum eines methodologischen Instrumentariums an Hand von Beispielen zu erläutern. Es ist dabei das Ziel, die leichte Lesbarkeit nicht zu gefährden. Im *Anhang* findet man eine ausführlichere Darstellung über die besondere Form naturwissenschaftlicher Erkenntnis. Die Relativität von Wirklichkeit wird sichtbar. Die absolute Wirklichkeit stellt sich als eine Hypothese dar, die man nicht braucht und die daher zu eliminieren ist.

Ich hoffe, daß es mir an Hand dieser kleinen exemplarischen Auswahl gelingt darzustellen, auf welch unterschiedliche Weise man Wirklichkeiten strukturieren kann und daß es ein Verhängnis wäre, wenn man sich statt dessen mit einer verabsolutierten Monokultur des Denkens zufrieden gäbe.

Wien, am 25. März 1999 — Gerhard Fasching

1
RELATIVE WIRKLICHKEITEN?

In der naturwissenschaftlichen Wirklichkeit sieht man heute üblicherweise das Urbild von Wirklichkeit, das Urbild absoluter Verläßlichkeit. Es ist daher naheliegend zu fragen, wie man denn eine solche prominente Wirklichkeit auffindet. Davon handelt das erste Kapitel und es führt auf ein überraschendes Ergebnis, mit dem wir im ersten Moment nicht gerechnet hätten: Die naturwissenschaftliche Wirklichkeit erweist sich als relativ! Soll das etwa bedeuten, daß man zu einer *anderen* Wirklichkeit findet, wenn man auf *andere* Art an Phänomene herangeht? Soll das bedeuten, daß sich je nach dem Standpunkt, den man einnimmt, verschiedene Wirklichkeiten ergeben?

Um diese Frage zu beleuchten, lenken wir unser Augenmerk als erstes auf jene Vorgangsweise, die der Naturwissenschafter einhält, wenn er sich der Natur forschend nähert. Er geht ja nicht irgendwie vor, sondern er richtet sich nach bestimmten Regeln und Methoden, die ihm zuletzt die naturwissenschaftliche Wirklichkeit vor Augen führen. Wenn man diese Vorgangsweise aufmerksam betrachtet, dann zeigt sich auf einfache Art, was das Wesen dieser Wirklichkeit eigentlich ist. Bei dieser Gelegenheit wird darüber hinaus etwas deutlich, was oft übersehen wird: Der Naturwissenschaft liegt eine Ausgangsbasis voraus, die wir "Lebenswirklichkeit" nennen wollen. Durch systematisches Ausblenden großer Bereiche dieser Lebenswirklichkeit wendet sich die Naturwissenschaft einem *eingeengten* Gesichtskreis zu, den sie auf *spezifische* Weise zur naturwissenschaftlichen Wirklichkeit gestaltet, wodurch dann das, was man naturwissenschaftliche Wirklichkeit nennt, deutlich sichtbar zum Vorschein kommt. Man steht also vor zwei verschiedenen Wirklichkeiten, von denen man keine missen möchte. Während die naturwissenschaftliche Wirklichkeit aus einem bestimmten Regel-und-Methoden-Kanon entsteht, wächst die Lebenswirklichkeit aus dem gesamten kulturellen Hintergrund, in dem man eingebettet ist, und aus dem heraus man jenes deutet, was einem widerfährt.

Der eigentliche *Urgrund* aber, auf dem diese Wirklichkeiten ruhen, das eigentliche Fundament, welches diese relativen Wirklichkeiten hervorbringt und trägt, erweist sich "für eine direkte Betrachtung" als unzugänglich.

Eine wichtige Frage tritt zuletzt an uns heran: Wie wird Wirklichkeit wirklich? Hiervon spricht genau genommen das ganze Buch.

Die naturwissenschaftliche Wirklichkeit

Das naturwissenschaftlich-rationale Denken hat im Lauf seiner Entwicklung ein umfassendes und komplettes Bild erarbeitet. Jeder kennt es. Wir leben in diesem Bild. Es ist mittlerweile unsere eigentliche Wirklichkeit, unsere eigentliche Realität geworden. Hunderte Tatsachen sind es, die wir da aufzählen könnten. Materie sehen wir in Raum und Zeit. Unermeßlich ist die Materie, die Galaxien bildet, Sonnen und Planeten, Kristalle, Moleküle und Atome, bis hin zu den wunderlichen Quarks, die wir für die Urbestandteile der Materie halten. Naturgesetze wirken und lassen uns erkennen, *wie* alles in der Natur geworden ist.

Die naturwissenschaftliche Wirklichkeit ist überwältigend eindeutig und stabil. Die Faszination naturwissenschaftlicher Sicherheit verdrängt scheinbar zu Recht alle anderen Formen, wie man etwas sehen kann. Nichts steht dem naturwissenschaftlichen Denken mehr entgegen.

Wieso titelt dieses Kapitel aber dann so aufreizend mit den Worten: Relative Wirklichkeiten? Und meint womöglich auch die naturwissenschaftliche Wirklichkeit.

Fragen stehen also vor uns: Besteht die Priorität naturwissenschaftlich-rationalen Denkens *vor anderen Denkformen* zu Recht? Führen andere Denkformen zu anderen Wirklichkeiten? Verlieren wir den festen Boden unter den Füßen?

Eine Antwort auf diese Fragen kann man erhoffen, wenn man überprüft, auf welche Weise man zur naturwissenschaftlich-rationalen Realität findet.

Naiver Realismus

Für den naiven Realismus ist diese Frage überhaupt keine Frage. Er hat es leicht. Er sagt, daß die Welt gerade so beschaffen sei, wie wir sie wahrnehmen: Eine rote Mohnblüte ist eben rot.

Da sind wir aber im allgemeinen kritischer und erinnern uns, daß die rote Farbe mit einer bestimmten Wellenlänge des Lichtes zusammenhängt und eben nur *dieses* Licht von der Blüte reflektiert wird. Und überhaupt: Licht ist ein elektromagnetischer Schwingungsvorgang! Elektrische und magnetische Feldvektoren sind es, die in uns die Farbempfindung "rot" auslösen. Und all das läßt sich bekanntlich experimentell untersuchen und auch messen. Wo soll da ein Platz für relative Wirklichkeiten sein?

So sieht man die Dinge, wenn man kritisch ist. Wenn man aber *tatsächlich kritisch* ist, dann muß man sich auch fragen, wie man denn zu dieser meßbaren naturwissenschaftlichen Realität findet. Die Frage ist ja nicht unbedeutend, auf welchem Wirklichkeitsfundament der Mensch sich findet. Das naturwissenschaftliche erscheint manchmal etwas eng. Die Frage geht also jeden etwas an.

Schon jetzt will ich das Ergebnis unserer Überlegungen vorausschicken: Wenn man etwas genauer nach der Wirkungsweise der naturwissenschaftlichen Brille fragt, schwindet erstaunlicherweise die vermeintliche Priorität des naturwissenschaftlichen Denkens. Aber davon sollten Sie sich selbst überzeugen.

Wenn man sich die Frage beantworten möchte[1], wie man zur naturwissenschaftlichen Realität findet, dann bemerkt man, daß man im wesentlichen über drei Stufen steigen muß: Die erste Stufe legt die *Regeln* fest. Die zweite die *Methode*. Die dritte verdeutlicht die *Struktur*.

Regeln

Die erste Stufe stellt das Fundament der Naturwissenschaft dar. Vereinbarte Regeln sind es, die uns sagen, welche Gedanken man als naturwissenschaftliche Gedanken zulassen darf. Sobald man diese Regeln aufzählt, sagt man sich unwillkürlich, daß es ja anders gar nicht gehen kann und daß also diese Regeln eine Selbstverständlichkeit sind. Trotzdem wollen wir sie nennen:

Nur die Erfahrung ist die Wissensquelle. Wenn man sich nicht in Hirngespinsten verirren will, dann muß wohl alles, was man weiß, aus der Erfahrung gewonnen sein. Das wissenschaftliche Experiment, die wissenschaftliche Beobachtung

---

[1] Das vorliegende Buch will bewußtmachen, daß man genaugenommen oft vor vielen Wirklichkeiten steht, die alle auf ihre besondere Weise geworden sind, die alle *in sich* richtig sein können und die aber oft miteinander recht wenig zu tun haben. Das Buch will an einigen Beispielen - großen und kleinen - zeigen, wie eine Wirklichkeit wirklich wird. Und das Interessante ist, daß sich jenes ankündigt, was jenseits der Wirklichkeiten - aller Wirklichkeiten! - liegt.
Im vorliegenden Buch ist daher nicht viel Platz, um auch noch die Epistemologie der Naturwissenschaft ausführlich darzustellen. Das ist an anderer Stelle (FASCHING [Gegenwurf], [Wirklichkeit], [Mond], [Verlorene Wirklichkeiten], [Sprache]) schon geschehen. Dort ist auch das umfangreiche Schrifttum zitiert, welches zu diesem besonderen Thema gehört.
Hier, im vorliegenden Kapitel, möge es also genügen, diese Frage nur oberflächlich zu streifen. Im Anhang dieses Buches findet man einen Abschnitt über *Das naturwissenschaftliche Verknüpfungsinstrument*. Hier sind für den interessierten Leser ausführlichere technische Details dargestellt.

steht im Vordergrund. Das Experiment analysiert die Wirkungen, die die unterschiedlichen Einflußgrößen auf das betreffende Phänomen, welches wissenschaftlich untersucht werden soll, haben.

Reproduzierbarkeit. Experimente und überhaupt alle naturwissenschaftlichen Phänomene müssen reproduzierbar sein. Immer, wenn man sie in der gleichen Art wiederholt, müssen sie gleichartig ablaufen.

Widerspruchsfreier Aufbau. Wissenschaftliche Aussagen müssen widerspruchsfrei sein. Der Logik müssen sie genügen. Die Aussagen müssen kohärent sein. Ein umfangreiches Rüstzeug steht in der Naturwissenschaft bereit, um diese Forderung zu erfüllen. Die Mathematik und Geometrie stellen die unterschiedlichsten Methoden für diesen Zweck zur Verfügung. Die Analysis mit ihrer Funktionenlehre, mit ihrer Differential- und Integralrechnung, die Vektorrechnung und die Wahrscheinlichkeitslehre; aber auch Verfahren der Chaostheorie und der fuzzy logic machen neuerdings von sich reden.

Falsifikationsprinzip. Das Falsifikationsprinzip hat das naturwissenschaftliche Denken noch einmal ganz erheblich geschärft. Es verlangt, daß jeder naturwissenschaftlich gemeinte Satz, sich im Prinzip (!) als *falsch* erweisen können muß. Das klingt erstaunlich - ist es aber nicht. Es ist bloß gemeint, daß jede naturwissenschaftliche Aussage überprüfbar sein muß und wenn sie diese Überprüfung nicht besteht, wenn sie also falsch ist, daß sie dann auszuscheiden ist. Es darf sich mit anderen Worten in die Naturwissenschaft nichts einschleichen, was sich einer Überprüfbarkeit grundsätzlich entzieht. Es ist klar, daß dieses extrem scharfe Ausleseprinzip für die Naturwissenschaft unverzichtbar ist.

Kausalität. Dieses Stichwort meint Ursächlichkeit, meint Zusammenhang von Ursache und Wirkung, es meint, daß jedes Geschehen eine Ursache hat und gleichzeitig aber auch selbst eine Ursache für anderes Geschehen ist.[2] Man denkt sich Ursache und Wirkung als Kette, die aus der Vergangenheit kommend die Gegenwart durchläuft und in der Zukunft verschwindet. Das Heute und Morgen will man aus dem Gestern verstehen.

Kumulativität. Dieses Stichwort meint, daß alles, was man als richtig erkannt hat, auch für alle Zukunft als richtig erkannt gilt. Kumulativität scheint für wissenschaftliches Wissen unverzichtbar zu sein, weil ja aufbauend auf früher Erkanntem ein Fortschreiten sonst nicht möglich wäre.

Schon diese Auswahl zeigt die Bedeutung des Regelfundamentes: Die Regeln sieben jenes heraus, was man als *naturwissenschaftliche Aussage* hinterher gelten läßt. Die restlichen Phänomene, die diesen Regeln nicht genügen, werden aus der Betrachtung grundsätzlich ausgeschlossen. Denn nur dadurch, daß man von gewissen Phänomenen absieht, kann Naturwissenschaft überhaupt betrieben werden.

Methode

Die zweite Stufe, die zum Bild der naturwissenschaftlichen Realität führt, ist die Methode. Hier ist die abstrakte Vorgehensweise gemeint, die es uns ermöglicht, die Natur zu erkennen. Aus drei Teilstufen besteht die Methode, die zum naturwissenschaftlichen Bild führt: *Begriffe* sind zu bilden, *Theorien* sind aufzustellen und *Erklärungen*, sowie *Voraussagen* sind zu formulieren. Die Methode ist das Werkzeug, welches die naturwissenschaftliche Realität aufspannt:

---

[2] Hierbei sollte man nicht zu eng und nur an die einfachen deterministischen Gesetze der klassischen Mechanik denken. Auch in der Quantenmechanik liegen ähnliche Verhältnisse vor. Hier werden jedoch Wahrscheinlichkeitsverteilungen *deterministisch* durch ein Sukzessionsgesetz verbunden. (Vergleiche FASCHING [Gegenwurf, Seite 398 f.])

Begriffe werden in den Wissenschaften mit scharf definierten Prinzipien festgelegt.

Theorien beschreiben auf allgemeingültige Weise beobachtbare Zusammenhänge. Theorien sind besonders strukturierte Modelle für einen Kreis von Phänomenen, die durch eben diese Theorie aufgegriffen und in spezifischer Weise sichtbar gemacht wurden.

Erklärungen sind Antworten auf Warum-Fragen. Sie weisen nach, daß beobachtete Phänomene mit der Theorie in Einklang stehen. *Voraussagen* sind analog gebaut, sie behandeln jedoch Phänomene der Zukunft und ermöglichen damit naturwissenschaftlich-technisches Handeln.

Struktur

Die dritte Stufe, die die naturwissenschaftliche Realität schließlich charakterisiert, ist die Struktur. Hier ist davon die Rede, zu welchen Details die Methode der Naturwissenschaft führt. Diese strukturellen Details verkörpern jene Merkmale, die dem Betrachter von Naturwissenschaft und Technik das große Vertrauen einflößen, welches man dieser mächtigen kulturellen Institution entgegenbringt. Die hier gemeinten strukturellen Details sind das, was man kurz gesagt Tatsache, Wirklichkeit und Realität nennt.

Eine Tatsache ist ein Element der Wirklichkeit. Die gängige Bedeutung des Wortes Tatsache ist das lateinische factum, das Geschehene, der Tatbestand. Tatsachen ergeben in vielfältiger Verzahnung das, was man Wirklichkeit nennt.

Eine Wirklichkeit ist der Inbegriff dessen, was wirkt, was erfahren wird. Die Wirklichkeit verstehen wir also als etwas, das auf uns wirkt. Unsere naturwissenschaftliche Wirklichkeit ruht auf Tatsachen, ruht auf "Antworten", die sich aus Experimenten ergeben und auf den Experimentator wirken.

Unter Realität meinen wir eine intersubjektive Wirklichkeit. Oder mit einem anderen Wort gesagt, meint "intersubjektiv" soviel wie "objektiv". Eine Realität ist also etwas Objektives und wird von jedem Subjekt in gleicher Weise erfahren. Die naturwissenschaftliche Realität meint eine Wirklichkeit, die für jedes erkennende Wesen, für jedes Subjekt gültig ist. Magnetische Kräfte zwischen stromdurchflossenen Elektrizitätsleitern sind zum Beispiel für jeden Physiker eine naturwissenschaftliche Realität. Gravitationskräfte sogar für jeden Laien.

Die Fortschrittsasymptote

Kein Naturwissenschafter würde behaupten, daß seine Wissenschaft heute schon das endgültige Bild der Realität in der Hand hat. Denn die Forschung geht ja ununterbrochen weiter. Immer befruchtet eines das andere. Die Verfeinerung des wissenschaftlichen Bildes führt im Zug des wissenschaftlichen Fortschrittes zu konvergierenden Aussagen, es zeigt sich eine Annäherung, ein Zusammenlaufen, ein Zustreben zu einem offenbar vorhandenen Grenzwert. Das naturwissenschaftliche Bild wird immer genauer und nähert sich durch Versuch und Irrtum also immer mehr diesem unbekannten "Etwas" und erfaßt es - so zumindest sieht man die Sache - schließlich im Grenzwert. Die Fortschrittsasymptote ist der Grenzwert, dem die Forschung zustrebt. Sie ist das endgültige Bild der Struktur der Natur, sie ist nicht mehr korrekturbedürftig. Allerdings liegt es im Wesen einer solchen Asymptote, daß man sie nie erreicht und niemals wirklich kennt.

Ihre Bezogen- und Bedingtheit

Unsere bisherigen Überlegungen haben - zumindest wenn man den Text oberflächlich gelesen hat - die naturwissenschaftliche Wirklichkeit als eine Gegebenheit gezeigt, die zwar noch nicht endgültig erforscht, aber jedenfalls als absolut verläßlich erscheint und an der kein Weg vorbeiführt. Die naturwissenschaftliche Wirklichkeit scheint alles andere als eine relative Wirklichkeit zu sein.

Aber der Schein trügt. Bei genauerem Hinsehen zeigt sich nämlich, daß die naturwissenschaftliche Wirklichkeit offenbar doch relativ ist. Ihre Relativität äußert sich als Bezogen- und Bedingtheit. Beleuchten wir einige Details:

Regel-Relativität

Die naturwissenschaftliche Wirklichkeit verstehen wir als etwas, das - regel- und methodenadäquat - auf *uns selbst* wirkt. Wir verstehen unter naturwissenschaftlicher Wirklichkeit etwas, was *in diesem genannten Sinn* erfahrbar wird. Bevor noch Naturwissenschaft zu betreiben ist, waren also Regeln zu vereinbaren, um den später auffindbaren naturwissenschaftlichen Aussagen eine besondere Form von Gewißheit und Gültigkeit zu verleihen:

- Nur die Erfahrung darf als Wissensquelle gelten.
- Reproduzierbarkeit,
- Logik,
- Falsifikationsprinzip,
- Kausalität und
- Kumulativität haben wir genannt.

Eine besondere Form von Gewißheit bewirken sie. Aber *in umgekehrter Lesart* geben sie auch an, was *nicht* in der Naturwissenschaft zu finden sein wird. All das wird ausgeschlossen, was sich der experimentellen Beobachtung widersetzt, was sich dem Korsett der Logik nicht beugt, was der Falsifizierbarkeit nicht genügt, was der Reproduzierbarkeit widersteht, was sich der Kausalität entzieht und was sich nicht kumulieren läßt. Werden aber da nicht sehr wesentliche Bereiche des menschlichen Lebens ausgegrenzt? Alles was da außerhalb liegt, ist also *nicht* in das Schema der Naturwissenschaft einzuordnen und wird von dort daher als *Zufall* eingestuft und ausgegrenzt.

Methoden-Relativität

Begriffe, Theorien, Erklärungen und Voraussagen sind jene Methode, die uns die Natur auf dem Fundament der zuvor vereinbarten Regeln erkennen lassen.[3]

---

[3] In ausführlicher Weise hat A. LOCKER in seinem Werk auch das Erkenntnisproblem dargestellt, und erläutert, wie es sich aus dem Bereich der "Wirklichkeit des Betroffenseins" zeigt ([Beobachter, Seite 170 - 171]).
Im Zustand des Betroffenseins, das heißt des natürlichen Umgangs mit den Dingen (aber auch mit sich selbst), erfaßt der Beobachter das Objekt als eine nicht weiter in Frage zu stellende Gegebenheit. "Es ist die alltägliche Vorgangsweise, die weitgehend von intuitivem Erfassen der Gegenstände bestimmt ist. In der sich so öffnenden Sphäre des Verstehens ist alles mit Bedeutung besetzt". Beide, sowohl der Beobachter als auch das betrachtete Objekt, sind in die Gesamtheit dieser Wirklichkeit eingebettet.
"Entschließt sich der [Beobachter dagegen] zu einem aktiven Zugreifen dem Gegenstand gegenüber, dann erhebt er diesen zwar in genauere Begrifflichkeit, aber er reißt ihn zugleich aus dem großen Zusammenhang heraus. An die Stelle [der Gesamtheit des Wirklichen] tritt eine der Methode entsprechende sekundäre Wirklichkeit ..." Der Gegenstand wird zu einer in Besitz genommenen Sache. Soweit sich das Objekt der Methode des Zugreifens ergibt, wird aus ihm ein Modell.
"Anders interpretiert läßt sich sagen, daß die aus [der Methode] gewonnenen Ergebnisse grundsätzlich begrenzte sind. Alle in die Form von Modellen oder ... Theorien erbrachten Resultate sind vorläufige; was wieder bedeutet, daß das 'Wesen' [des Objektes], was es eigentlich darstellt, auf diese Weise vom [Beobachter] nie erfahren werden kann."
"Der Beobachter ist zuzugeben gezwungen, daß er zunächst dem Objekt ... nur in vager Weise gegenübersteht und es erst dadurch zum begrenzten, faßbaren

Es ist aber eine Illusion zu glauben, daß Begriffe und Theorien sozusagen ein "wahres Abbild innerer Zusammenhänge der Natur" liefern. Begriffe und Theorien sind bloß besonders strukturierte Modelle für einen Kreis von Phänomenen, *die durch eben diese Begriffe und Theorien* aufgegriffen und in spezifischer Weise sichtbar gemacht wurden. Und dazu kommt noch die Unbeweisbarkeit von Theorien. Es klingt aufreizend, aber es kann nicht oft genug gesagt werden: "Theorien kann man nie als wahr *erweisen*, sondern höchstens nur als falsch!"

Ein Gesichtspunkt, der die Eigenschaft von Theorien betrifft, war für mich persönlich - als er mir das erste Mal bewußt wurde - besonders schockierend: *Theorien sind nicht eindeutig!* Für keine einzige naturwissenschaftliche Theorie gibt es einen Eindeutigkeitsbeweis. Das heißt, auch anders geartete Theorien könnten die betrachteten Kern-Phänomene beschreiben.

Auch die Bedeutung und Festigkeit von Erklärungen wird oft überschätzt. Erklärungen decken *nicht* die "wahren" Zusammenhänge eines beobachteten Phänomenkreises auf. Denn eine Erklärung zeigt bloß, daß die Phänomene theorie-konform sind. Und da wird uns plötzlich bewußt, daß ja die nicht-eindeutigen Theorien dann auf nicht-eindeutige Erklärungen führen müssen! Wenn es für keine naturwissenschaftliche

---

Gegenstand macht, daß er es aktiv *einem bestimmten methodischen Zugriff unterwirft*. Das Ergebnis davon, das Modell, liefert einen aspekt- oder kontextabhängigen Ausschnitt aus dem Vorgegebenen, der die Annahmen, Absichten, Vorentscheidungen usw. ... reflektiert, unter denen er gewonnen wurde, *während andere Bedingungen zu anderen Modellen geführt hätten"* (LOCKER [Kybernetik, Seite 30] Hervorhebungen durch Kursivschrift von mir.)
Auf welche Weise man aus der Wirklichkeit des Betroffenseins zur naturwissenschaftlichen Erkenntnis findet, beschreibt LOCKER in [Kybernetik, Seite 32] und [Systems] explizit. Eine ganze Reihe von Teilschritten und Tätigkeiten (Kontext, Distinktion, Konditionen, Konstruktion, Objektivation, Deskription, Definition) sind durchzuführen, um zur naturwissenschaftlichen Aussage schließlich zu finden, ohne jedoch das Problem der Unentscheidbarkeit dabei zu bewältigen.

Theorie einen Eindeutigkeitsbeweis gibt, dann kann es auch für keine naturwissenschaftliche *Erklärung* - die ja auf der Theorie fußt - einen Eindeutigkeitsbeweis geben. Das bedeutet, daß man immer damit rechnen muß, daß eine heute ernst gemeinte naturwissenschaftliche Erklärung morgen hinfällig ist und durch eine andere Erklärung ersetzt wird.[4]

Struktur-Relativität

Strukturelle Details sind das, was man Tatsache, Wirklichkeit und Realität nennt. Können strukturelle Details relativ sein?

Tatsachen haben wir zunächst als "Antworten" verstanden, die sich aus Experimenten ergeben und die auf den Experimentator wirken. Man beachte aber, daß unsere Betrachtung die landläufige Bedeutung des Wortes *Tatsache* geändert hat. Die gängige Bedeutung war das lateinische factum, das Geschehene. Das Wort Tatsache meint in dieser Bedeutung also etwas absolut Unveränderliches. Wir sagen dagegen: Naturwissenschaftliche Tatsachen sind nicht einfach da, sondern sie entstehen auf besondere Weise, sie entwickeln sich durch den methoden-relativen Zugriff des Experimentes. (Beispielsweise zeigt sich ein Elektron einmal als Teilchen und einmal als Welle.) Am Entstehen einer Tatsache sind Begriffe, Theorien und Erklärungen beteiligt. Tatsachen werden also erst durch die Methode sichtbar. Sie werden durch besondere Experimente aus der Natur erfragt. *Tatsachen* werden erst durch die Methode zur *Tatsache*. Tatsachen werden stets durch Beobachtungen oder durch Experimente "sichtbar", die sozusagen unter dem "Vorurteil" des Regelfundamentes und einer bestimmten Begriffs-Theorie-Erklärungs-Kombination durch-

[4] Ein weiteres nicht unerhebliches Problem tritt auf, weil naturwissenschaftliche Theorien zumeist statistischer Natur sind. Es sei nur angedeutet, daß bei Erklärungen, die statistische Gesetze verwenden, die Kumulativität nicht mehr gewährleistet ist.

geführt werden. Vorurteilsfrei werden Tatsachen *nie* sichtbar! Kurz: Tatsachen sind methoden-relativ.

Tatsachen ergeben in vielfältiger Verzahnung das, was man *Wirklichkeit* nennt. Tatsachen sind die "Elementarteilchen" der Wirklichkeit, sie sind die Elemente der Wirklichkeit. Die Wirklichkeit verstehen wir als etwas, das auf uns wirkt, was erfahren wird. Die naturwissenschaftliche Wirklichkeit ist ein Bild, welches sich durch Anwendung einer ganz bestimmten Form des Erfahrens ergeben hat. Wir haben also auch hier zu beachten, daß das Wort Wirklichkeit letztlich immer nur ein methoden-relatives Bild meint. Das heißt: Auch eine *Wirklichkeit* wird erst durch die Methode zu dieser *Wirklichkeit*. Eine Wirklichkeit wird erst durch die Methode sichtbar.

Das dritte strukturelle Detail ist die *Realität*. Die naturwissenschaftliche Realität meint eine intersubjektive Wirklichkeit. Auch hier haben wir zu beachten, daß das Wort Realität, weil Realität letztlich auch nur eine Wirklichkeit ist, gleichfalls nur ein methoden-relatives Bild meint. Sogar auch die *Realität als Fortschrittsasymptote* ist von der Methoden-Relativität nicht ausgenommen, weil ja auch sie ein gedanklicher Grenzwert von Wirklichkeiten ist, die auf Tatsachen - methoden-relativen! - ruhen.

Stabilität trotz Relativität?

Wo ist diese Relativität zu sehen? Jedem ist doch geläufig, daß die naturwissenschaftliche Wirklichkeit sich immer als stabil erweist und daß man sich im Bereich der Technik auf sie doch weitgehend verlassen kann. Wieso kann man von einer Relativität der Realität sprechen, wenn doch die tägliche Erfahrung genau das Gegenteil beweist? Nichts ist doch stabiler als die naturwissenschaftliche Realität!

Das Geheimnis der oft bewunderten Stabilität und der Verläßlichkeit der naturwissenschaftlichen Wirklichkeit erfährt nach unseren Vorüberlegungen eine einfache Deutung: Solange man die verwendete Methode nicht ändert, solange ändert sich natürlich auch an der methoden-relativen Wirklichkeit nichts. Die vertrauenerweckende Stabilität hängt also - ohne daß man es vielleicht bemerkt hat - *von einem selbst ab.*

Man setzt auf Wissenschaft, weil sie stabil ist und sie ist stabil, weil man auf sie setzt.

Manche Naturwissenschafter neigen unvorsichtigerweise dazu, das *und nur das* als Wirklichkeit zu bezeichnen, was sich als Fortschrittsasymptote im naturwissenschaftlichen Bild ankündigt. Das und nur das wird als Wirklichkeit anerkannt, was man im Begriffe ist im naturwissenschaftlichen Fortschritt zu erforschen und einmal aufzufinden hofft. Wir kennen die Wirklichkeit - so sagt man - heute zwar noch nicht vollständig, wir sind aber auf dem besten Weg, sie kennen zu lernen. Noch nie waren wir der "wahren" Wirklichkeit so nahe wie heute!

Ich halte es für ganz wichtig, darauf hinzuweisen, daß eine solche Sprechweise die Gefahr in sich birgt, eine partikuläre Wirklichkeit, nämlich ein naturwissenschaftliches Bild, unterschwellig zu verabsolutieren. Wenn man Mißverständnisse vermeiden will, müßte man immer laut und deutlich dazusagen, daß hier von einer speziellen regel-und-methoden-geleiteten Fortschrittsasymptote die Rede ist. Wenn man das verschweigt, dann kann man leicht in den fehlerhaften Gedanken verfallen, daß man auf unabhängige, "unbedingte", "losgelöste", also auf absolute Weise einer Wirklichkeit nachforscht. Und bald meint man dann sogar, daß man der "einzig wahren" Wirklichkeit auf der Spur ist. Wir sehen deutlich, daß es viele Wirklichkeiten gibt, die alle auf ihre unterschiedliche und besondere Weise geworden sind. Alle diese Wirklichkeiten wirken auf uns. Und auch hier werden wir uns davor hüten, irgendeine von ihnen zu verabsolutieren.

Das Wirklichkeits-Kaleidoskop

Das Kaleidoskop ist jenes schöne Kinderspielzeug, das, fernrohrartig, bunte Glassteinchen durch Drehen und Schütteln immer wieder zu verschiedenen symmetrischen und ebenmäßigen optischen Mustern und Bildern angeordnet hat. Schon ein kleiner Stoß, eine kleine Erschütterung hat die gläsernen Splitter verschoben, und die symmetrisch angeordneten Spiegel im Inneren des Kaleidoskopes haben immer wieder zu harmonischen, kristallgleichen, geordneten Anordnungen der farbigen Steine geführt.

Ein solches, buntes Kaleidoskopbild ist auch das Bild, welches die Naturwissenschaft hervorbringt, welches uns durch seine ebenmäßige und feingenetzte Strukur immer wieder in Erstaunen und Bewunderung versetzt. Das Aufgegriffene spiegelt sich im naturwissenschaftlichen "Guckrohr" an unserer symmetrischen Logik, an unseren planpolierten Regeln und Methoden und führt uns die naturwissenschaftliche Wirklichkeit vor Augen. Jede unvorsichtige Vibration jedoch verschiebt die blanken Spiegelflächen - neue kommen zum Vorschein! - und die eben noch sichtbare Wirklichkeit irrlichtert in eine neue Gestalt.

Wir jedoch leiden oft förmlich an einer Neurose, die uns die fixe Idee aufzwingt, daß es nur *eine einzige* Wirklichkeit gibt und geben darf.

Dabei ist es gar keine besondere Neuigkeit, daß solche voneinander getrennten Wirklichkeiten in der Naturwissenschaft ohnehin schon existieren. Auch kann man in manchen Fällen sogar auch recht schön die Ursache dieser Wirklichkeitsspaltung ausmachen. Drei Beispiele mögen das verdeutlichen: der

Teilchen-Welle-Dualismus, das Newton-Einstein-Dilemma und das Mengen-Elementarstrombild des Magnetismus.

Beim Teilchen-Welle-Dualismus verhält sich ein und dasselbe Teilchen - zum Beispiel ein Elektron - je nach Versuchsanordnung und je nach Beobachtungsart einmal wie ein korpuskelhaftes Teilchen und im anderen Fall wie eine Welle. Hier spiegelt sich also ein und dasselbe "Objekt" im bestehenden und konstant gehaltenen Regel-und-Methoden-Kanon der Naturwissenschaft auf zweifache Weise als "Wirklichkeit".[5]

Beim Newton-Einstein-Dilemma steht man vor unterschiedlichen Wirklichkeiten, weil man am Methodenkanon Veränderungen vorgenommen hat. Einstein hat seine Relativitätstheorie entwickelt, indem er Erfahrungstatsachen[6], die in Newtons klassischer Physik als anomal erschienen, zum Prinzip und zum Ausgangspunkt seines Argumentierens erhoben hat und die daraus folgenden Konsequenzen - die spezielle Relativitätstheorie - abgeleitet hat. Newtons klassische Theorie und Einsteins spezielle Relativitätstheorie sind unterschiedliche Wirklichkeiten jenes Bereiches, den man Mechanik nennt.[7] Beide Wirklichkeiten haben in der Technik auch nebeneinander ihre Bedeutung: Satelliten berechnet man newtonisch, Senderöhren für Kurzwellensender oft relativistisch.

Das Mengen-Elementarstrombild des Magnetismus ist das dritte Beispiel. Hier kommt es zur Wirklichkeitsspaltung weil der Regelkanon (nicht der Methodenkanon wie vorhin!) ein

---

[5] Wenn man den Teilchen-Welle-Dualismus durch quantenmechanische Überlegungen aufhebt, dann ändert man den Regel- und teilweise auch den Methodenkanon und steht dann überhaupt vor einer komplett neuen Wirklichkeit, vor einer *dritten* Wirklichkeit!

[6] Die eine Erfahrungstatsache war das Relativitätsprinzip, die andere die Konstanz der Lichtgeschwindigkeit.

[7] Oft glaubt man, daß die Newtonsche Theorie ein engerer Spezialfall ($v << c$) der Einsteinschen Theorie ist und mit ihr sonst aber identisch ist. Daß das nicht der Fall ist, erkennt man am besten daran, daß manche (bedauerlicherweise oft gleich benannte) Begriffe der unterschiedlichen Theorien nicht identisch sind. Einsteins Masse ist zum Beispiel mit der Energie vertauschbar, Newtons Masse ist das bekanntlich nicht.

kaleidoskopisches Doppelbild auslöst. Es geschieht das deshalb, weil in unserem (mathematischen) Denken - genauer gesagt in der Theorie der Vektorfelder - zwei äquivalente Auffassungen[8] vorkommen, wie ein und derselbe Sachverhalt gesehen werden kann. Die praktische Folge dieser Äquivalenz im Bereich der Logik - der Mathematik! - ist die, daß man auch zwei Vorstellungen hat, wie man die magnetisierbare Materie deuten kann. Beide Theorien sagen in ihrer Essenz etwas völlig Verschiedenes aus, im Bereich experimentell erfaßbarer Fakten jedoch sind sie identisch und ununterscheidbar.[9]

Die naturwissenschaftliche Wirklichkeit erweist sich auf mehrfache Weise als relativ, weil man sie nur unter einem bestimmten "Vorurteil" von Regeln und Methoden sichtbar machen kann, dieses betreffende Vorurteil aber unterschiedlich strukturierbar ist. Die Relativität der naturwissenschaftlichen Wirklichkeit äußert sich daher als deutliche Bezogen- und Bedingtheit.

Die Relativität der naturwissenschaftlichen Wirklichkeit hat zugegebenermaßen etwas Schwindelerregendes an sich. Stellt sich doch heraus, daß es so etwas wie eine "eigentliche Wirklichkeit" gar nicht gibt. Man wird aus einer beruhigenden Gewißheit aufgeschreckt, die auf Versprechungen beruht, man könne sich einer eigentlichen Wirklichkeit, die gleichsam hinter einem Schleier verborgen ist, im Erkennen immer mehr annähern. Es gibt - so sehen wir aber - keine Wirklichkeit, die seit eh und je existiert und die es in der Naturwissenschaft aufzudecken gilt. Man muß daher die Vorstellung fallen lassen, daß die Erkenntnis die Aufgabe hat, eine solche eigentliche Wirklichkeit zu repräsentieren. Und weil es nicht eine einzige, eigentliche Wirklichkeit gibt, kann es auch keine einzige und ausgezeichnete Art geben, wie man sie sozusagen richtig

[8] Es ist die Äquivalenz von Wirbelring und Doppelschicht gemeint.

[9] FASCHING [Wissenschaft, S. 126, S. 191 f.], [Wirklichkeit, S. 108], HOFMANN [Feld, S. 254 ff.] .

darstellt. Die Suche nach der eigentlichen Wirklichkeit, das Streben nach Gewißheit war typisch für die geistige Atmosphäre des vorigen Jahrhunderts. Dieses Streben sollte man eher durch ein ausreichendes Maß an Phantasie ersetzen, wodurch man sich zu gegenwärtigen, vielleicht einengenden Wirklichkeiten interessante Alternativen "ausdenkt", die zu Anleitungen für unser zukünftiges Handeln werden können.[10]

Evolution fördert Einäugigkeit

Die Vorstellung, vor mehreren Wirklichkeiten zu stehen und nicht zu wissen, welcher Wirklichkeit man sich zuwenden soll, hat etwas Beängstigendes an sich. Da kann doch etwas nicht stimmen. *Instinktiv* sagt man sich, daß die Vorstellung mehrerer Wirklichkeiten, die voneinander unterschieden sind und sich womöglich noch widersprechen, absurd ist. Das sagt einem doch das sichere Gefühl.

Wenn man den Menschen vom Standpunkt der Evolution aus betrachtet, ihn also im Bild einer naturwissenschaftlichen Wirklichkeit deutet, dann bemerkt man, daß dieser Drang, nur eine einzige Wirklichkeit zuzulassen, dieser Hang zur "Einäugigkeit" sogar auch von dort gesehen selbstverständlich ist.

In der Wirklichkeit der Naturwissenschaft, in der Evolution, zeigt sich der Mensch als instinktgeleitetes Wesen. Angeborene und keiner Übung bedürfende Verhaltensweisen, aber auch viele Formen spontaner Reaktionsbereitschaft der Triebsphäre

[10] Diese Überlegungen, die das Handeln in den Vordergrund stellen, kommen scheinbar der Pragmatischen Philosophie (John Dewy) in die Nähe, wie sie zum Beispiel von RORTY [Hoffnung] ausgebreitet wurde. In der Pragmatischen Philosophie erblickt man im Handeln das Wesen des Menschen und bemißt hiernach Wert und Unwert des Denkens. Es liegt aber ein entscheidender Unterschied vor. Während man sich dort noch immer (!) im Rahmen einer speziellen naturwissenschaftlichen Wirklichkeit (z. B. darwinistische Thesen, RORTY [Hoffnung, Seite 673]) bewegt, ist die "Quelle" unserer relativen Wirklichkeiten im Bereich des jenseits von "Sprache" liegenden Seins. Näheres wird später erörtert.

sind für den Menschen in weiten Bereichen kennzeichnend. In der Wirklichkeit der Naturwissenschaft erkennt man das durch den Instinkt geleitete Verhalten als eine unverzichtbare Maßnahme der Natur, die im Interesse der Selbst- und Arterhaltung wirkt.

Und so ist auch leicht zu verstehen, daß ein Steinzeitmensch *niemals* an der Wirklichkeit, die er vor sich sah, zweifeln durfte. Er mußte blitzschnell auf die Nöte, die ihm die Umwelt auferlegt hat, reagieren. Er konnte es sich nicht leisten, daran zu zweifeln, ob der Bär, der ihn bedroht, wahrhaftig wirklich ist oder ob diese Situation vielleicht bloß eine Gegebenheit ist, die man auch in eine ganz andere Form von Wirklichkeit kleiden könnte. Jene Steinzeitmenschen, die da herumphilosophierten, haben das Leben verloren! Damit sind sie aber aus der geschlechtlichen Fortpflanzung ausgeschieden. Sie haben ihr "lebensuntüchtiges Gehirn", welches so etwas denkt, nicht weitervererben können. Andere dagegen, die etwas derart "Abwegiges" nicht gedacht haben, die also einem Wirklichkeitspluralismus - wie wir hier sagen - zutiefst skeptisch und ablehnend gegenüber standen, waren für die damalige Umwelt besser ausgerüstet. Diese waren also unsere Vorfahren. Und so lebt der Steinzeitmensch in uns weiter!

Wir können somit sogar aus dem naturwissenschaftlichen Bild der Biologie heraus argumentieren, warum in unserem Leben so intensiv und fest die Vorstellung verankert ist, daß die Wirklichkeit immer *nur eine einzige* sein kann und daß man sich instinktiv dagegen sträubt anzunehmen, daß es mehrere Wirklichkeiten nebeneinander geben kann.

Diese Situation wäre für unser nacktes Überleben weiter nicht sehr schlimm, wenn nicht gerade diese evolutionsbedingte einseitige Ausstattung des Menschen uns heute in immer ernstere Probleme hineintreibt. Wir haben unseren Aktionsradius durch die heutige Technik weit über unseren Horizont hinaus ausgedehnt und versuchen mit der "Einäugigkeit", die dem Steinzeitmenschen vielleicht angemessen war, uns die Welt von morgen mit voller Kraft untertan zu machen. Die Gefahren, die unser Steinzeitverstand heraufbeschwört, rühren also daher, daß wir eine weitgehend unbrauchbar gewordene Ausstattung, nämlich unseren Hang zur Einäugigkeit, immer noch mit uns herumschleppen.

Dabei sind wir selber daran schuld. Denn wir haben die Entwicklung durch Naturwissenschaft und Technik derart rasend beschleunigt, daß wir die "Einäugigkeit" des Steinzeitverstandes auf natürlichem Weg - nämlich durch langsame evolutionäre Prozesse - nicht unterdrücken konnten.

Und so sind wir wie überdimensional gepanzerte Dinosaurier geistig unbeweglich geworden und merken gar nicht, daß dieser Panzer nichts mehr hilft. Im Gegenteil, der eigene Panzer ist es, der uns jetzt in Not bringt!

Wir stehen also - in biologischer Sicht - vor der klassischen Situation, wie die Natur unliebsame Geschöpfe abschüttelt. Der Unterschied zu früher ist nur der, daß diesmal wir selbst an der Reihe sind.

Wir sehen also im naturwissenschaftlichen Bild der Evolution den Menschen, der sich scheinbar "aus gutem Grund" einer Monokultur verschrieben hat, der aber zufolge maßloser Fortschrittsgeschwindigkeit *durch diese Einseitigkeit* auf einen Konfrontationskurs mit der Natur zusteuert. Aus dem Bereich der Biologie wird seit vielen Jahren daher vor einem solchen Zusammenstoß gewarnt. Sie warnt vor den Gefahren des hightech-gepanzerten Steinzeitverstandes, der die Komplexität der Natur nicht einmal in ihren Ansätzen versteht.

Das, was uns die evolutionär bedingte Entwicklung sogar in der naturwissenschaftlichen Wirklichkeit zeigt, muß sich erst recht auch dort bemerkbar machen, wo die erkenntnistheoretischen Spielregeln zu finden sind, die diese besondere Wirklichkeit vor uns entstehen läßt. Und so hat sich bei unserer

Analyse herausgestellt, daß die Annahme, die Wirklichkeit sei etwas, das grundsätzlich nur in der "Einzahl" vorkommt, nicht zu rechtfertigen ist.

Wirklichkeiten ohne Priorität stehen vor dem Selbst

Die Bezogen- und Bedingtheit der naturwissenschaftlichen Wirklichkeit wirkt im ersten Moment bedrohlich, weil man in der Beliebigkeit und Unverbindlichkeit zu ertrinken meint. Auf einen wichtigen Punkt jedoch - er gibt unserem Denken den festen Halt - sei in diesem Zusammenhang daher hingewiesen: *Man ist es immer selbst*, der vor seiner Anschauung[11] steht und diese Anschauung nach gewissen Regeln zu Tatsachen und Wirklichkeiten ordnet. Der Weg zur Wirklichkeit - auch zur naturwissenschaftlichen Wirklichkeit - setzt stets das *Selbst* voraus. Und eines ist dabei ganz wichtig zu beachten, daß nämlich dasjenige, was am Anfang des Erkennens steht, was also Voraussetzung für das Erkennen ist, nämlich das Selbst, aus dem Erkannten (zum Beispiel der erforschten naturwissenschaftlichen Wirklichkeit) nicht *auch* noch erkannt werden kann! Denn Voraussetzungen sind Setzungen, die man *voraus setzt*. Und das, was *vorher gesetzt* wurde, kann natürlich nicht nachher aus dem Erkannten auch noch abgeleitet werden.[12]

---

[11] Das Wort Anschauung meint eine möglichst allgemeine, breite und unverengte Form des Gewahrwerdens und Innewerdens, also gewissermaßen ein wahrnehmungshaftes, noch ungeordnetes Gewahrwerden, ein nichtbegriffliches Erfassen und Erfahren. Man kann sich die Anschauung aus vielen Anschauungselementen zusammengesetzt denken.

[12] In diesem Zusammenhang sollte man auch die Worte von GOETHE [Naturwissenschaft, I, 4, S. 210] zitieren: "Das Schlimmste, was der Physik, so wie mancher andern Wissenschaft, widerfahren kann, ist, daß man das Abgeleitete für das Ursprüngliche hält, und da man das Ursprüngliche aus Abgeleitetem nicht

Das Selbst und das Sein liegen als Einheit jenseits *benennbarer* Wirklichkeiten.

Mir ist klar, daß das, was ich eben gesagt habe, schwer verständlich klingt. Mit unserer Sprache bewegen wir uns ja üblicherweise auch immer *innerhalb* der Bilder, innerhalb der Wirklichkeiten und zeigen nie, oder zumindest nur sehr selten, über die Grenze eines Bildes hinaus. Und gerade das ist im obigen Text aber geschehen. Die Worte Selbst und Sein sind hier als Chiffre gemeint, gleichsam ein Zeichen einer Geheimschrift, für "das Letzte". Frägt man, was das Letzte denn sei, dann müßte man es definieren. Um zu definieren, den Inhalt eines Begriffes klarzulegen, muß man sagen, was hinter dem Begriff steht. Ein *Letztes* aber ist etwas, hinter dem nichts mehr steht. Das Definieren versagt. Die vorschnell gestellte Frage war also leer! Die Frage war eine Scheinfrage. Dem Selbst und Sein kommen - auch wenn es schwer verständlich sein mag - grundsätzlich keine aussprechbaren Eigenschaften zu. Schon vor ein paar tausend Jahren und früher ist das in Texten angeklungen:

> Das Tao, über das ausgesagt werden kann,
> Ist nicht das absolute Tao.
> Die Namen, die gegeben werden können,
> Sind keine absoluten Namen.
>
> *LAOTSE (570 v. Chr. geb.)*

Im Selbst und Sein sind wir also der Methodenrelativität der Wirklichkeiten entronnen, weil das methoden-relative Zugreifen nicht mehr erforderlich ist. Das Selbst und Sein sind wir selbst![13]

---

ableiten kann, das Ursprüngliche aus dem Abgeleiteten zu erklären sucht. Dadurch entsteht eine unendliche Verwirrung, ein Wortkram und eine fortdauernde Bemühung, Ausflüchte zu suchen und zu finden, wo das Wahre nur irgend hervortritt und mächtig werden will."

[13] Bei flüchtiger Betrachtung könnte man meinen, daß hier ein sogenannter Solipsismus vertreten wird. Solipsismus ist die philosophische Meinung, die das *subjektive Ich* mit seinem Bewußtseinsinhalt für das einzig Seiende hält.

Das Selbst, das Andere und das Sein

Ich möchte nun versuchen, das bisher Gesagte optisch zu gliedern, damit man es deutlicher vor Augen hat, was uns unsere zum Teil ungewöhnlichen Überlegungen gezeigt haben. Die Abbildung 1 stellt das Schema dar.

Im oberen Teil des Bildes sieht man ein großes Feld, welches mit *Wirklichkeit* beschriftet ist. Was Wirklichkeit ist, scheint selbstverständlich zu sein. Man könnte in dieses Feld daher sofort eine ganze Reihe von Beispielen einfügen, die das verdeutlichen:

WIRKLICHKEIT
Raum, Zeit, Materie
Galaxien, Sonnensysteme, unsere Erde
das Land, das Meer, die Atmosphäre
Mineralien, Pflanzen, Tiere
der Mensch als materielles Wesen
Zellen als kleinste Grundeinheit aller Lebewesen
das Bewußtsein, das Unbewußte
Subjekt - Objekt
und vieles mehr.

Das subjektive Ich darf nicht mit dem Selbst verwechselt werden. Das *subjektive Ich* wird in einem Bild, zum Beispiel im naturwissenschaftlichen Bild, sichtbar. Das *Selbst*, das in seiner tiefsten Tiefe im Sein aufgeht, mit dem Sein eine Einheit bildet, bringt dieses naturwissenschaftliche Bild hervor. In diesem naturwissenschaftlichen Bild ist das *subjektive Ich* zu sehen, wie es den *Objekten* gegenübersteht.
Das gilt ganz allgemein und bezieht sich nicht bloß auf das Hervorbringen von naturwissenschaftlichen Wirklichkeiten. Sobald ein Subjekt einem Objekt gegenübersteht, sobald also eine Subjekt-Objekt-Spaltung vorliegt, befindet man sich grundsätzlich - ob man es nun bemerkt hat oder nicht - in einem Bild, in einer besonderen, speziell gewordenen Wirklichkeit.
Kein Bild und natürlich auch kein Bilddetail darf verabsolutiert werden. Kein einziges Bild darf entwurzelt, also losgelöst von seiner Gewordenheit, also abgelöst und unabhängig, gleichsam autark, sich selbst genügend betrachtet werden. Das wäre ein verhängnisvoller Fehler.
Ein Solipsismus, der das Bilddetail eines *subjektiven Ich* verabsolutiert, ist daher abzulehnen.

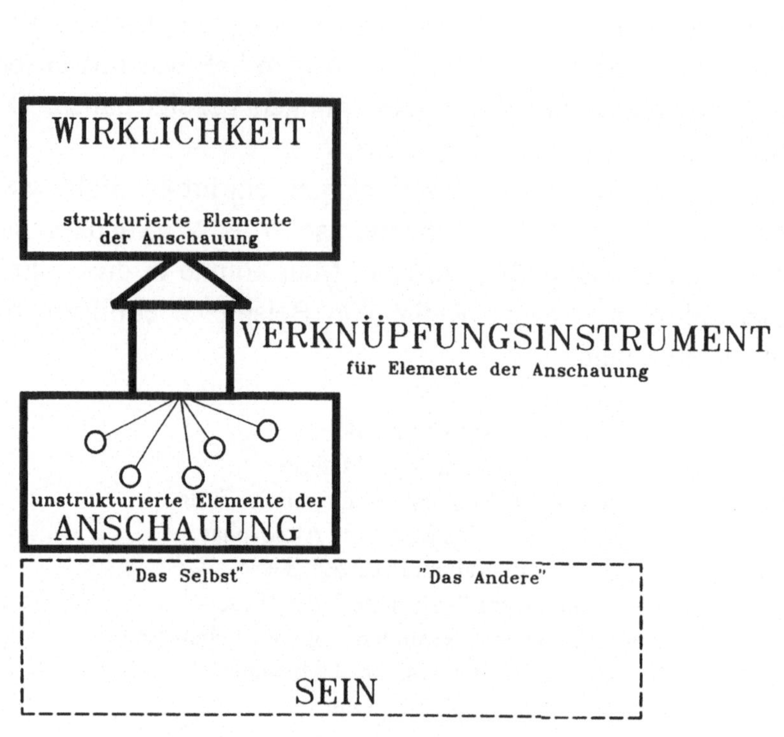

Diese Abbildung versucht, das bisher Gesagte optisch zu gliedern. Im oberen Teil des Bildes sieht man ein Feld, welches mit *Wirklichkeit* beschriftet ist. Der Pfeil symbolisiert jenes *Verknüpfungsinstrument*, welches festlegt, auf welche Weise sich unsere Wirklichkeit ergibt. Vorerst unstrukturierte Elemente der *Anschauung* werden aufgegriffen und in besonderer Weise zur Wirklichkeit strukturiert.

Das Feld, welches mit dem Wort *Sein* beschriftet ist, meint das eigentlich Gegebene, meint den Urgrund von allem, der jenseits "benennbarer" Wirklichkeiten liegt.

Abbildung 1

Daß das alles wirklich ist, wird niemand bezweifeln. Es ist uns mit naturwissenschaftlicher Gewißheit klar ersichtlich geworden.

Doch auf welche Weise ist man dabei vorgegangen? Die Antwort auf diese Frage haben wir weiter oben bereits gegeben. In den symbolischen Pfeil von Abbildung 1 könnte man also jene Stichworte eintragen, die uns sagen, auf welche Weise sich unsere naturwissenschaftliche Wirklichkeit - wie wir explizit sagen müssen - ergeben hat. Durch ein "Verknüpfungsinstrument" wurden die vorerst unstrukturierten Elemente der Anschauung strukturiert und zur Wirklichkeit geformt:

VERKNÜPFUNGSINSTRUMENT
Regeln
(Erfahrung, Reproduzierbarkeit, Widerspruchsfreiheit,
Falsifizierbarkeit, Kausalität, Kumulativität, ...)
Methode
(Begriffe, Theorie, Erklärung, Voraussage)
Die Struktur wird sichtbar.
(Tatsache, Wirklichkeit, Realität)

Man beachte, daß dieses Verknüpfungsinstrument auch festlegt, welche der unermeßlich vielen, unstrukturierten Elemente der Anschauung aufgegriffen und zur Wirklichkeit strukturiert werden. Vieles wird dabei ausgegrenzt: alles, was jenseits experimenteller Erfahrung liegt, was nicht reproduzierbar ist, was sich der Falsifizierbarkeit entzieht, und anderes mehr. Unser Schema der Abbildung 1 verdeutlicht es handgreiflich: Gewisse unstrukturierte Elemente der Anschauung - in unserem Bild sind das die kleinen Kreise - werden durch das Verknüpfungsinstrument aufgegriffen und auf besondere Weise zu etwas strukturiert, was wir dann hinterher Wirklichkeit nennen.

Das Werden von Wirklichkeit ist also ein besonderer Strukturierungsvorgang, der von den Anschauungselementen seinen Ausgang nimmt. Doch wer ist der Anschauer der Anschauung? Man ist es selbst! Allerdings wird man eine solche Aussage nur sehr zurückhaltend und vorsichtig aussprechen dürfen. In Abbildung 1 ist "das Selbst" unter Anführungszeichen gesetzt, um daran zu erinnern, daß es in diesen Bereichen nicht mehr zulässig ist, etwas zu be-*greifen*. Wir sind jenseits begreifbarer Wirklichkeiten. Begreifbare Wirklichkeiten findet man nur im obersten Feld der Abbildung; im untersten Feld der Abbildung sind wir in Bereichen, die jenseits des Aussagbaren liegen. Warum das so ist, wissen wir bereits. Wenn man etwas zur Wirklichkeit heben will, muß man das auf eine besondere Weise tun, die aber auch zu einer besonderen Ausprägung von Wirklichkeit führt. Spätestens hier sieht man, daß unsere obige Fragestellung - wer denn der Anschauer der Anschauung ist? - falsch war, soferne sie uns dazu verleiten wollte, den Finger auf etwas zu legen, was grundsätzlich jenseits eines Fingers liegt. Wenn wir also "das Selbst" und auch "das Andere" in Anführungszeichen im unteren Feld angeführt haben, so sind Selbst und Anderes in einem sehr übertragenen Sinn gemeint. Hier gibt es keine Eigenschaften mehr, über die man aussagen könnte. Selbst und Anderes sind nicht mehr zu unterscheiden. Sie fließen zusammen zum Einen und sind zugleich alles. Das Wort *Sein*, welches das unterste Feld mit einem Namen belegt, soll schließlich als Chiffre für das Letzte, für das Tiefste stehen. In unserer Abbildung haben wir daher jenen Bereich des Seins strichliert umrandet, um auch optisch anzudeuten, daß hier eine ganz andere, viel subtilere "Entität" vorliegt, als jene, die wir Wirklichkeit nennen. Diese Entität ist das eigentlich Gegebene, ist die Quelle, ist der Urgrund von allem.

Steigen wir aus diesen sprachlosen, tiefsten Bereichen in die Bereiche der wissenschaftlichen Wirklichkeit auf und fragen, was denn von dort oben über das Selbst und das Andere auszusagen ist, fragen wir also, wie sich von dort gesehen das Selbst ausnimmt. Wir fragen also nach der Psychologie, der

Wissenschaft von den Erscheinungen und Zuständen des bewußten und unbewußten Seelenlebens. Es versteht sich von selbst, daß in einer solchen Wissenschaft das Verknüpfungsinstrument sicherlich eine andere Bauart haben wird, als zum Beispiel jenes, welches zur Wirklichkeit der klassischen Mechanik geführt hat. Beispielsweise wird die Forderung der Reproduzierbarkeit zu modifizieren sein; manche Phänomene werden sich vielleicht überhaupt einer experimentellen Reproduzierbarkeit entziehen. Auch ist es sehr unwahrscheinlich, daß man mit der Kausalität alleine in allen Fällen das Auslangen finden wird. Andere Prinzipien, die neben der Kausalität liegen, können notwendig werden und manchen physikalischen Begriffen müssen ergänzende Eigenschaften zugeordnet werden. So ist etwa der Zeitbegriff erweitert worden zu einem konkreten Kontinuum, welches Qualitäten enthält, die an verschiedenen Orten des Raumes einen Parallelismus psychischer Zustände und Gedanken ermöglicht. Es wird hier also eine Synchronizität von Ereignissen gesehen, die jenseits der Kausalität abläuft.[14]

[14] C. G. Jung schreibt: "Meine Beschäftigung mit der Psychologie unbewußter Vorgänge hat mich schon vor vielen Jahren genötigt, mich nach einem anderen Erklärungsprinzip (neben der Kausalität) umzusehen, weil das Kausalprinzip mir ungenügend erschien, gewisse merkwürdige Erscheinungen der unbewußten Psychologie zu erklären. Ich fand nämlich zuerst, daß es psychologische Parallelerscheinungen gibt, die sich kausal schlechterdings nicht aufeinander beziehen lassen, sondern in einem anderen Geschehenszusammenhang stehen müssen. Dieser Zusammenhang erscheint mir wesentlich in der Tatsache der relativen Gleichzeitigkeit gegeben, daher der Ausdruck 'synchronistisch'. Es scheint nämlich, als ob die Zeit nichts weniger als ein Abstraktum, sondern vielmehr ein konkretes Kontinuum sei, welches Qualitäten oder Grundbedingungen enthält, die sich in relativer Gleichzeitigkeit an verschiedenen Orten in kausal nicht zu erklärendem Parallelismus manifestieren können, wie z. B. in Fällen von gleichzeitigem Erscheinen von identischen Gedanken, Symbolen oder psychischen Zuständen." (JUNG [Ges. Werke, XV, 1971, Über das Phänomen des Geistes in Kunst und Wissenschaft, S. 66]) "Ich habe den Terminus 'Synchronizität' gewählt, weil mir die Gleichzeitigkeit zweier sinngemäß, aber akausal verbundener Ereignisse als ein wesentliches Kriterium erschien. (JUNG [Ges. Werke, VIII, 1967, Die Dynamik des Unbewußten, S. 560f.])

"Es ist nur die eingefleischte Überzeugung von der Allmacht der Kausalität,

Von besonderem Interesse ist für uns die von C. G. Jung erschlossene Tiefenpsychologie, die sich der Erforschung des Unbewußten zuwendet.[15] Seine Aussagen vermitteln an Hand

welche dem Verständnis Schwierigkeiten bereitet und es als undenkbar erscheinen läßt, daß ursachelose Ereignisse vorkommen oder vorhanden sein könnten." (JUNG [Ges. Werke, VIII, 1967, Die Dynamik des Unbewußten, S. 576 f.])

[15] C. G. JUNG schreibt:
Traum: "Der Traum ist die kleine verborgene Tür im Innersten und Intimsten der Seele, welche sich in jene kosmische Urnacht öffnet, die Seele war, als es noch längst kein Ichbewußtsein gab, und welche Seele sein wird, weit über das hinaus, was ein Ichbewußtsein je wird erreichen können. Denn das Ichbewußtsein ist vereinzelt, erkennt Einzelnes, indem es trennt und unterscheidet, und gesehen wird nur, was sich auf dieses Ich beziehen kann. Das Ichbewußtsein besteht aus lauter Einschränkungen, auch wenn es an die fernsten Sterne reicht. Alles Bewußtsein trennt; im Traum aber treten wir in den tieferen, allgemeineren, wahreren, ewigeren Menschen ein, der noch im Dämmer der anfänglichen Nacht steht, wo er noch das Ganze, und das Ganze in ihm war, in der unterschiedlosen, aller Ichhaftigkeit baren Natur. Aus dieser allverbindenden Tiefe stammt der Traum, und sei er noch so kindisch, so grotesk, noch so unmoralisch."
Bewußtsein: "Wenn man darüber nachdenkt, was das Bewußtsein eigentlich sei, so ist man tief beeindruckt von der höchst wunderbaren Tatsache, daß von einer Begebenheit, die im Kosmos stattfindet, zugleich innerlich ein Bild erzeugt wird. ... Unser Bewußtsein ... quillt auf aus der unbekannten Tiefe. Es erwacht allmählich im Kinde, und es erwacht jeden Morgen aus der Tiefe des Schlafes aus einem unbewußten Zustand."
Unbewußtes: "Alles, was ich weiß, an das ich aber momentan nicht denke; alles, was mir einmal bewußt war, jetzt aber vergessen ist; alles, was von meinen Sinnen wahrgenommen, aber von meinem Bewußtsein nicht beachtet wird; ... alles Zukünftige, das sich in mir vorbereitet und später erst zum Bewußtsein kommen wird; all das ist Inhalt des Unbewußten." Darüber hinaus finden wir im Unbewußten aber noch ein Weiteres: "Die Archetypen ... bilden das *kollektive Unbewußte*. Ich nenne dieses Unbewußte kollektiv, weil es im Gegensatz zu dem oben definierten Unbewußten nicht individuelle, d. h. mehr oder weniger einmalige Inhalte hat, sondern allgemein und gleichmäßig verbreitete."
Archetypus: "Der Begriff des Archetypus ... wird aus der vielfach wiederholten Beobachtung, daß zum Beispiel die Mythen und Märchen der Weltliteratur bestimmte, immer und überall wieder behandelte *Motive* enthalten, abgeleitet. Diesen selben Motiven begegnen wir in Phantasien, Träumen, Delirien und Wahnideen heutiger Individuen. Diese typischen Bilder und Zusammenhänge werden als archetypische Vorstellungen bezeichnet. ... Es erscheint mir wahrscheinlich, daß das eigentliche Wesen des Archetypus bewußtseinsunfähig, d. h. transzendent ist." (JAFFÉ [Jung, S. 408 ff.]) Klingt hier sogar im Rahmen einer naturwissenschaftlichen Wirklichkeit das Verschmelzen des Selbst und des Anderen zum Sein an? (Einen breiten Überblick über die komplexe Psychologie C. G.

tiefenpsychologischer Wirklichkeiten - wir befinden uns also hier im Bereich *strukturierter* Anschauungselemente - eine Ahnung über jene Bereiche, die wir hier "das Selbst" und "das Andere" genannt haben.[16] Es ist beeindruckend mitzuerleben, wie beim Ausloten solcher tiefer Bereiche, über die man ja nichts mehr sagen kann, das in dieser Wissenschaft als Wirklichkeit aufgegriffene immer durchsichtiger und ungreifbarer wird, bis es zuletzt durch unsere Instrumente nicht mehr zu halten ist. Die Abbildung 1 macht es uns verständlich, daß man schon beim "Hinuntersteigen" aus der Wirklichkeit in den Bereich der Anschauung in eine ganz eigenartige Situation kommt: Die Anschauungselemente liegen - wie wir plötzlich bemerken - jenseits unseres Konstruktes, welches wir Wirklichkeit nennen, sie liegen jenseits von Raum, Zeit und Materie. Die Anschauungselemente sind also translokal, transtemporal und transmaterial, weil ja Ort, Zeit und Materie bloß eine Wirklichkeit im Sinn strukturierter Anschauungselemente sind.[17] Würde man versuchen, noch eine Stufe tiefer hinunterzusteigen, um zum "Selbst", zum Sein zu gelangen, so ließe man Raum, Zeit und Materie und auch die Anschauung noch

---

Jungs findet man bei HEYER [Jung].)

[16] Jung deutet (WEHR [Jung]) eine Spiegelung der wesenhaften Identität von Gott und Mensch (JUNG [Ges. Werke, 11, S.63]) an und nennt sie den inneren Gott. Seine Aussagen liegen im Bereich der Wirklichkeiten und nicht in der Domäne des Seins. Er warnt daher: "... es wäre ein bedauerlicher Irrtum, wenn jemand meine Beobachtungen als eine Art Beweis für die Existenz Gottes auffassen wollte. Sie beweisen nur das Vorhandensein eines archetypischen Bildes der Gottheit, und das ist alles, was wir, meines Erachtens, psychologisch über Gott aussagen können. Aber da es ein Archetypus von großer Bedeutung und starkem Einfluß ist, scheint sein relativ häufiges Vorkommen eine beachtenswerte Tatsache für jede Theologia naturalis zu sein. Da das Erlebnis dieses Archetypus die Eigenschaft der Numinosität hat, oft sogar in hohem Maße, kommt ihm der Rang einer religiösen Erfahrung zu." (JUNG [Werke, 11, S. 64]). Bei einer anderen Gelegenheit sagt er: "Das Gottesbild ist keine Erfindung, sondern ein Erlebnis, das sua sponte den Menschen antritt; was man zur Genüge wissen kann, wenn man nicht Verblendung durch weltanschauliche Vorurteile der Wahrheit vorzieht." (WEHR [Jung, S. 69]).

[17] FASCHING [Wirklichkeit, Seite 54 f.]

weiter zurück. Hier müssen wir überhaupt schweigen. Unsere eigenschaftslose Tiefe tut sich auf.

Viele Wirklichkeiten

Unsere Überlegungen führen uns zu einem ganz eigenartigen Ergebnis. Es zeigt sich, daß es das, was man gerne die "*eine* Wirklichkeit", die "*eine* Realität" nennt, gar nicht gibt. Es gibt nicht eine Wirklichkeit, es gibt *viele* Wirklichkeiten, auch wenn sich diese Wirklichkeiten zum Teil gegenseitig scheinbar im Weg stehen und inkompatibel sind. Wir stehen also vor einer Art Mehrfachbewußtsein. Es läuft hinaus auf ein Nebeneinander grundsätzlich verschiedener Erlebnisweisen. Wir sind unterschiedlicher Wirklichkeiten fähig.[18]

Und hier klingt bereits ein neuer Gedanke an: Auch anderes - nicht nur Naturwissenschaftliches also! - kann mit gleicher Eindringlichkeit auf mich wirken, für mich zur Wirklichkeit werden. Wir sollten diese vielen Wirklichkeiten, die vielen Bilder und Sichten wahrnehmen und in ihnen leben. Wir sollten die Fülle dieser vielen Bilder, die manchmal bloß zart an-

[18] An anderer Stelle (FASCHING [Fundament]) wurde bereits darauf hingewiesen, daß hier die erkenntnistheoretische Rechtfertigung für das wohl wichtigste *ökologische Prinzip* der Praxis, nämlich das von SCHUMACHER [Rückkehr] geprägte Schlagwort "Small is Beautiful", gegeben wird.
Nach unserem verhängnisvollen landläufigen Wissenschaftsverständnis suchen wir in der Naturwissenschaft nach der "wahren" Wirklichkeit. Und weil man an die "wahre" Wirklichkeit glaubt, wird alles, bewußt und unbewußt, über diesen einen Leisten gezogen. Eine unglaubliche Monokultur der Technik und Naturwissenschaft wird mit Hilfe des Kapitals und der multinationalen Institutionen hierdurch verwirklicht.
Unsere Überlegungen zeigen dagegen eine andere Grundauffassung. Nicht *eine*, monokulturelle, "wahre" Wirklichkeit gibt es, sondern es gibt viele, *kleine*, autonome, in sich abgeschlossene Wirklichkeiten. Unsere Überlegungen, die von einer Analyse des naturwissenschaftlichen Denkens ausgegangen sind, finden also zu den erkenntnistheoretischen Grundlagen des wichtigsten ökologischen Prinzips der Praxis, welches den treffenden Namen "Small is Beautiful" trägt.

klingen, nicht verlieren. Denn viele Wirklichkeiten können wir erfassen:

- Etwa das vorwissenschaftliche Denken, das die Voraussetzung für das naturwissenschaftliche Denken ist,
- die naturwissenschaftlich-rationale Sicht, die selbst wiederum nicht monolithisch ist, sondern aus mehreren Wirklichkeiten bestehen kann,
- philosophische Bilder,
- verschiedene Glaubensbilder, Mythos und Erzählungen,
- Malerei, Musik und Dichtkunst - als tief empfundene Wirklichkeiten.
- Aber auch die Wirklichkeit der Liebe und der Freundschaft, die sich auch als Hilfsbereitschaft dem Fremden gegenüber zeigen sollte.
- Und selbstverständlich auch die Wirklichkeit jener Bilder, die uns die Ehrfurcht vor der Schöpfung vermitteln.
- Immer sollten wir auch daran denken, daß wir durch Wirklichkeiten fremder Kulturen reich beschenkt werden, wenn wir ihnen offen und aufnahmebereit gegenüberstehen.

Es ist wichtig, ganz deutlich zu sehen, daß jede dieser besonderen Wirklichkeiten das Sein auf seine jeweils besondere Weise sichtbar macht. Es ist also wichtig, sich von der einengenden Vorstellung zu befreien, daß irgendeine dieser Wirklichkeiten vor *anderen* Wirklichkeiten eine grundsätzliche Priorität genießt.

Wenn man vor unterschiedlichen Wirklichkeiten steht, dann drängt sich einem oft unwillkürlich ein Gegenargument auf, welches die Vielfalt unterschiedlicher Wirklichkeiten zurückweist, bis zuletzt doch wieder nur einer einzigen Wirklichkeit endgültige Priorität eingeräumt wird. Dieses Gegenargument ist die Vorstellung von der "Mächtigkeit einer Wirklichkeit".[19]

[19] FASCHING [Bilder]

Das Wort Mächtigkeit meint die Bedeutung, meint den Aussageumfang, den die betrachtete Wirklichkeit hat. Man wird sagen: Wenn ich vor zwei Wirklichkeiten stehe, von denen die eine Wirklichkeit einen sehr großen Aussageumfang hat, die andere Wirklichkeit dagegen bloß einen recht kleinen, dann wird doch zweifellos der erstgenannten Wirklichkeit der Vorzug zu geben sein und die andere Wirklichkeit versinkt dann zu Recht in der Bedeutungslosigkeit. Aus dem Pluralismus scheint sich dadurch notwendigerweise wieder eine monokulturelle Wirklichkeit zu entwickeln. Es scheint also doch kein Platz für eine Vielfalt zu existieren!

Dieses Gegenargument trifft zu, wenn die Verhältnisse tatsächlich so einfach liegen, wie sie eben beschrieben wurden. Wir meinen bei unseren Überlegungen dagegen komplexere Situationen. Wir müssen stets bedenken, daß sich die Mächtigkeit von Wirklichkeiten auf sehr unterschiedliche Merkmale beziehen kann: Die eine Wirklichkeit kann zum Beispiel eine besondere Bedeutung im Hinblick auf die praktische Anwendung im täglichen Leben haben. Eine andere Wirklichkeit kann eine große Bedeutung für das Zusammenleben in der Gesellschaft gewinnen. Eine dritte Wirklichkeit möge dagegen umgekehrt für den Menschen als Einzelwesen wichtig sein. Auch Wirklichkeiten mit einem sehr großen Aussageumfang gibt es, die dafür aber im Hinblick auf die Bedeutung für einen selbst bloß einen geringen Tiefgang haben oder umgekehrt. Die Mächtigkeit der Wirklichkeiten ist ohne Gewaltsamkeit offenbar nicht auf einer absoluten Skala quantifizierbar. Wie wollte man auch die Wirklichkeit, die die Bach'schen Inventionen vor einem lebendig werden läßt, etwa mit einer quantenphysikalischen Wirklichkeit vergleichen? Wirklichkeiten stehen in freier Pluralität nebeneinander. Und das ist gut so, denn die Relativität der Mächtigkeit garantiert dem Selbst die Freiheit.

Vom Umgang mit der Wirklichkeit

Ich glaube, unsere bisherigen Überlegungen haben ganz deutlich gezeigt, daß man eine Wirklichkeit nicht im Sinn einer absoluten Wahrheit "besitzen" kann. Eine Wirklichkeit muß immer aus dem eigenen Selbst heraus *lebendig vollzogen* werden. Wenn eine naturwissenschaftliche Wirklichkeit nicht vollzogen wird, wenn man also um das Werden und das Entstehen der naturwissenschaftlichen Wirklichkeit nichts weiß, dann verkommt dieses Wissen zu einem stumpfen Formelwissen und ist kaum mehr verwendbar. Anwendbarkeit und Grenzen der Anwendbarkeit verschwimmen. Wenn eine Glaubenswirklichkeit nicht lebendig aus ihren tiefsten Wurzeln her vollzogen wird, dann erschöpft sie sich bald nur mehr im automatischen Ritual und wird als leer empfunden. Wenn die Wirklichkeit der Malerei, Musik oder Dichtkunst nicht mehr eine tief empfundene Wirklichkeit ist, dann weiß man die einzelnen Werke vielleicht noch historisch und werkverzeichnismäßig einzuordnen, aber die eigentliche Bedeutung klingt dann im Menschen wohl nicht mehr an.

Die Bedeutung lebendig vollzogener Wirklichkeiten liegt auf der Hand. Man lebt aus ihnen, sie wirken auf uns, übermächtig manchmal, manchmal kann man sich aus ihnen kaum befreien, oft sind sie Anleitung für unser Handeln: Eine naturwissenschaftliche Wirklichkeit kann Anweisung für technisches Handeln sein. Die medizinische Wirklichkeit einer drohenden Krankheit kann durch ihre bedrohliche Bedeutung mein Leben total verändern. Die Glaubenswirklichkeit kann auch in der ärgsten Not eine Geborgenheit und Hoffnung geben, die einem Außenstehenden oft ganz unverständlich erscheint. Ein philosophisch Gedachtes kann die bedrückende Enge einer naturwissenschaftlich-rationalen Argumentation erweitern und zu einer vollständig anderen Sicht führen und den Menschen befreien. Mythos und Erzählungen über Götter und Dämonen lassen den Sternenhimmel in Sternbildern lebendig werden und auf den Menschen wirken und Einfluß ausüben. Die Liebe zu einem Menschen beglückt uns als tiefe Wirklichkeit. Jede dieser besonderen Wirklichkeiten macht das Sein auf seine jeweils besondere Weise sichtbar. Jede Wirklichkeit ist aber immer nur ein Gleichnis über das Sein.

Jede Wirklichkeit ist auf ihre besondere und unverwechselbare Art geworden. Es wäre daher ein grober Fehler, *Wirklichkeiten miteinander zu vermischen*. Ein solches Wirklichkeits-Gemisch kann nicht mehr auf lebendige Art einheitlich vollzogen werden, weil ja die "Einzelteile" dieser Wirklichkeits-Mischung auf unterschiedliche Art geworden sind und unerlaubterweise, willkürlich vereint wurden. Man wird sich also hüten, etwa theologische und naturwissenschaftliche Tatsachen miteinander zu vermengen. Wirklichkeitsmischungen haben den Charakter geistiger Monster, sie stellen *Pseudowirklichkeiten* dar und führen oft zu grotesk, überspannt-verzerrten Aussagen.[20] Und wenn man die Dinge genau betrachtet, dann

[20] Solche Pseudowirklichkeiten können sich offenbar auch zu ernsten Belastungen steigern. Vorstellungen, die aus unterschiedlichen Wirklichkeiten stammen, werden häufig, wie man in der Psychologie sagt, in seelischen Konflikten münden, die oft nur schwer abgewehrt werden können. Dazu kommt, daß solche Vorstellungen, die einer vormals aktuellen Wirklichkeit entstammen, oft ins "Unbewußte" abgeschoben werden, um ihnen vordergründig auszuweichen. Es ist bekannt, daß solche verdrängte Vorstellungen immer wieder hervorbrechen können und zum Beispiel als Neurosen störend in Erscheinung treten. Denn Vorstellungen vormals aktueller Wirklichkeiten lassen sich nicht in die "derzeitige Wirklichkeit" einordnen, was vielfach zu höchster Verunsicherung führt. Um Abhilfe zu schaffen, setzt man in der Psychoanalyse die Methode der *freien Assoziation* ein (LEUPOLD-LÖWENTHAL [Psychoanalyse, Seite 275]). Der Patient wird aufgefordert, auf bewußtes Nachdenken verzichtend, sich seinen spontanen Einfällen hinzugeben und seine Gedanken ohne jede Kritik (wie zum Beispiel: unwichtig, ungehörig, peinlich, ...) wiederzugeben. Es ist dabei das Ziel, zu gewährleisten, daß das, was ins Bewußtsein tritt, so weit wie möglich nur "von innen" bestimmt ist. Der Analytiker ist Beobachter und Zeuge des Wechselspiels der Assoziationen. Er versucht, das Assoziieren in Gang zu halten und später durch Deutung die Bedeutung des Materials dem Patienten aufzudecken und dadurch die Selbsterkenntnis des Patienten zu fördern. Von diesem Gesichtspunkt aus gesehen, liegt die Folgerung nahe, daß durch das nicht der Selbstzensur unterworfene Aufsteigen von Vorstellungen verdrängte Wirklich-

fällt einem auf, daß Pseudowirklichkeiten gar nicht so selten sind. Die vermeintlich einheitliche, monolithische Wirklichkeit, die man selbst vor Augen hat, ist oft eine bunte Summe unterschiedlich gewordener Teilwirklichkeiten. Es wird notwendig sein, diese auseinanderzuhalten.

Ein anderer, gerade heute sehr wichtiger Punkt im Umgang mit Wirklichkeiten ist die Gefahr ihrer *Verabsolutierung*. Wenn man vergißt, wie eine Wirklichkeit geworden ist, wenn man also ihre Gewordenheit nicht mehr erkennt, besteht die Gefahr, daß man neben dieser einen Wirklichkeit keine andere Wirklichkeit mehr sieht und auch nicht mehr duldet, so daß die mögliche Vielfalt zur "Einfalt" verarmt. Dieser Prozeß, der zur Verarmung führt, ist leicht zu verstehen: Jede Wirklichkeit wird auf ihre besondere Weise gewonnen. Manche Anschauungselemente werden aufgegriffen und zur Wirklichkeit strukturiert. Viele andere Anschauungselemente werden notwendigerweise dabei ignoriert. Durch Verabsolutieren dieser einen strukturierten Wirklichkeit werden die hier ignorierten Bereiche auf immer (!) ignoriert und sind dann auch beim besten Willen nicht mehr sichtbar zu machen. In letzter Konsequenz führt die Verabsolutierung einer Wirklichkeit schließlich zur Intoleranz. Bekannte Beispiele hierfür sind

- die Zerstörung religiöser Bilder durch eine verabsolutierte Naturwissenschaft,
- die Einengung der Naturwissenschaft durch einen verabsolutierten Glauben (Galilei),
- Ausmerzung und Zerstörung anderer Kulturen durch eine Verabsolutierung unseres eigenen Lebensstils,
- Verabsolutierter Nationalismus,

keiten *in ihrer Insichgeschlossenheit* sichtbar werden, wodurch für den Patienten die quälenden Verunsicherungen abgebaut werden. Die Widersprüche, mit denen der Patient vorher nicht fertig werden konnte, werden nachher als Scheinwidersprüche entlarvt und auf diese Weise beseitigt. Für den Patienten wird es deutlich, daß sich die inkompatiblen Vorstellungen ins Gehege gekommen sind, weil man nicht-zusammengehörige Wirklichkeiten (nämlich die seinerzeitigen und die heutigen) miteinander vermischt hat.

- Rassenhaß und
- Fremdenfeindlichkeit.

Eine verabsolutierte Wirklichkeit gebärdet sich zuletzt als sogenannte "Wahrheit".

Die Lebenswirklichkeit

Unsere bisherigen Überlegungen sind eigentlich mit der Türe ins Haus gefallen! Es ist doch evident, daß die naturwissenschaftliche Wirklichkeit nicht dadurch entstanden sein kann, daß sich irgend jemand, sozusagen frei schwebend und ohne vorausliegendes Wirklichkeits-Fundament, auf dem er steht, die Regeln und Methoden ausgedacht hat, von denen oben die Rede war, und sich selbst auf diese Weise aus einem Zustand vorheriger Blindheit und Umnachtung sehend gemacht und die naturwissenschaftliche Wirklichkeit erschaffen hat. Daß das nicht so gewesen sein kann, haben wir auch ausgesprochen. Denn das, was wir als Regelfundament erfahren haben, war doch zu einem großen Teil nichts anderes als ein Mechanismus, der ein systematisches Ausblenden möglicher Erfahrungen bewirkt hat. Wenn eine Erfahrung dem wissenschaftlichen Experiment oder der wissenschaftlichen Beobachtung nicht standgehalten hat, wurde sie ausgeschieden. Wenn eine wissenschaftliche Erfahrung nicht reproduzierbar war, dann war sie weitgehend wertlos. Wenn sich wissenschaftliche Erfahrungen in Widersprüche verwickelt haben, dann war im allgemeinen eine schmerzhafte Amputation angesagt. Auch das Falsifikationsprinzip und die Forderung der Ursächlichkeit und der Kumulativität haben zum systematischen Ausblenden möglicher Erfahrung beigetragen. Auf andere Weise hätte man zur naturwissenschaftlichen Wirklichkeit gar nicht finden können.[21]

Durch strenge Regeln wurde also bloß ein im Vergleich zu vorher *eingeengter* Gesichtskreis zugelassen, der hinterher durch eine Methode in ganz *spezifischer* Weise zur naturwissenschaftlichen Wirklichkeit gegliedert wurde.

Eine reiche und breite Wirklichkeit der Welt des Lebens war also die ursprüngliche Ausgangsbasis. Von vielen Philosophen ist sie angesprochen worden und in unterschiedlichen Bedeutungsschattierungen gesehen worden.[22] Von der "Lebenswelt", der "Welt der Kenntnis", der "Wirklichkeit des Betroffenseins", vom "unmittelbar Erscheinenden", von der "Wirklichkeit des Alltäglichen" könnte man reden; wir wollen diese Ausgangsbasis hier die *"Lebenswirklichkeit"* nennen.

Die Lebenswirklichkeit ist also die der Naturwissenschaft vorausliegende Ausgangsbasis. In dieser Lebenswirklichkeit bewegt man sich in einem vielfältig verflochtenen Selbst- und Weltverständnis und steht vor einem ganzheitlichen Gesamtphänomen. Vieles ist mit vielem in Verbindung und ist auch in seiner Verflochtenheit für uns in dieser oder jener Weise von Bedeutung und wird uns stets auch in dieser Vernetzung gegenwärtig: Wir hören zum Beispiel ein Hundege-

---

[21] Reinhold ESTERBAUER [Physik, Seite 402 f.] beleuchtet in seiner Arbeit über "Metaphysische Physik ?" die hierdurch *eingeengte Sichtweise der Naturwissenschaft* in treffender Weise. Er schreibt, daß es notwendig ist, "sich vom Monopolanspruch zu befreien, nach dem nur die naturwissenschaftliche Forschung adäquate Naturerfahrung sein kann. Daß die Thematisierung der Natur in den Naturwissenschaften nur eine beschränkte ist, hat auch Gernot BÖHME [Naturerfahrung] gezeigt, der auf das 'Atmosphärische in der Naturerfahrung' hinweist, das etwa den dichterischen Zugang zur Natur wesentlich prägt, für die naturwissenschaftliche Natursicht aber nicht konstitutiv ist. Böhme unterscheidet 'Naturcharaktere' und meint damit die verschiedenen 'Gesichter', mit denen sich die Natur je nach Zugangsart zeigt. Darüber hinaus weisen auch die Goethesche Naturlehre oder spekulative Ansätze darauf hin, daß die Natur nicht notwendig ausschließlich naturwissenschaftlich erfaßte Natur ist." ESTERBAUER weist darauf hin, daß auf eine "Naturerfahrung zurückgegangen werden [müßte], die noch nicht durch den Gegenstandsentwurf verkürzt ist, den die Anwendung der naturwissenschaftlichen Methode auf alltägliche Naturerfahrung nimmt. (PÖLTNER [Vernunft, Seite 190])"

[22] Man vergleiche hierzu HUSSERL [Krisis], WALDENFELS [Lebenswelt], LOCKER [Beobachter], PÖLTNER [Vernunft], HENRY [Barbarei] und andere.

bell und sehen, daß bei einem Gartentor ein Postbote steht und nach kurzen Worten einer jungen Frau einen Brief übergibt, wir sehen, wie sie versunken lesend über den Wiesenweg zum Haus zurückgeht, dann aber doch unvermittelt stehen bleibt. Was ist es, was sie aus ihrem Brief erfährt? Etwas Beglückendes? Oder womöglich eine Nachricht, die ihr Schmerz zufügt, die eine Hoffnung, die sie gehegt hat, zerstört? Muß sie lesen, daß ein ihr liebgewordener alter Mensch, der im Nachbarort wohnt, gestorben ist? Wird ihr da die eigene Vergänglichkeit bewußt und denkt sie zurück an ihre eigene Kindheit?

Wie ist doch diese Lebenswelt anders geartet als die naturwissenschaftliche Wirklichkeit. Durch *systematisches* Ausblenden großer Bereiche der Lebenswirklichkeit wendet sich die Naturwissenschaft einem *eingeengten* Gesichtskreis zu, greift in *spezifischer* Weise gewisse Erfahrungselemente auf und gliedert sie durch ihre Methode zur naturwissenschaftlichen Wirklichkeit. Jetzt ist es nicht mehr ein Hundegebell, das einem Postboten gilt, der einer jungen Frau einen Brief aus dem Nachbarort übergeben will. Jetzt sind es Schallwellen, die auf Umwegen den Gehörnerv reizen und durch elektrische Signale über Nervenbahnen im Gehirn Sinneseindrücke veranlassen. Jetzt sehen wir die Wechselwirkung von Materie in Raum und Zeit und sehen, wenn man die Sache weiterverfolgt, schließlich das Werden und Vergehen der Lebewesen eingebettet in die Zwänge eines Überlebenskampfes. Der Ablauf der Evolution wird zuletzt erkennbar.

Zwei Wirklichkeiten stehen also vor uns: Eine reiche und breite, vielfältig verflochtene *Lebenswirklichkeit* und eine *naturwissenschaftliche Wirklichkeit*, die auf systematisch ausgewählten punktuellen Erscheinungen aufbaut und hieraus durch eine gewisse Methode in ganz spezifischer Weise ihr Wirklichkeitsgebäude aufrichtet. Es liegt auf der Hand, daß jeder Naturwissenschafter zuerst in seiner Lebenswirklichkeit beheimatet war und diese erst später mit Hilfe seines Regel- und

Methodenfundamentes in die naturwissenschaftliche Wirklichkeit transformiert hat. Aber wie ist das geschehen? Gerne meint man, daß der Scharfblick des Naturwissenschafters das Wesentliche an der Lebenswirklichkeit erkennt und wie ein Röntgenologe sieht, wie das Knochengerüst beschaffen ist, welches der Lebenswirklichkeit den inneren Halt verleiht. Wir haben aber schon erörtert, daß diese Meinung zu kurz greift. Die Genialität, die der naturwissenschaftlichen Arbeit zugrunde liegt, beruht dagegen darauf, daß man in der Lebenswirklichkeit Elemente aufspürt, die im lebenswirklichen Kontext manchmal vielleicht auch bedeutungslos sein mögen und daß man intuitiv erfaßt, wie jenes Verknüpfungsinstrument geartet sein muß, damit hieraus eine besondere naturwissenschaftliche Wirklichkeit entsteht. Die Abbildung 1 hat diesen Prozeß optisch zu gliedern versucht.

Man könnte also sagen, daß dieses Bild erst die eine Hälfte symbolisiert, die für die Arbeit des Naturwissenschafters von Bedeutung ist. Die Lebenswirklichkeit, von der wohl jeder Naturwissenschafter ausgeht, die ihm sozusagen den Anreiz gibt, auf naturwissenschaftliche Weise überhaupt tätig zu werden, sollte in unserer Graphik auch noch eingetragen werden. Die Abbildung 2 zeigt die erweiterte symbolische Darstellung.[23] Verknüpfungsinstrumente greifen Elemente der Anschauung auf und strukturieren sie zu unterschiedlichen Wirklichkeiten. Selbstverständlich symbolisiert die Abbildung 2 das Aufgreifen von Anschauungselementen nur sehr unvollkommen. Mag sein, daß das eine Verknüpfungsinstrument

[23] In dieser Abbildung 2 wurden die näheren Erläuterungen weggelassen, die in der Abbildung 1 noch explizit angeführt wurden. Das mit "Anschauung" beschriftete Feld will also symbolisch die unstrukturierten Elemente der Anschauung zusammenfassen. Die mit "Verknüpfungsinstrumente" beschrifteten Pfeile möchten darauf hinweisen, daß dies die Instrumente sind, die die Elemente der Anschauung aufgreifen und miteinander verknüpfen und zur Wirklichkeit strukturieren. Die mit "Lebenswirklichkeit" beziehungsweise "naturwissenschaftlicher Wirklichkeit" beschrifteten Felder meinen also die auf unterschiedliche Weise verknüpften und strukturierten Elemente der Anschauung.

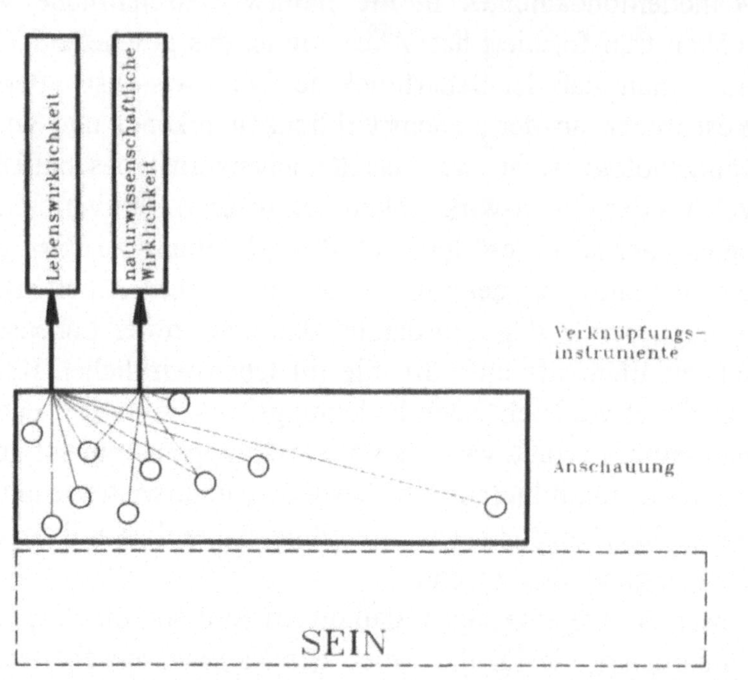

Dieses Bild zeigt zwei nebeneinander stehende Wirklichkeiten: die Lebenswirklichkeit und die naturwissenschaftliche Wirklichkeit.

Die Lebenswirklichkeit ist die der Naturwissenschaft vorausliegende Ausgangsbasis. Das "Verknüpfungsinstrument", welches die Lebenswelt hervorbringt, ist der gesamte kulturelle Hintergrund, vor dem man steht und aus dem heraus man alles deutet, was einem widerfährt.

Die Genialität der naturwissenschaftlichen Arbeit beruht darauf, daß man in der Lebenswirklichkeit gewisse Elemente aufspürt und daß man intuitiv erfaßt, wie jenes Verknüpfungsinstrument geartet sein muß, damit hieraus eine besondere naturwissenschaftliche Wirklichkeit entsteht.

Abbildung 2

viele Anschauungselemente aufgreift und das andere nur wenige. Vielleicht greifen die Verknüpfungsinstrumente zum Teil auch die selben Anschauungselemente auf. Alles ist da möglich.

Über die Besonderheit des naturwissenschaftlichen Verknüpfungsinstrumentes haben wir schon einiges gesagt; vom Regelfundament und vom Methodenwerkzeug war bereits die Rede. Was kann man dagegen über das Verknüpfungsinstrument aussagen, welches zur Lebenswirklichkeit führt? Wenn man sich selbst in seiner Lebenswirklichkeit stehend betrachtet, dann wird man sagen, daß sie aus vielen Quellen stammt, aus den überlieferten Erfahrungen der Vorfahren, aus den Erfahrungen, die man persönlich gemacht hat, kurz das Verknüpfungsinstrument, das die Lebenswirklichkeit hervorbringt, ist der gesamte kulturelle Hintergrund, vor dem man steht, und aus dem heraus man jenes deutet, was einem widerfährt. Diese Lebenswirklichkeit ist es also, die die Ausgangsposition für alles Weitere bildet und die auch den Anreiz dafür liefert, neben der Lebenswirklichkeit auch andere Formen von Wirklichkeit aufzubauen.

Wie wird Wirklichkeit wirklich?

Wenn es stimmt, daß viele Wirklichkeiten - *unterschiedliche* Wirklichkeiten - nebeneinander existieren können, dann müßte das doch auch bedeuten, daß man in der Lage ist, unterschiedliche Wirklichkeiten lebendig zu vollziehen. Daß man in der Lage ist, sich von unterschiedlichen Wirklichkeiten selbst zu überzeugen. Daß man also an einen Phänomenkreis herangeht, ihn betrachtet und daß sich fast von selbst dabei Zusammenhänge zeigen, die immer komplexer werden, ein vermaschtes Gefüge bilden, und wo sich schließlich das ganze aufgegriffene Blickfeld zuletzt als überzeugende Wirklichkeit präsentiert. Überzeugend wirkt die Wirklichkeit dabei, weil sie aus Tatsachen besteht, aus Tatsachen, die alle zueinander in Beziehung stehen, wo eine Tatsache die andere stützt: Die spätere fußt auf der früheren und die frühere erfährt von der späteren her ihre Bestätigung. Wenn da an einer Tatsache gezweifelt wird, dann hat das unübersehbare Folgen. Wie ein Kartenhaus stürzt dann die ganze Wirklichkeit in sich zusammen, wenn unüberlegt ein stützendes Element berührt wurde. Eines reißt das andere mit. Und das läßt man natürlich keinesfalls zu. Gefahr fördert also Solidarität! Zweifel wird nicht zugelassen. Er ist zu gefährlich. Die immer stärker werdende Stabilität dieser Wirklichkeit wird dadurch verständlich.

Gerade eben haben wir gesagt, "daß man an einen Phänomenkreis *herangeht*, ihn *betrachtet*". Sensibel geworden, fragen wir uns sofort: Von wo geht man da aus? Auf welche Weise geht man da heran? Was ist das Besondere der verwendeten Betrachtungsmethode? Herangehen und Betrachten sind ja *aktive* Vorgänge, die stets auf eine besondere Weise abzulaufen haben.

Unsere kommende Analyse, die in diesem Buch dargestellt ist, will bewußt machen, daß man immer wieder vor vielen Wirklichkeiten steht, die alle auf eine besondere Art geworden sind, die alle *in sich* richtig sein können und die trotzdem meist miteinander recht wenig zu tun haben. Es soll versucht werden, deutlich zu machen, auf welche Weise eine Wirklichkeit zur Wirklichkeit wird. Eine Wirklichkeit, die hinterher autonom für sich selbst besteht. Deutlich sichtbar wird solch ein Werden von Wirklichkeiten allerdings nur dann, wenn man dieses Werden an einem Beispiel konkret zu sehen bekommt.

Wovon Naturwissenschaft nun wirklich ausgeht, zeigt sich im allgemeinen recht deutlich: Es ist der in ursprünglicher Evidenz erfahrene Weltzusammenhang, der sich in der Praxis im Handeln bewährt hat. Diese "Lebenswirklichkeit" ist der naturwissenschaftlichen Wirklichkeit also vorgeordnet.[24]

Von der besonderen Art des Entstehens der naturwissenschaftlichen Wirklichkeit war bereits die Rede. Im folgenden Kapitel soll an einem konkreten Beispiel gezeigt werden, auf welche Weise Phänomene aus der Lebenswirklichkeit aufgegriffen werden und zu einem ganz speziellen naturwissenschaftlichen Weltbild strukturiert werden. Von der ptolemäischen Wirklichkeit wird die Rede sein.

[24] Es ist zu vermuten, daß nicht jede Lebenswirklichkeit in der Lage ist, eine Wissenschaft, insbesondere eine Naturwissenschaft hervorzubringen. Das Entstehen unserer gegenwärtigen Naturwissenschaft wird man als eine spezifische Leistung der europäischen Kultur anzusehen haben. Schon hier erkennt man, daß es also eine Vielzahl verschiedener Lebenswirklichkeiten gibt, die (für das "Selbst") neben und (von der historischen Entwicklung her gesehen) vor einer naturwissenschaftlichen Wirklichkeit stehen.
Schon an dieser Stelle ist auch darauf hinzuweisen, daß andere Kulturen andere Naturwissenschaften hervorbringen. Ein besonders treffendes Beispiel ist hier die Traditionelle Chinesische Medizin.

2
EIN KONKRETES BEISPIEL
Die ptolemäische Wirklichkeit

Ein konkretes Beispiel
Die ptolemäische Wirklichkeit
- Erste Beobachtungen
  - Sonne
  - Sterne
  - Planeten
  - Mond
  - Noch einmal die Sonne
- Das Zwei-Kugel-Universum
  - Die Gestalt der Erde
  - Die Erde im Zentrum der Sternenkugel
  - Die Sonne und ihre Spiralbewegung
  - Der Mond und seine komplexe Bahn
  - Finsternisfragen
  - Antike Messungen am Zwei-Kugel-Universum
  - Die Planeten
  - Über die "Innenausstattung" der Himmelskugel
- Die Unentbehrlichkeit der geozentrischen Wirklichkeit

Es ist vom Sternenhimmel die Rede. Daß der Sternenhimmel in breitester Verflechtung in der Lebenswirklichkeit zu sehen ist, muß wohl nicht belegt werden. Durch naturwissenschaftliche Abstraktion und Einengung des Gesichtskreises haben sich vor allem zwei Formen von Wirklichkeit herausgebildet: die *ptolemäische und die kopernikanische Wirklichkeit* (Abbildung 1).

Die kopernikanische Wirklichkeit ist das heute wohlbekannte und allein vorherrschende Bild der Astronomie. Es steht derart im Vordergrund, daß man sich gar nicht vorstellen kann, daß es daneben noch ein anderes naturwissenschaftliches Bild gegeben hat, welches auch nur einigermaßen rational begründbar ist. Und das ist der Grund, warum die ptolemäische Wirklichkeit für uns so interessant ist: Wir können an diesem Beispiel zeigen, wie man Schritt für Schritt den Regel-und-Methoden-Kanon aufgebaut hat, der die ptolemäische Wirklichkeit entstehen läßt.

Die ptolemäische Wirklichkeit hat für die Analyse des Wirklichkeits-Pluralismus also eine besondere Bedeutung. Einerseits gibt es nämlich heute kaum mehr einen Menschen, der an eine geozentrische Wirklichkeit glaubt. Anderseits ist es verblüffend, wieviele wissenschaftliche Überlegungen und Untersuchungen damals zu dieser Wirklichkeitsauffassung geführt haben. Einerseits würden wir also sagen, die ptolemäische Wirklichkeit ist widerlegt. Anderseits können wir angesichts der vielen historischen wissenschaftlichen Argumente an uns selbst sehr deutlich erleben, *auf welche Weise eine Wirklichkeit zur Wirklichkeit wird*. Gerade weil wir es "besser wissen" und vom kopernikanischen Universum überzeugt sind, empfinden wir es als sehr eigenartig, daß die antiken Astronomen uns mit einer gewissen Eindringlichkeit und Überzeugungskraft ein anderes Bild der Wirklichkeit nahelegen, als wir es heute gewöhnt sind.

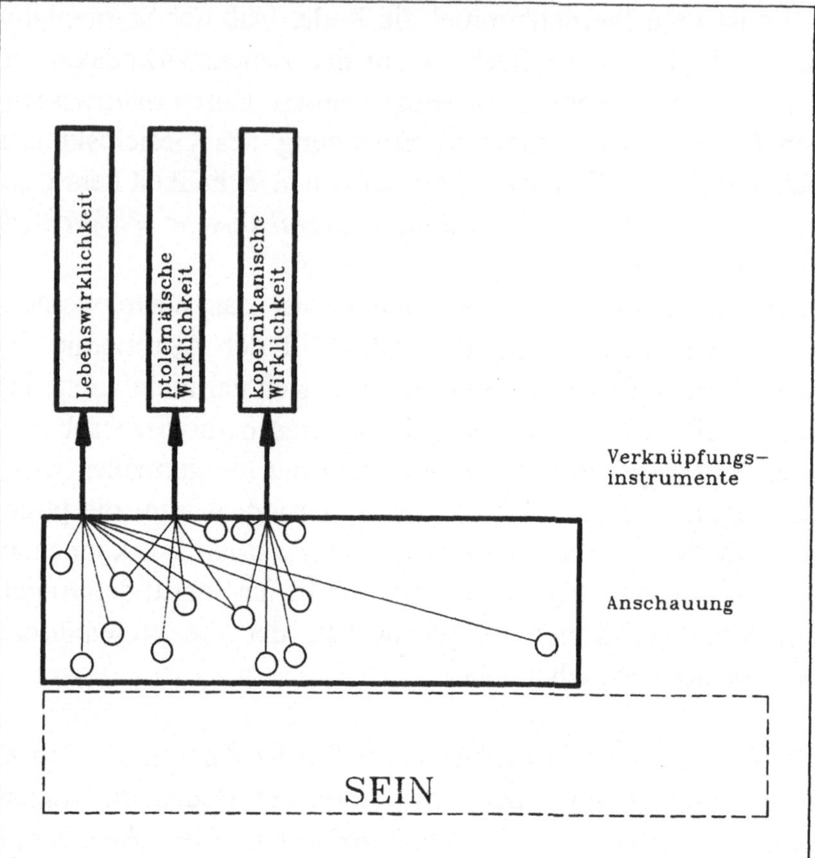

Der Sternenhimmel war seit jeher ein besonders wichtiges Phänomen im Bereich der *Lebenswirklichkeit*. Durch naturwissenschaftliche Abstraktion und Einengung des Gesichtskreises haben sich vor allem zwei Formen von astronomischer Wirklichkeit herausgebildet: die *ptolemäische und die kopernikanische Wirklichkeit.*

Abbildung 1

Üblicherweise ist man der Auffassung, daß das geozentrische Universum auf wirklichkeitsfernen Spekulationen beruht, die keinesfalls den Anforderungen eines wissenschaftlichen Weltbildes gerecht werden. Denn die *wissenschaftliche* Erkenntnis einer Wirklichkeit fußt auf Beobachtung und Messung und bedient sich rationaler Methoden. Nur objektiv Erfahrbares fließt in dieses Weltbild ein und gibt ihm Festigkeit und Sicherheit. Und das - *so sagt man gerne* - ist ja gerade der Unterschied zwischen den beiden Weltbildern: Das antike Weltbild vom Universum ist eine reine Spekulation, die nichts mit Beobachtung, Messung und Logik zu tun hat, kurz, eine Spekulation, die irrational ist. Das Weltbild des Kopernikus dagegen bedient sich wissenschaftlicher Methoden und fördert damit die Wirklichkeit tatsächlich zutage.

In der nachfolgenden Darstellung geht es *nicht* darum, in einem vollständigen historischen Abriß darzustellen, welche Einsichten zu welchem geschichtlichen Zeitpunkt von wem gewonnen wurden und wie man dabei das Universum gesehen und aufgefaßt hat. Wenn wir hier das Universum antiker Astronomen darstellen, so soll in erster Linie dabei deutlich werden, welche Beweggründe damals dazu geführt haben mögen, das Universum als eine geozentrische *Wirklichkeit* aufzufassen. Es wird sich zeigen, daß auch das geozentrische Universum auf *wissenschaftliche* Weise gewonnen wurde.

Das geozentrische Universum ist ganz eng mit dem Namen Ptolemäus verbunden. Er war ein alexandrinischer Astronom, Mathematiker und Geograph, der um 180 nach Christus gestorben ist. Er gilt als der letzte große Naturwissenschaftler der Antike. Ptolemäus hat in seinem Werk, das heute unter dem Namen "Almagest" bekannt ist, auch wichtiges astronomisches Wissen, das weit in die Vergangenheit verschiedener Kulturkreise zurückreicht, aufgegriffen und in einheitlicher Form dargestellt. Wenn hier bei unseren Überlegungen vom ptolemäischen Weltbild die Rede ist, so sollen nicht nur jene

Gedanken gemeint sein, welche Ptolemäus selbst in seinem Almagest dargestellt hat. Wir wollen im nachfolgenden Text auch jene Gedanken dazuzählen, die zum Teil später hinzugekommen sind und seine Grundgedanken ausgebaut haben. Wir meinen also das nach ihm benannte Weltbild. Wir meinen also jenes Weltbild, welches Kopernikus durch seine Gedanken schließlich zu Fall gebracht hat.

Aber noch etwas soll für unsere Überlegungen wichtig sein: Wenn bei diesem ptolemäischen Weltbild tatsächlich etwas auf Beobachtung, also auf einer naturwissenschaftlich fundierten Erfahrung, beruhen sollte, dann wollen wir auch wissen, wie diese Beobachtung gemacht wurde. Am besten wäre es, wenn man die betreffende Beobachtung unter freiem Himmel selbst machen könnte. Dieses eigene Beobachten bringt es mit sich, daß sich auch für uns die einzelnen Phänomene schließlich zu einer lebendigen Wirklichkeit vernetzen.

Wir wollen also versuchen, jene Gedanken zu rekonstruieren, die in der Antike erstmals dazu geführt haben mögen, hinter den Phänomenen, die man im Lauf des Jahres beobachten kann, ein komplexes geozentrisches Universum *als eigentliche rationale Wirklichkeit* zu ahnen. Wir wollen weiters versuchen zu rekonstruieren, welche weiterführenden Überlegungen angestellt wurden, um den Wirklichkeitscharakter des geozentrischen Universums zu bestätigen. Man wird ein Weltbild ja nicht auf ungewissen Ahnungen aufbauen wollen.

Erste Beobachtungen

Man darf natürlich nicht erwarten, daß die Menschen der Antike schon durch erste Beobachtungen in der Lage waren, die Geheimnisse des Universums zu enträtseln und auch in der Lage waren, die Wirklichkeit des Kosmos mit einem Schlag ungetrübt zu sehen. Erste Beobachtungen liefern bestenfalls ein "präexistentes Muster", aus dem sich ein wissenschaftliches Denkmuster, eine naturwissenschaftliche Wirklichkeit, vielleicht einmal entwickeln wird. Vorerst steht man also vor ersten Beobachtungen, die im Lauf der Forschung immer mehr präzisiert wurden. Beobachtungen an der Sonne waren ganz wichtig, aber auch die Phänomene, die die Sterne, die Planeten und der Mond zeigen, wurden untersucht.

Sonne

Wahrscheinlich ist es mehr als viertausend Jahre her, daß Babylonier und Ägypter systematische Beobachtungen an der Sonne vorgenommen haben. Der Lauf der Sonne ist für alle Kulturen von größter Bedeutung, weil ja die Jahreszeiten damit verknüpft erscheinen, die entscheidenden Einfluß auf die Landwirtschaft haben. Der Zeitpunkt der Aussaat, der Zeitpunkt der Ernte, die Vorbereitung der Felder, das Schlagen des Holzes, das Schleudern des Honigs und viele andere bäuerliche Verrichtungen sind an die Jahreszeiten, an den Stand des Mondes und manche andere Einflüsse geknüpft. Das Überleben war vielfach davon abhängig.

Es war nicht zu übersehen, daß die Sonne sich in den verschiedenen Jahreszeiten sehr unterschiedlich verhielt. Im tiefen Winter war die Sonne nur kürzere Zeit am Himmel als im Sommer. Auch ihre Bahn, die sie am Himmelsgewölbe durchmessen hat, war im Winter dementsprechend kurz. Nach einer nicht endenwollenden Nacht ist die Sonne spät aufgegangen, ist nicht sehr hoch über den Horizont gestiegen und bald wieder unter den Horizont gesunken. Im hohen Sommer dagegen ist die Sonne sehr zeitig in der Früh an einer ganz anderen Stelle am Horizont erschienen, ist zu Mittag sehr hoch am Himmel gestanden und eigentlich recht spät am Abend wieder unter den Horizont gesunken. Die während eines Tages am Himmelsgewölbe zurückgelegte Bahn ist ganz offensichtlich im Sommer also wesentlich länger als im Winter, weshalb auch verständlich ist, daß die unterschiedliche Sonneneinstrahlung für die Jahreszeiten verantwortlich ist.

Solche Beobachtungen haben natürlich bloß eine beschränkte Aussagekraft, weil sie nur auf dem Augenschein beruhen und bloß aus dem Gedächtnis her mit früheren Beobachtungen verglichen werden können.

Um diesem Mangel abzuhelfen, hat man schon in frühester Zeit ein Instrument entwickelt, das einer einfachen Sonnenuhr ähnlich war. Ein senkrechter Stab war auf einer horizontalen Platte montiert. Dieses Instrument war unter freiem Himmel fest verankert aufgestellt. Bei Sonnenschein hat der Stab einen Schatten geworfen, den man auf der horizontalen Ebene deutlich sehen konnte. Dieses Instrument hat man Gnomon genannt.[1]

---

[1] Unser Text will das Universum antiker Astronomen bloß in einem solchen Umfang darstellen, daß dem Leser der *Wirklichkeitscharakter* dieses Bildes deutlich wird. Details dieses Weltbildes, die darüber hinausgehen, sollen *nicht* angesprochen werden, damit der Text nicht überladen wird. Als wertvolle Literatur, auf der dieser Text aufbaut und die dem Leser als ergänzende Lektüre empfohlen wird, sei genannt: KUHN [Kopernikus], DIESTERWEG [Himmelskunde], THOMAS [Astronomie], THÖNE [Astronomie]. Insbesondere die drei zuletzt genannten Werke führen den Leser auf pädagogisch hervorragende Weise in den astronomischen Themenkreis ein. Das Werk von Kuhn ist als wesentlichstes Standardwerk für den Paradigmenwechsel vom ptolemäischen zum kopernikanischen Bild anzusehen. Einen hervorragenden Überblick zu Fragen der Astronomie vermittelt auch das Werk von SCHAIFERS und TRAVING [Handbuch]. Darüber hinaus sind auch für den Laien astronomische Kalender unerläßlich. An erster Stelle ist der jährlich erscheinende Himmelskalender von KELLER [Himmelsjahr] zu nennen. Hinweise für eigene Himmelsbeobachtungen und eine Darstellung der Sternbild-Mythen findet man bei FASCHING [Sternbilder]. Ein sehr ausführliches Werk, welches die Anfänge der Astronomie beschreibt, ist das Buch von VAN DER WAERDEN [Astronomie]. Hier werden insbesondere ägyptische, babylonische, assyrische und persische Quellen studiert. Eine wertvolle Darstellung der mathematischen und geographischen Grundlagen und Leistungen der antiken Astronomie, die schon vor den Griechen eine beachtliche Entwicklungsstufe erreicht hat, ist das Buch von SZABO [Geozentrik]. Er geht von den ältesten Quellen aus, zitiert in ausführlicher Weise das einschlägige

Während man sich den momentanen Stand der Sonne am Himmelsgewölbe natürlich nur schwer merken kann, ist der Gnomon hierfür ein ideales Hilfsmittel. Wenn man den Stabschatten auf der horizontalen Ebene betrachtet und den Schattenpunkt, der der Stabspitze entspricht, auf der Ebene markiert, dann hat man durch diesen Markierungspunkt ein für alle Male diesen momentanen Stand der Sonne festgehalten. Denn eine geradlinige Verbindung des Schattenpunktes der Stabspitze mit der Stabspitze selbst zeigt genau auf die Sonne. Es war ja auch ein geradliniger Lichtstrahl, der, von der Sonne ausgehend, die Spitze des Gnomonstabes auf die horizontale Ebene geworfen hat. Es ist für das Folgende ganz wichtig, daß man diesen Sachverhalt deutlich vor sich sieht.

Es ist selbstverständlich, daß die Sonne am Himmelsgewölbe nach kurzer Zeit schon weitergewandert ist und auch der Schatten des Stabes dadurch seine Lage verändert hat. Nicht nur seine Lage verändert aber der Schatten des Stabes im Lauf des Tages, sondern auch seine Länge. Am Morgen und am Abend ist der Schatten des Stabes besonders lang. Wenn man an einem bestimmten Tag die Bahn der Sonne, die sie am Himmelsgewölbe durchläuft, festhalten will, so muß man bloß die Schattenpunkte der Stabspitze in der horizontalen Ebene des Gnomon in möglichst kurzen Zeitabständen markieren. Man erhält dabei einen Kurvenverlauf in der Zeichenebene, dem die Sonnenbahn am Himmel ganz exakt entspricht. Denn: Jeder Punkt der Schattenkurve zeigt bei geradliniger Verbindung mit der Stabspitze des Gnomons zu einem ganz bestimmten Punkt des Himmelsgewölbes, in dem die Sonne gestanden ist. Man kann also auch noch nach langer Zeit sagen, wie damals die Sonne über den Himmel gezogen ist.

Schrifttum und gibt einen hervorragenden Überblick über das geozentrische Weltbild. Eine profunde, kritische Darstellung der Bemühungen um die Bestimmung von Gestalt und Größe der Erde im griechischen Altertum hat BRETTERBAUER [Erdmessung] gegeben.

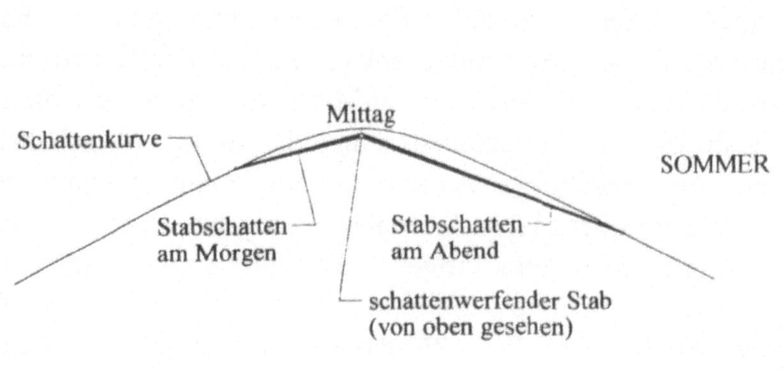

Um den Stand der Sonne am Himmel zu studieren, hat man schon in frühester Zeit ein Instrument entwickelt, das einer einfachen Sonnenuhr ähnlich war. Ein senkrechter Stab war auf einer horizontalen Platte montiert, die unter freiem Himmel fest verankert aufgestellt war. Bei Sonnenschein hat der Stab einen Schatten geworfen, den man auf der horizontalen Ebene gut beobachten konnte. Die Verbindung der Schattenpunkte der Stabspitze liefert eine Schattenkurve, die den Stand der Sonne während eines Tages registriert.
Die Abbildung zeigt, wie die *Schattenkurve im hohen Sommer* in Ägypten beim Nildelta aussieht. Am frühen Vormittag, wenn die Sonne noch nicht lange am Himmel steht, ist der Schatten des Stabes recht lang. Später, wenn die Sonne immer höher steigt, wird der Schatten kürzer. Gegen Abend, wenn die Sonne wieder zum Horizont sinkt, ist der Stabschatten wieder lang.

Abbildung 2

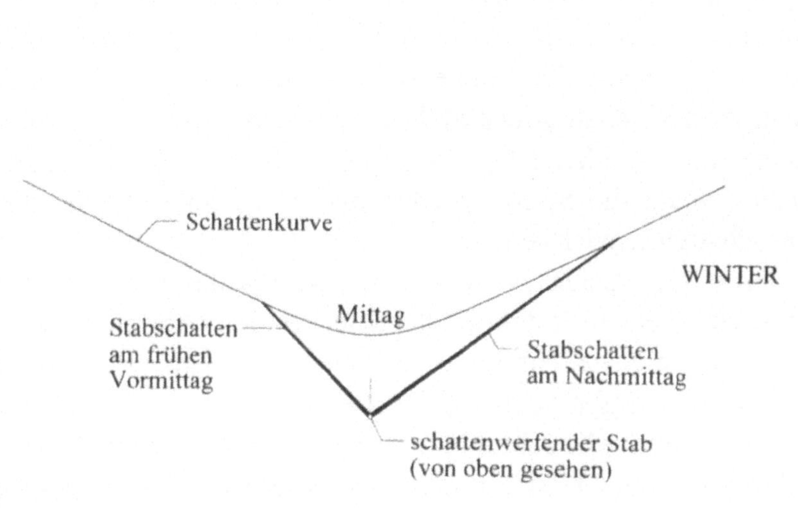

Dieses Bild zeigt, wie am gleichen Ort die *Schattenkurve im tiefen Winter* aussieht. Im ersten Moment sieht dieser andere Kurvenverlauf verblüffend aus. Wieso sind die Schattenkurven im Sommer und im Winter derart unterschiedlich? Wenn man bedenkt, daß die Sonne im Winter an einer ganz anderen Stelle am Horizont aufgeht als im Sommer und auch zu Mittag nicht allzu hoch am Himmel steht, dann ist die Schattenkurve, die die Wintersonne hervorbringt, gleichfalls verständlich.

Abbildung 3

Stellen wir uns vor, daß in Ägypten beim Nildelta im hohen Sommer die Sonnenbahn mit einem Gnomon untersucht und registriert wurde. Nehmen wir an, daß das Ergebnis der Messung so aussieht, wie es die Abbildung 2[2] zeigt. Am frühen Vormittag, wenn die Sonne noch nicht lange am Himmel steht, ist der Schatten des Stabes recht lang. Später, wenn die Sonne immer höher steigt, wird der Schatten kürzer. Gegen Abend, wenn die Sonne wieder zum Horizont sinkt, ist der Stabschatten wieder lang.

Unser ägyptischer Naturforscher wird seine Beobachtung vielleicht auch im tiefen Winter wiederholen. Abermals registriert er die Schattenpunkte auf seinem Gnomon und erhält wiederum eine glatte Kurve, die aber jetzt einen ganz anderen Verlauf nimmt. Die Abbildung 3 zeigt, wie das Ergebnis aussieht. Im ersten Moment mag dieser andere Kurvenverlauf verblüffend erscheinen. Wieso ist der Kurvenverlauf im Sommer und im Winter derart unterschiedlich? Wenn man aber bedenkt, daß die Sonne im Winter an einer ganz anderen Stelle am Horizont aufgeht als im Sommer und auch zu Mittag nicht allzu hoch am Himmel steht und am frühen Abend schon wieder untergeht, dann ist die Schattenkurve, die die Wintersonne hervorbringt, gleichfalls verständlich.

Wenn man diese extrem verschiedenen Schattenkurven betrachtet, dann kommt einem recht bald ein interessanter Gedanke: Wenn die Sommerschattenkurve *nach oben* gewölbt ist und die Winterschattenkurve *nach unten*, dann müßte doch auch eine Übergangssituation zu finden sein, bei der die Schattenkurve zu einer geraden Linie entartet. Und wenn man mit einigem Fleiß die Schattenkurve während des Jahres registriert, wird man tatsächlich eine solche Schattenkurve entdekken. Die Abbildung 4 zeigt das Ergebnis.

[2] Die Berechnung und die graphische Darstellung der hier abgebildeten Gnomon-Schattenkurven für die verschiedenen Jahreszeiten und für die unterschiedlichen geographischen Breiten hat Herr Dipl.-Ing. Michael Hugel durchgeführt, wofür ich ihm herzlich danke.

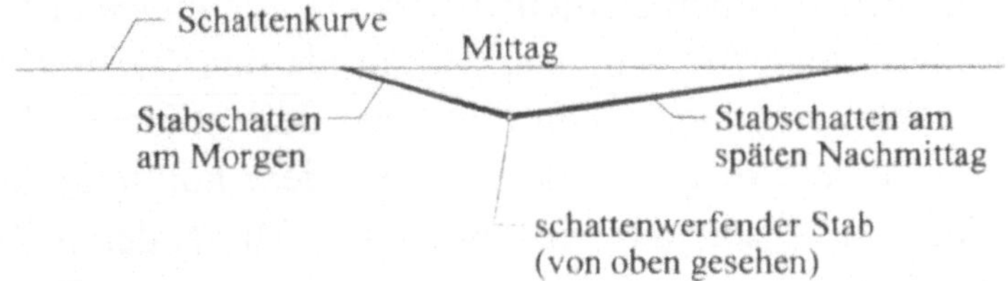

Die beiden vorhergehenden Bilder haben zwei extrem verschiedene Schattenkurven gezeigt: Die nach oben gewölbte Sommer-Schattenkurve und die nach unten gewölbte Winter-Schattenkurve. Gibt es da als Übergangssituation auch eine Schattenkurve, die zu einer geraden Linie entartet?
Die Abbildung zeigt eine Schattenkurve, wie man sie tatsächlich am Nildelta an einem ganz bestimmten Tag registrieren könnte. Es leuchtet ein, daß diese besondere, durch ihre Form ausgezeichnete Schattenkurve bei der Frage der Zeitmetrisierung noch eine gewichtige Rolle spielen wird.

Abbildung 4

So unterschiedlich diese Schattenkurven auch sind, sie zeigen eine bemerkenswerte Gemeinsamkeit, aus der man eine ganz wichtige Schlußfolgerung ziehen kann:

Auf allen Schattenkurven gibt es einen Schattenpunkt, der vom schattenwerfenden Stab den kleinsten Abstand hat. Dieser Schattenpunkt gibt exakt den örtlichen Mittagszeitpunkt an.

Dieser Zeitpunkt des örtlichen Mittags ist von großer Bedeutung, weil man den zeitlichen Abstand von *einem* örtlichen Mittag zum *nächsten* örtlichen Mittag als den "wahren Sonnentag" definieren kann.[3] Der Zeitpunkt des örtlichen Mittags stellt also eine fixe Zeitmarke dar, die dem kontinuierlichen Zeitablauf von Natur aus eingeprägt ist. Alle anderen Kennzeichen - wie Sonnenaufgang und Sonnenuntergang, Dämmerungsbeginn und Intensität der Sonnenstrahlung - verschieben sich von Tag zu Tag und sind für eine Zeitbestimmung der Tageslänge natürlich unbrauchbar. Der Mittagspunkt ist also eine natürliche, fixe Zeitmarke im fließenden Zeitstrom, die sich auf einfache Weise experimentell bestimmen und festhalten läßt.

Man hat durch Unterteilung jener Zeitspanne, die wir Tag nennen, zu den Stunden, Minuten und Sekunden gefunden. Um eine solche Unterteilung durchführen zu können, hat man einfache Zeitmesser verwendet, die zum Beispiel als Wasseruhr ausgebildet waren. Wasser ist aus einem Gefäß ausgeronnen und man konnte die verstrichene Zeit dadurch genauge-

[3] Es sei darauf hingewiesen, daß sich die Sonne mit *ungleichförmiger* Geschwindigkeit auf der - später noch genau erörterten - Ekliptik bewegt. Den antiken Astronomen (Hipparch um 150 v. Chr.) war das durchaus bekannt (DIESTERWEG [Himmelskunde, S. 538]). Um diesen Sachverhalt der ungleichförmigen Geschwindigkeit zu berücksichtigen, führt man für die Zeitmessung eine fiktive "mittlere Sonne" ein. Man läßt am Himmelsäquator eine gedachte Sonne mit einer mittleren Geschwindigkeit in derselben Zeit wie die "wahre Sonne" umlaufen, wobei mittlere und wahre Sonne zur selben Zeit durch den Frühlingspunkt, der gleichfalls später erörtert wird, gehen. Unsere Argumentation sei in diesem Text allerdings durch solche Details nicht belastet.

nommen "wiegen". Der sogenannte 24-Stunden-Tag war den Ägyptern schon 300 vor Christus bekannt, die gleichlangen Stunden[4] vereinigen ägyptische, aber auch babylonische Elemente, was sich auch in der Unterteilung von Stunde und Minute in 60 Teilschritte äußert. Es spiegelt sich hier das Sexagesimalsystem der Babylonier wider. Die Gnomon-Beobachtungen haben uns jedenfalls auf eine ganz wichtige naturwissenschaftliche Grundgröße geführt, die bei fast allen naturwissenschaftlichen Beobachtungen mitspielt, vor allem im Bereich der Astronomie: Die Zeit wurde als quantitative Größe erfaßbar gemacht. Wir können ab jetzt von Tagen, Stunden, Minuten und Sekunden sprechen und sie für die Analyse astronomischer Beobachtungen verwenden.

Wenn man die Abbildungen 2 bis 4 betrachtet, dann fällt einem aber noch eine weitere Gemeinsamkeit auf, die gleichfalls zu einer wichtigen naturwissenschaftlichen Definition führt, die für die Erforschung des Universums von großer Bedeutung ist: Wenn man genau zum Mittagszeitpunkt den Stabschatten betrachtet, dann zeigt sich, daß er immer - egal, ob man im Frühjahr, Sommer, Herbst oder Winter beobachtet - in die gleiche Raumrichtung zeigt. Zu jedem anderen Zeitpunkt ist das *nicht* der Fall, wie das ja schon unsere Abbildungen 2 bis 4 zum Beispiel für den "Stabschatten am frühen Vormittag" deutlich gezeigt haben. Der Stabschatten zum Mittagszeitpunkt ist zu den verschiedenen Jahreszeiten zwar nicht gleich lang, er weist aber immer in die gleiche Richtung, die man *Nord*richtung nennt und ein für alle Male für den betreffenden Beobachtungsort zum Beispiel durch fixe Marken im Gelände festhalten kann. Wenn die Nordrichtung einmal fixiert ist, kann auch *Osten*, *Süden* und *Westen* definiert werden. Unsere Messungen mit dem Gnomon haben also das naturwissenschaftliche Begriffssystem um wertvolle Details erweitert,

[4] Neben den "gleichlangen" Stunden hat es auch "ungleichlange" Stunden gegeben, bei denen der "Licht-Tag" der Ausgangspunkt war. (VAN DER WAERDEN [Astronomie, S. 254])

die für eine wissenschaftliche Erforschung des Universums von großem Wert sein werden. Wir können uns ab jetzt am Himmel orientieren und auf absolute Weise von bestimmten Himmelsrichtungen in Bezug auf unseren Beobachtungsort sprechen.

Unsere Schattenkurven der Abbildungen 2 bis 4 haben den antiken Astronomen aber noch eine weitere ganz wichtige naturwissenschaftliche Erkenntnis gebracht. Wir sehen, daß die Schattenkurven im Lauf des Jahres jeden Tag eine andere Krümmung aufweisen, daß es dabei aber auch bemerkenswerte Ausnahmen gibt. Wir sehen, daß an ganz bestimmten Tagen, die sonst immer gekrümmten Schattenkurven zu einer geraden Linie entarten. Zweimal im Jahr läßt sich dieser Sonderfall beobachten, einmal im Frühjahr und einmal im Herbst. Man sagt auch, davon wird später noch ausführlich die Rede sein, die Sonne, die ja diesen Schatten wirft, steht im "Frühlingspunkt", beziehungsweise im "Herbstpunkt" am Himmelsgewölbe.

Den antiken Astronomen ist aber auch noch ein weiteres Phänomen aufgefallen, das für diese speziellen Zeitpunkte ganz typisch ist: Wenn man die bereits definierten Begriffe von Stunden und Minuten auf die Tages- und Nachtlänge anwendet, dann findet man zu dem eigenartigen Ergebnis, daß gerade an diesen Tagen im Frühjahr und im Herbst Tag und Nacht exakt gleich lange dauern. Man spricht daher von "Frühjahrs- und Herbst-Tag-und-Nachtgleiche". An allen anderen Tagen des Jahres sind die Tages- und Nachtzeiten verschieden lang. Im Sommer sind die Tage länger, im Winter die Nächte.

Die Entdeckung, daß der Zeitpunkt der Frühjahrs-Tag-und-Nachtgleiche so einfach mit Hilfe der Gnomon-Schattenkurve registrierbar ist, hat auf eine weitere quantitative Erkenntnis geführt, die vorher nicht in dieser Exaktheit erfaßt werden konnte: Der zeitliche Abstand von einer Frühjahrs-Tag-und-

Nachtgleiche zur nächsten Frühjahrs-Tag-und-Nachtgleiche definiert *1 Jahr*. Es ist klar, daß diese Begriffsdefinition für das Erkennen von astronomischen Wirklichkeiten von entscheidender Bedeutung sein wird. Es ist erstaunlich, bis zu welch hohem Grad an Exaktheit dieses Zeitmaß vervollkommnet werden konnte:

Durch Auszählen der Tage haben schon sehr frühe Kalender das Jahr zu 360 Tagen festlegt. Allerdings haben sich hier die Jahreszeiten - wie man durch Gnomonmessungen gemäß Abbildung 4 feststellen konnte - relativ rasch gegen den Kalender verschoben. Die Ägypter haben diese Nachteile weitgehend beseitigen können, indem sie dem Jahr 5 Tage hinzugefügt haben. Das Jahr wurde also mit 365 Tagen angenommen und festgeschrieben.

Diese Festlegung war auf jeden Fall ein großer Fortschritt, wenngleich sich bald herausgestellt hat, daß es offenbar noch immer nicht stimmte. Denn schon nach 40 Jahren hat sich gezeigt, daß sich die tatsächlichen Jahreszeiten von den Kalender-Jahreszeiten um 10 Tage unterschieden. Das Kalenderjahr mit seinen 365 Tagen war offensichtlich zu kurz, sodaß die Jahreszeiten in der Natur nur langsamer vorankamen, als die Kalendertheorie geglaubt hatte.

Hipparch hat um etwa 150 vor Christus die Jahreslänge zu 365 Tagen, 5 Stunden, 55 Minuten und 12 Sekunden bestimmt.[5] Cäsar hat im Julianischen Kalender daher das Jahr mit 365,25 Tagen festgelegt. Um die Kommastellen bei dieser Festlegung sinnvoll im Kalender unterbringen zu können, hat man jeweils nach 3 Jahren zu je 365 Tagen ein Schaltjahr mit 366 Tagen eingeschoben. Damit hat man auf recht elegante Weise einen doch sehr guten Gleichschritt - zumindest im Mittel - erzielen können.

Aber wenn man die Verhältnisse genau betrachtet, so muß man sagen, daß diese Festlegung noch immer nicht exakt

[5] DIESTERWEG [Himmelskunde, S. 538]

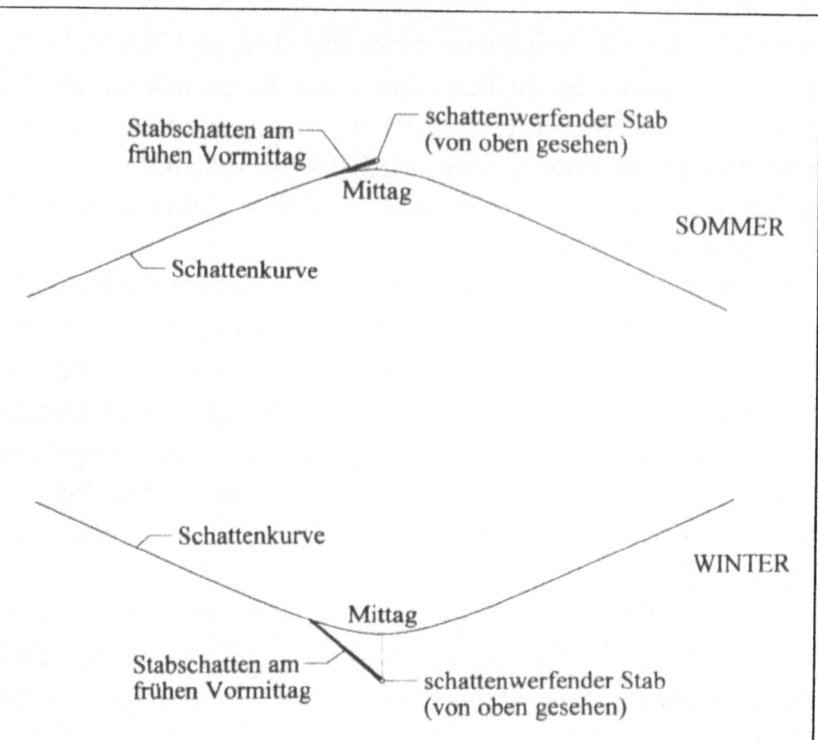

Das Studium der Schattenkurven hat eine wissenschaftlich exakte Festlegung wichtiger Begriffe ermöglicht: Der kürzeste Stabschatten definiert den Zeitpunkt, den wir *Mittag* nennen. Von einem Mittagszeitpunkt zum Mittagszeitpunkt des nächsten Tages wird die *Tageslänge* (24 Stunden) festgelegt. Von einer Frühjahrs-Tag-und-Nachtgleiche bis zur nächsten wird die *Dauer des Jahres* festgeschrieben. Der kürzeste Stabschatten legt die *Nord-Süd-Richtung* fest und damit indirekt auch *Osten* und *Westen*. Während am Nildelta der Mittagsschatten immer nach Norden zeigt, kann am Oberlauf des Nils der Mittagsschatten manchmal auch nach Süden weisen.

Abbildung 5
Abbildung 6

stimmt. Denn das Jahr ist um 11 Minuten und 14 Sekunden *kürzer*[6] als die festgelegten 365,25 Tage des Julianischen Kalenders. Diese Situation hat man um 1500 bereits deutlich erkannt, denn die an sich kleinen Differenz-Zeitbeträge haben sich mittlerweile zu einem beträchtlichen Fehler aufsummiert: Das Datum der Frühjahrs-Tag-und-Nachtgleiche hat sich vom 21. März auf den 11. März verschoben! Cäsar hat also die in Tagen gemessene Jahreslänge überschätzt. Man hat an entsprechenden Korrekturen gearbeitet, die im Jahr 1582 zur Festlegung des Gregorianischen Kalenders geführt haben. Groß war die Empörung des Volkes, daß man ganz einfach 10 Tage im Kalender ausfallen ließ, um den Gleichschritt wiederherzustellen. Man mag darüber lächeln, aber wenn man bedenkt, daß mit einem Kalender sehr viele juristische und vertragliche Details des täglichen Lebens verbunden sind, kann man die Aufregung schon verstehen.

Papst Gregor XIII. hat diesen neuen Kalender jedenfalls eingeführt und durchgesetzt. Die Jahreslänge wurde mit 365,2425 mittleren Sonnentagen festgelegt. Man mußte also in Zukunft einige der bisherigen Schalttage ausfallen lassen, um die Dezimalzahlen an diesen neuesten Wert anzugleichen. Es wurde bestimmt, daß in 400 Jahren insgesamt 3 Schalttage wegzufallen haben.[7] Nebenbei gesagt, wissen wir heute, daß

---

[6] Das sogenannte *tropische Jahr* ist als jene Zeit definiert, die zwischen zwei Durchgängen der mittleren Sonne durch den Frühlingspunkt liegt: Es hat 365,2422 Sonnentage.

[7] Diese Überlegungen gelten bis in die heutige Zeit. Der Gregorianische Kalender hat bestimmt, daß alle Jahre, deren zwei letzten Zahlen restlos durch 4 teilbar sind, Schaltjahre sind. Daher sind die Jahre 1988, 1992, 1996 Schaltjahre, denn 88 : 4 = 22, 92 : 4 = 23, 96 : 4 = 24. Man hat weiters bestimmt, daß die Schalttage der sogenannten "Säkularjahre", die nicht durch 400 *ohne Rest* teilbar sind, auszufallen haben. Säkularjahre sind die Jahrhundertwenden, wie zum Beispiel die Jahre 1700, 1800, 1900 und das Jahr 2000. Ein Beispiel: Bei der Division von 1700 durch 400 verbleibt ein Rest (1700:400 = 4,25), weshalb dieses Jahr nach Gregor also ausnahmsweise keinen Schalttag enthält. Genauso in den Säkularjahren 1800 und 1900 (1800:400 = 4,50 und 1900:400 = 4,75) fällt der Schalttag aus. Im Jahr 2000 dagegen ist die Division ohne Rest möglich (2000:400 = 5), weshalb dieses Jahr den Schalttag beibehält.

auch diese Schaltregel noch nicht alle Abweichungen beseitigt, aber die verbleibenden Fehlerreste wachsen erst in 3.333 Jahren auf 1 Tag an. Bis dahin kann man sich jedenfalls noch etwas einfallen lassen. Wir ersehen daraus, welch hohen Genauigkeitsgrad diese - für astronomische Beobachtungen wichtige - Zeiteinheit damals schon erreicht hatte.

Aber noch eine andere wissenschaftliche Beobachtung wurde in frühesten Zeiten bereits gemacht, die das Verständnis des Universums antiker Astronomen ganz wesentlich beeinflussen sollte. Wegen der Wichtigkeit der Gnomonmessungen hat man solche Beobachtungen bald in mehreren Landesteilen durchgeführt, weil ja doch - wie wir gehört haben - hieraus auch für das tägliche Leben Konsequenzen erwachsen. Und bei der mehrfachen Überprüfung dieser Sonnenbeobachtung konnte man feststellen, daß die Meßergebnisse doch nicht so eindeutig sind, wie man zuerst angenommen hat.

Die Abbildungen 5 und 6 zeigen, was gemeint ist. Die Schattenkurven sehen am Oberlauf des Nil im ersten Augenblick zwar so ähnlich aus, wie wir sie in Abbildung 2 und 3 kennengelernt haben: Die Sommer-Schattenkurve ist *nach oben* gewölbt, die Winter-Schattenkurve *nach unten*. Aber ein gravierender Unterschied ist doch zu bemerken: Während bei den Messungen am Nildelta (Abbildung 2) die Schattenkurve im Sommer *oberhalb* des schattenwerfenden Stabes verlaufen ist, geht sie bei Messungen in Provinzen am Oberlauf des Nil (Abbildung 5) *unter* dem schattenwerfenden Stab vorbei. Die Winterschattenkurven (Abbildung 3 bzw. 6) sehen dagegen nicht so unterschiedlich aus.

Wir haben etwas weiter oben, als wir von Beobachtungen am Nildelta gesprochen haben, festgestellt, daß der Stabschatten zum Mittagszeitpunkt immer in die gleiche Richtung zeigt und haben diese Richtung *Nord*richtung genannt. Heißen diese Beobachtungen, die man am Oberlauf des Nil gemacht hat,

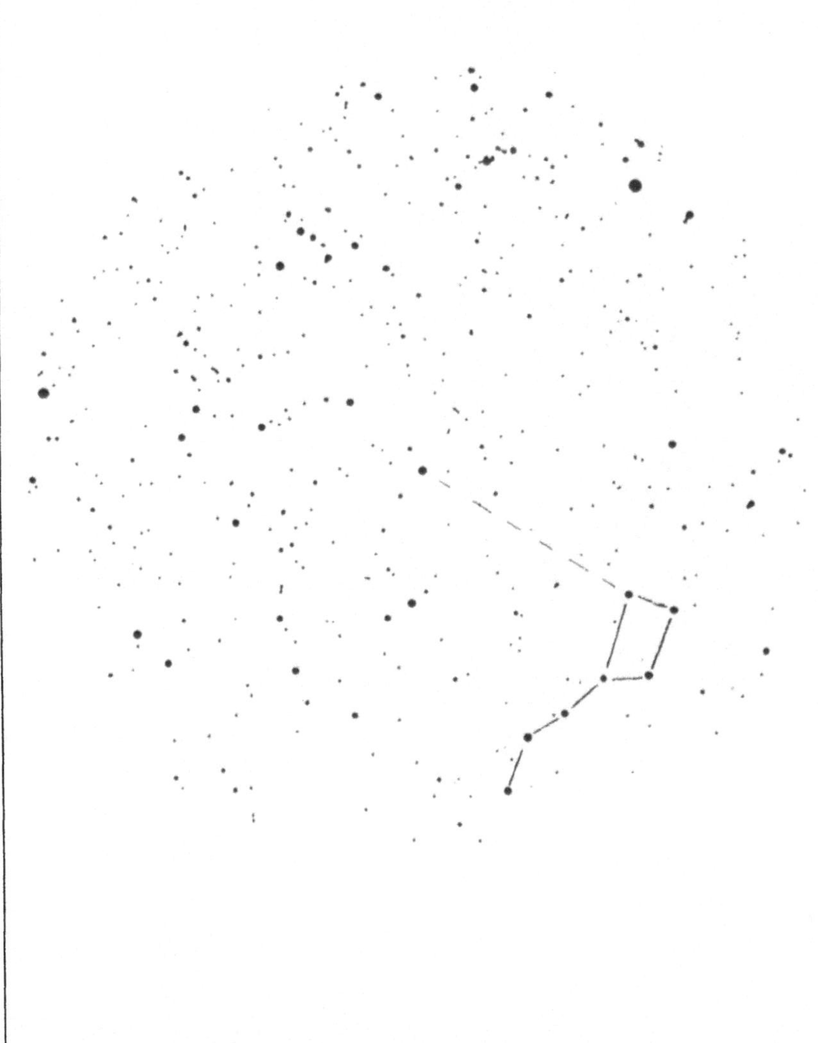

Dieses Bild zeigt den nördlichen Sternenhimmel Mitte Dezember um 21 Uhr. Das charakeristische Sternbild des Großen Wagen wurde hervorgehoben und die strichlierte Linie zeigt, wie man den Polarstern findet.

Abbildung 7

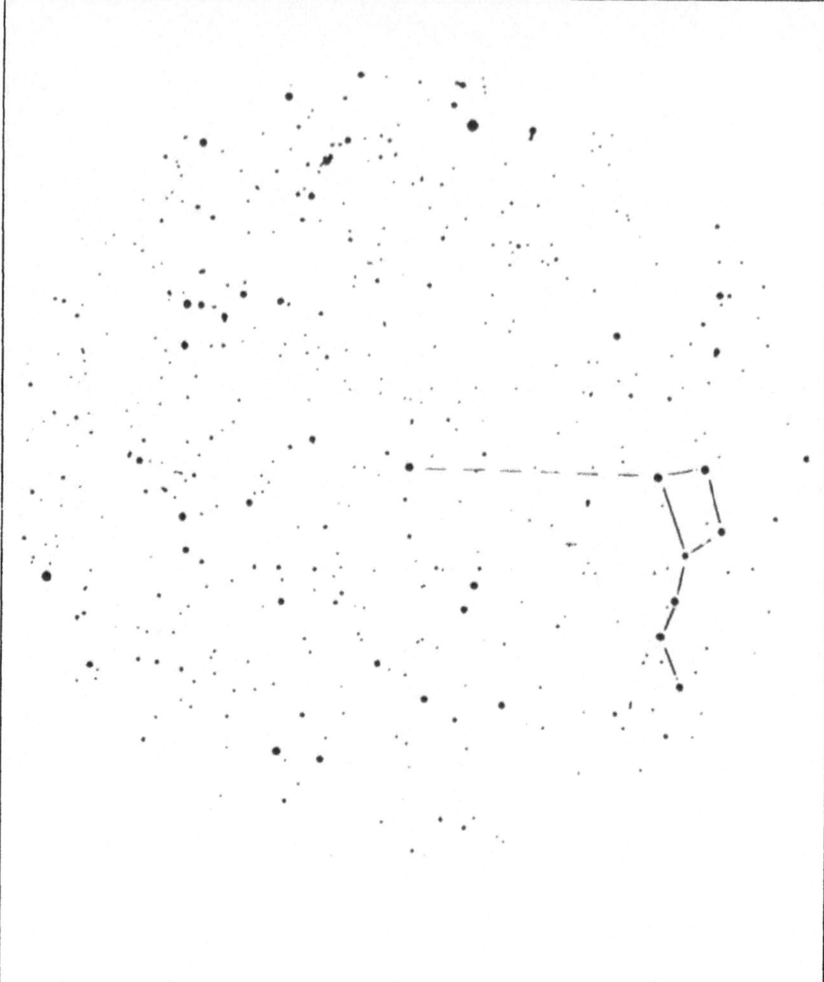

In dieser Abbildung ist die gleiche Himmelsregion wie vorhin dargestellt, jedoch zwei Stunden später, also um 23 Uhr. Man sieht, daß sich der Große Wagen, aber auch alle anderen Sterne verschoben haben.

Abbildung 8

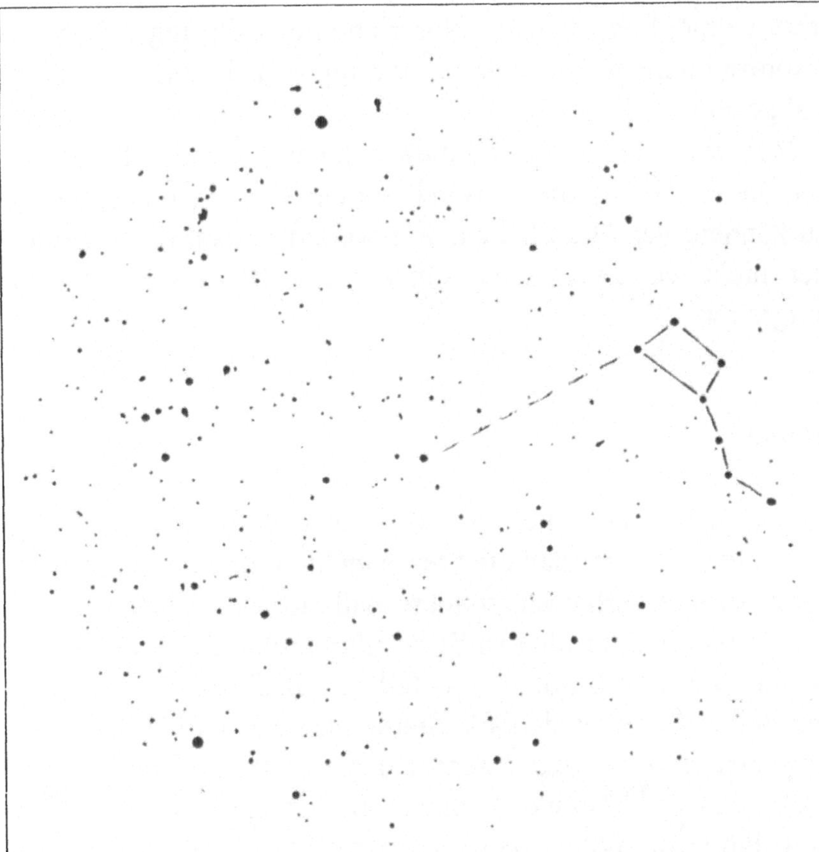

Noch einmal zwei Stunden später - es ist jetzt 1 Uhr nachts - ist die Verschiebung der Sterne weiter fortgeschritten. Wenn man die drei Abbildungen vergleicht, so erkennt man deutlich, daß hier eine Drehung des Sternenhimmels vorliegt und daß der Polarstern das Zentrum der Drehung ist und unveränderlich am Himmel steht. Sobald man die Verschiebung der Sterne als Drehung erkannt hat, ist die Frage naheliegend, in welcher Zeit eine vollständige Umdrehung abgeschlossen ist. Genaue Messungen ergeben für die Zeit von 1 Umdrehung den Wert von 23 Stunden und 56 Minuten.

Abbildung 9

jetzt womöglich, daß die Nordrichtung umspringt? Daß die "Nordrichtungen" im Sommer und im Winter einander diametral gegenüber liegen?

Man wird verstehen, daß diese schwerwiegenden Divergenzen die Hoffnung, die Wirklichkeit des Universums erkennen zu können, verzögert haben. Wir wollen vorerst diese Gedanken nicht weiterverfolgen, sondern erst etwas später wieder aufgreifen.

Sterne

Beobachtet man einige Stunden lang den Sternenhimmel, dann bemerkt man, daß die Sterne nicht an ihrem Ort am Himmelsgewölbe verharren, sondern daß sie weiterziehen. Beobachtet man den nördlichen Sternenhimmel - die Nordrichtung ist uns ja schon bekannt - so fällt ein Sachverhalt besonders ins Auge: Während sich alle Sterne im Lauf der Nacht weiterbewegen, gibt es *einen* Stern, der hier eine Ausnahme macht und praktisch unverändert immer am selben Ort am Himmelsgewölbe steht. Wenn man also zum Beispiel einen Zeigestab derart ausrichtet und befestigt, daß er auf diesen Stern zeigt, dann weist er *immer* auf diesen Stern hin, egal welche Nachtzeit vorliegt und egal, um welchen Tag des Jahres es sich handelt. Dieser Stern ist der sogenannte *Polarstern*.

Bei dieser Beobachtung des Polarsterns bemerkt man im Lauf der Nacht, daß die Sterne seiner Umgebung ihn zumindest teilweise umkreisen. Wenn man im Winter nach Einbruch der Dämmerung mit der Beobachtung beginnt und bis gegen Morgen ausharrt, dann sieht man, daß diese Sterne etwas mehr als einen Halbkreis beschreiben, in dessen Mittelpunkt der Polarstern steht. Wenn man auch in den nachfolgenden Tagen die Nacht unter freiem Himmel zubringt und dabei klares Wetter herrscht, dann bemerkt man, daß alle Sterne des nördlichen Sternenhimmels den Polarstern zwar umkreisen, daß sie ihre Lage *zueinander* aber nicht verändern. Wenn irgendwelche Sterne ein gleichseitiges Dreieck bilden, dann ist dieses gleichseitige Dreieck auch am nächsten und übernächsten Tag zu beobachten. Wir sagen, diese Sterne verändern ihre gegenseitige Lage zueinander nicht, sie sind zueinander in *fixen* Relationen angeordnet oder man sagt einfach, es sind *Fixsterne*. Die antiken Astronomen haben schon in frühester Zeit durch recht genaue Messungen festgestellt, daß alle diese Fixsterne ein zueinander unveränderliches Muster bilden, welches man in Sternkarten festhalten kann. Manche Sternkonfigurationen bilden ein so einprägsames Muster, daß man es sogar im Gedächtnis behalten kann. Der "Große Wagen" ist hierfür ein bekanntes Beispiel.

Es liegt auf der Hand, daß man recht bald angenommen hat, daß diese Fixsterne nicht bloß in der Nacht den Polarstern "um-halb-kreisen", sondern auch bei Tag. Da scheint zwar die Sonne und die Sterne sind nicht zu sehen, aber es wäre doch zu unglaubhaft gewesen anzunehmen, daß sich die Sternbildmuster jeden Abend bei Dämmerung neu bilden, um sich bei Morgengrauen, wenn sie sich weit auf ihrer Bahn im Lauf der Nacht verschoben haben, wieder aufzulösen. Einfacher ist es da sich vorzustellen, daß die Fixsterne den Polarstern *komplett* umkreisen[8] und daß sie sich bei Tag zufolge des hellen Sonnenscheins der Beobachtung entziehen. Die Abbildungen 7, 8 und 9 zeigen die Umgebung des Polarsterns am 15. Dezember um 21 Uhr, 23 Uhr und 1 Uhr in der Nacht. Das charakteristische Sternbild des Großen Wagen ist hervorgehoben und man erkennt recht gut, wie er den Polarstern, der in der Mitte des Sternenfeldes liegt, gleichförmig umläuft. Die anderen Sterne machen in gleicher Weise bei dieser Bewegung mit. Die Kreisbewegung aller Sterne geht bei Nacht in der gleichen Richtung vor sich, wie auch die Sonne sich bei Tag an der

[8] Etwas später ist davon die Rede, daß diese vorläufige Vermutung durch eine recht einfache Beobachtung auch bestätigt werden konnte.

Himmelskuppel bewegt. Die schon erwähnten Untersuchungen der Sonnenbewegung mit dem Gnomon haben zu der Festlegung geführt, daß die Sonne 24 Stunden braucht, um von einem Mittagspunkt zum Mittagspunkt des nächsten Tages zu kommen. Es war daher naheliegend, auch jene Zeit zu messen, die *ein Stern* für eine komplette Umkreisung des Polarsterns benötigt. Man könnte also am Abend im Winter zum Beispiel die Deichselspitze des Großen Wagen anpeilen und die Zeit messen, die vergeht, bis die Deichselspitze am nächsten Abend wieder an der gleichen Stelle angekommen ist. Man vermutet vielleicht, daß auch hier, wie bei der Sonne, 24 Stunden für einen kompletten Umlauf vergehen. Die Messungen haben etwas anderes ergeben. Es hat sich gezeigt, daß die Sterne für 1 Umlauf 23 Stunden und 56 Minuten benötigen. Dieser Sachverhalt war schon ganz frühen Beobachtern bestens bekannt. Die Sterne brauchen also für 1 Umlauf etwas weniger Zeit als die Sonne für ihren Umlauf. Diese meßtechnisch erfaßte Tatsache war vorerst unverständlich. Wir werden aber sehen, daß gerade sie dazu beitragen wird, den komplexen Mechanismus des geozentrischen Universums als Wirklichkeit abzusichern. Vorläufig wollen wir von diesem Problem aber absehen; wir greifen es später wieder auf.

Bis jetzt haben wir jene Fixsterne beobachtet, die in der Nähe des Polarsterns liegen, die ihn also umgeben und im Lauf der Nacht umkreisen. Diese Sterne nennt man "Zirkumpolarsterne". Schon ganz oberflächliche Beobachtungen zeigen uns, daß nicht nur die Zirkumpolarsterne sich auf Kreisbahnen bewegen, sondern auch alle anderen Sterne. Eine solche Kreisbahn, auf der ein Stern im Lauf der Nacht wandert, beginnt am östlichen Horizont, geht schräg verlaufend zu einem höchsten Punkt im Süden und sinkt gegen Westen wieder unter den Horizont. Wenn der Stern zu Abendbeginn schon hoch am Himmel steht, sieht man selbstverständlich nur ein entsprechend kurzes Stück dieser Kreisbahn. Sterne, die knapp oberhalb der

Horizontlinie im Süden stehen, sind überhaupt nur kurze Zeit sichtbar.

Den frühen Himmelsbeobachtern war aber noch etwas anderes schon lange bekannt: Es wurde immer wieder berichtet, daß bei einer Reise in südliche Richtungen die ursprünglich schräg verlaufenden Kreisbahnen der Sterne gegenüber dem Horizont immer steiler werden. Auch wurde festgestellt, daß jene Sterne, die in der Heimat knapp am Südhorizont lagen, bei einer Reise in den Süden höher heraufsteigen und dadurch länger sichtbar bleiben. Auch hat der Polarstern seine Lage verändert, er ist dem Nordhorizont merkbar näher gekommen. Auch hier war das Phänomen für die ersten Himmelsbeobachter schwer verständlich, wieso denn eine Reise auf der Erde die Sternbahnen am Himmel verändern kann.

Planeten

Es sind aber noch weitere Probleme dazu gekommen. Während die Fixsterne ihre gegenseitige Lage unveränderlich beibehalten haben, hat es gewisse Ausnahmen gegeben, die nicht zu übersehen waren. Man konnte beobachten, daß gewisse helle "Sterne" sich in Relation zu den anderen Sternen im Verlauf von Wochen verschieben können, wie wenn sie vor dem Fixsternhintergrund sich frei bewegen könnten. Diese "Sterne" hat man Planeten genannt. Recht unverständlich war allerdings, daß diese Bewegung *ungleichmäßig* verlief, manchmal blieben die Planeten sogar stehen, ja sie sind hin und wieder sogar auch in der entgegengesetzten Richtung weitergelaufen. Ein solches unregelmäßiges Verhalten haben die antiken Astronomen bei allen Planeten beobachtet: Beim Merkur, bei der hell leuchtenden Venus, beim rötlichen Mars, beim Jupiter genauso wie beim Saturn.

Mond

Dieser Gedanke der freien Beweglichkeit eines Planeten vor dem Fixsternhintergrund wurde durch Mondbeobachtungen noch verstärkt. Wenn man zum Beispiel heute Abend den Mond in einem bestimmten Sternbild sieht, dann ist er morgen von diesem Sternbild weit entfernt. Er muß also *in Relation zu den Fixsternen* inzwischen gewandert sein. Und wenn man sich einmal die Mühe nimmt und den Mond genau beobachtet, dann sieht man sogar, daß er sich tatsächlich *vor dem Fixsternhintergrund* bewegt, denn er verdeckt hin und wieder den einen oder anderen hellen Stern. Nach einiger Zeit, wenn der Mond weitergewandert ist, kommt der Stern dann wieder zum Vorschein.

Ein besonderes Merkmal des Mondes sind auch die verschiedenen Mondphasen, die vom Vollmond bis zum Neumond reichen und zu gewissen Zeiten auch Verfinsterungen zeigen können. Schon zu sehr frühen Zeiten hat man die Idee vertreten, daß der Mond offenbar ein kugelförmiges Objekt ist, welches von der Sonne beleuchtet wird.

Noch einmal die Sonne

Wir haben bereits erörtert, daß auch die Bewegung der Sonne, wie sie uns am Himmel erscheint, gar nicht so einfach ist. Im *Winter* geht die Sonne eher südöstlich auf, steigt nicht hoch über den südlichen Horizont und ist insgesamt nur kürzere Zeit während des Tages am Himmel zu sehen als im Sommer. Zur *Frühjahrs- und Herbst-Tag-und-Nachtgleiche* geht sie genau im Osten auf und genau im Westen unter. Im *Sommer* tritt sie in nordöstlicher Richtung am Morgen über den Horizont, steigt relativ hoch über den Südhorizont und steht längere Zeit am Himmel als im Winter.

Über das Jahr gesehen handelt es sich hier also um eine komplexe Schraubbewegung, die die Sonne immer höher steigen läßt, bis sie im hohen Sommer ihren höchsten Stand erreicht hat, um sich im Lauf der Monate dann wieder tiefer zu schrauben, bis sie im Winter nur mehr wenig über den Südhorizont steigt.

Die jedem sichtbare freie Beweglichkeit von Mond und Planeten vor dem Fixsternhintergrund hat die Frage immer deutlicher werden lassen, *ob sich nicht vielleicht auch die Sonne vor dem Fixsternhintergrund verschiebt* und man durch diese Erkenntnis alle die geheimnisvollen Bewegungen besser verstehen und die Wirklichkeit des gesamten Universums aus einem einheitlichen Prinzip begreifen kann. Die Schwierigkeit einer solchen Beobachtung ist allerdings beträchtlich. Denn man müßte ja das Licht der Sonne "kleiner drehen" können, damit sie nicht blendet, um am dunklen Himmelsgewölbe sehen zu können, an welcher Stelle des Fixsternhintergrundes die Sonne tatsächlich zu diesem Zeitpunkt gerade steht. Die antiken Astronomen haben dieses Problem gelöst, indem sie die Sonne systematisch bei Sonnenuntergang beobachtet haben. Wenn die Sonne untergeht, sieht man, insbesondere in südlichen Gegenden, schon nach recht kurzer Zeit die Sterne bis zum Horizont und man kann abschätzen, an welcher Stelle in dem horizontnahen Sternbild sich die Sonne offenbar gerade befindet. Denn man kennt ja von früheren Sternbeobachtungen die Gestalt und die Ausdehnung der Sternbilder recht genau. Auch wissen wir, um welches Winkelstück sich der Sternenhimmel im Lauf der Dämmerungszeit verdreht: Fixsterne benötigen für 1 Umlauf auf ihrer Kreisbahn - also für 360° - eine Zeit von 23 Stunden und 56 Minuten; das entspricht näherungsweise einem Winkel von 15° je Stunde. Man kann daher den "wahren" Ort der Sonne recht genau bestimmen. Die damit gefundene Sonnenposition kann man in den Sternkarten eintragen und man stellt dabei fest, daß sich die Sonne täglich etwa um 1° gegen den Fixsternhintergrund verschiebt und dabei eine sehr einfache Bahn durchläuft. Es handelt sich um einen großen Kreis, der das gesamte Himmelsgewölbe überstreicht.

Spätestens zu diesem Zeitpunkt wird die Wirklichkeit des geozentrischen Universums zumindest ansatzweise den Menschen vor Augen gestanden sein: Auf einer riesengroßen Kugel, die sich - wie man täglich sehen kann - von Osten nach Westen dreht, mußten die Fixsterne befestigt sein. Sonne, Mond und Planeten nehmen an dieser Bewegung teil. Sie verschieben sich allerdings zum Teil gegen den Fixsternhintergrund und verdecken dabei manchmal sogar auch den Anblick gewisser Sterne. Das zeigt uns, daß Sonne, Mond und Planeten zwar weit von uns entfernt sind, aber dennoch nicht so weit, daß sie mit den Fixsternen, die an der rotierenden "Himmelskugel" befestigt sind, zusammenfallen. Im Zentrum dieser mit Fixsternen besetzten Himmelskugel befindet sich die Erde.

Das Zwei-Kugel-Universum

Die Gestalt der Erde

Für die Kugelgestalt der Erde gab es schon in der Antike eine Reihe von Argumenten, die sich in späterer Zeit immer mehr verdichtet haben und auch von der quantitativen Seite untermauert wurden.

Jeder schiffahrenden Nation war es aus der täglichen Erfahrung bekannt, daß ein Schiff, welches sich einer Küste nähert, nicht auf einmal erblickt werden kann, sondern daß der Küstenbewohner zuerst die Mastspitze, dann die Segel und zuletzt auch den mächtigen Rumpf des Schiffes erkennt. Diese Reihenfolge ist erstaunlich, denn den großen Rumpf des

Schiffes müßte man doch viel leichter erblicken können als die dünne Mastspitze. Die Krümmung der Erdoberfläche kündigt sich an.

Eine ganz analoge Erfahrung macht auch ein Matrose im Mastkorb seines Schiffes, denn er hat von dort einen größeren Gesichtskreisdurchmesser, als wenn er sich bloß an Deck des Schiffes befindet. Je höher der Standpunkt eines Beobachters ist, desto weiter erstreckt sich auch sein Horizont. Wenn man sich 5 Meter über der Meeresoberfläche befindet, dann sieht man im Idealfall[9] etwa 8 Kilometer weit. In einer Höhe von 30 Meter über dem Meeresspiegel ist der Gesichtskreis schon auf einen Radius von 20 Kilometer angewachsen. In gleicher Weise sieht der Matrose im Mastkorb zuerst die Bergspitzen einer Insel und später erst den Fuß des Berges und das Ufer. Die Erdoberfläche muß also gekrümmt sein. Und weil man Gleiches in allen Himmelsrichtungen beobachten kann, muß auch die Krümmung nach allen Himmelsrichtungen identisch sein.

Ein gutes Beispiel für die nach unten gekrümmte Erdoberfläche bietet auch der Sonnenaufgang, wie man ihn an einer bergigen Insel beobachten kann: Bevor noch die Sonne das Ufer beleuchtet, bescheint sie schon den Berggipfel.

Eine ganz andere Erfahrung und Überlegung führt gleichfalls zur Kugelgestalt der Erde. Bereits im vierten Jahrhundert vor Christus war es üblich, eine Mondesfinsternis durch den Schatten der Erde zu erklären, der auf den Mond fällt. Dieser Schatten hat immer eine kreisrunde Gestalt von stets gleichbleibender Größe. Nie hat der Schatten eine ovale Form gezeigt, wie er bei einer scheibenförmigen Erde auch einmal auftreten müßte.

Für den antiken Menschen waren aber auch noch weitere Argumente sehr gewichtig: Die sichtbare Kugelgestalt des

---

[9] Zu unterschiedlichen Abweichungen kommt es, weil die Lichtstrahlen in verschiedenen Luftschichten eine Lichtbrechung erfahren, wodurch die Gegenstände, die an sich unter dem Horizont liegen, über den Horizont erhoben erscheinen.

Himmelsgewölbes legt aus Analogiegründen eine ebenso perfekte Kugelgestalt der Erde nahe.[10] Die Erde spiegelt die Gestalt des Himmels wieder und umgekehrt. In der zentrisch-symmetrischen Anordnung der beiden Kugeln hat man auch einen Grund für die Stabilität des sphärischen Universums gesehen. In welche Richtung sollte denn *aus dem Zentrum* der fixsternbesetzten Himmelskugel ein Gegenstand fallen? Alle Richtungen sind gleichwertig. Vom Mittelpunkt der Kugel aus gesehen sind alle Richtungen *aufwärts* gerichtet und daher bleibt die schwere Erdkugel im Zentrum liegen und die Himmelskugel rotiert um dieses Zentrum.

Auch die Argumente von Aristoteles[11] sind beeindruckend: "Auch aus den Sternbeobachtungen geht hervor, daß [die Erde] nicht nur rund ist, sondern auch gar nicht einmal so groß. Denn wenn wir unseren Ort nur wenig nach Norden oder Süden verschieben, hat sich ersichtlich der Gesichtskreis [zum Himmel] schon verändert, sodaß die Sterne über uns sich sehr verändert haben und uns nicht mehr dieselben erscheinen, wenn wir nach Norden oder Süden weitergehen. Manche Sterne kann man nämlich in Ägypten und auf Cypern sehen, die man in nördlichen Ländern nicht sehen kann, und Sterne, die man hier das ganze Jahr sieht, gehen dort unter. Daraus geht nicht nur hervor, daß die Erde rund ist, sondern auch, daß sie keine große Kugel bildet, da sonst nicht bei so kleinen Veränderungen die Wirkung so schnell sich zeigte."

---

[10] Ein solches Argument erscheint uns vielleicht als weit hergeholt. Aber man sollte bedenken, daß man auch heute oft die Vorstellung vertritt, daß die "Wirklichkeit" sich in wissenschaftlichen Gleichungen und Theorien *durch besondere Eleganz und Einfachheit* zu erkennen gibt. Regelmäßige Polyeder, Kreise, Kugeln und konzentrische Kugeln galten früher als ideale geometrische Gebilde.

[11] ARISTOTELES [Himmel]

Die Erde im Zentrum der Sternenkugel

Seit dem vierten vorchristlichen Jahrhundert haben die griechischen Astronomen und Philosophen die Erde also als eine relativ kleine Kugel betrachtet, die sich im Zentrum der riesengroßen von Osten nach Westen rotierenden Himmelskugel befindet, auf der die Fixsterne sozusagen fixiert waren. Außerhalb dieser Himmelskugel befand sich nichts mehr.[12] Die äußere mit Sternen besetzte rotierende Himmelskugel und die im Zentrum liegende kugelförmige Erde hat man Zwei-Kugel-Universum genannt. Wir werden später sehen, daß sich in dem unermeßlichen Zwischenraum zwischen Erde und Himmelskugel die Sonne, der Mond und die Planeten befinden.[13] Von Sonne, Mond und Planeten wollen wir vorerst absehen und bloß die Erde im Zentrum der mit Fixsternen besetzten Himmelskugel betrachten. Was konnte man beobachten, welche Regelmäßigkeiten haben sich gezeigt und welche Argumente haben den frühen Himmelsbeobachter darin bestärkt, das Universum als geozentrische Wirklichkeit zu verstehen?

Wenn an einem klaren Abend die Sonne untergeht und die Dämmerung heraufzieht, dann werden da und dort am Himmel die ersten Sterne sichtbar, bis schließlich sehr viele Sterne am Himmel stehen. Die hellsten Sterne werden als erstes sichtbar, später, nach Sonnenuntergang, kann man auch schwach leuchtende Sterne erkennen. Um die Helligkeit der Sterne zu klassifizieren, hat man sie in Größenklassen einge-

[12] Wie ähnlich ist doch dieser Gedanke der heutigen kosmologischen Idee, bei der der gekrümmte Raum mit dem Urknall gleich miterzeugt wird. Was ist *außerhalb? Worin* krümmt sich der Raum?

[13] PLATON [Werke III, S. 117 f.] beschreibt in welcher Reihenfolge Sonne, Mond und die Planeten in das Zwei-Kugel-Universum von Gott eingebracht wurden und auf welche Weise sie um die Erde kreisen. "... so zündete Gott in dem zweiten derselben von der Erde ab ein Licht an, eben das, was wir jetzt Sonne nennen, auf daß es möglichst durch das ganze Weltall schiene ..." schreibt PLATON im Timaios, einer Schrift über Kosmologie und Naturphilosophie.

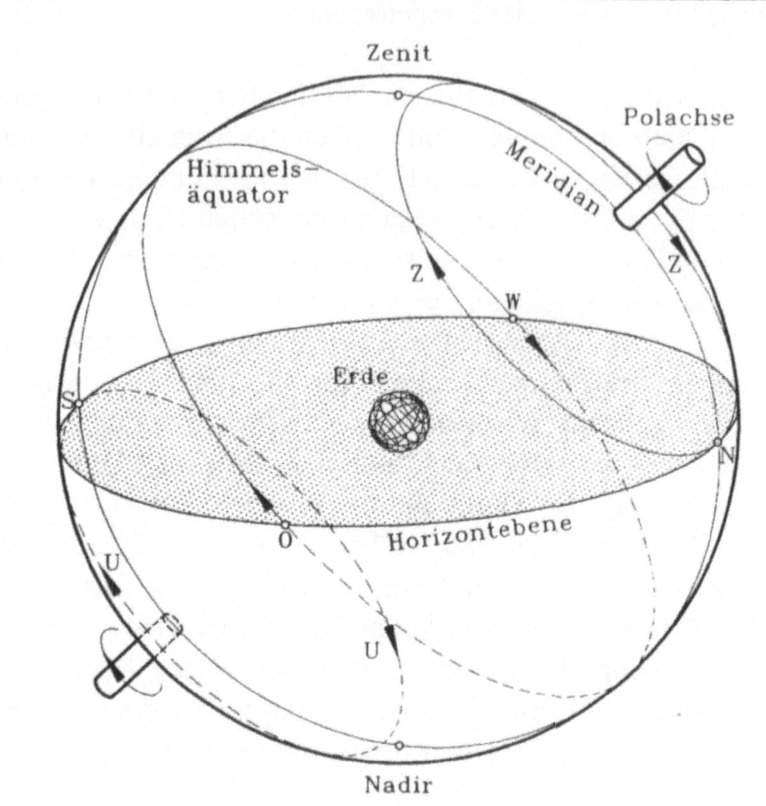

Hier ist eine Skizze des Zwei-Kugel-Universums zu sehen. Für einen Himmelsbeobachter am 48-ten Breitegrad der Erde erscheint die Himmelskugel mit ihrer Polachse (Polarstern) derart geneigt, daß der Polarstern 48° über dem Nordhorizont steht. Die an der Himmelskugel "befestigten" Fixsterne umlaufen in der angegebenen Weise den Beobachter. Jene Sterne, die auf der vom Kreis ZZ berandeten Kugelkalotte angeordnet sind, umgeben den Polarstern und sind jede Nacht zu sehen (Zirkumpolarsterne). Die Sterne der von ZZ und UU berandeten Kugelzone sind nicht immer zu sehen, sie gehen am östlichen Horizont auf und am westlichen unter. Die Sterne der von UU berandeten Kugelkalotte sind unsichtbar.

Abbildung 10

teilt. Die hellsten Sterne wurden der 1. Größenklasse zugeordnet, die Sterne, die man gerade noch sehen konnte, der 6. Größenklasse, und dazwischen hat man die restlichen Sterne auf die Helligkeitsstufen 2 bis 5 aufgeteilt.

Die beobachtbaren Sterngruppen hat man zu einprägsamen Figuren zusammengefaßt und diesen Sternbildern entsprechende Namen gegeben. Beobachtungen haben ergeben, daß die Figuren der Sternbilder unveränderlich bleiben und auch die Helligkeit der Sterne praktisch keinen Schwankungen[14] unterworfen ist. Die Unveränderlichkeit der Sternpositionen zueinander hat man aus der unveränderlichen Fixierung dieser Sterne am rotierenden, kugelförmigen Himmelsgewölbe verstanden. Wie könnte man die durch Jahrtausende währende Unveränderlichkeit dieser unzähligen Sterne sonst deuten?

In einer solchen Auffassung wurde man noch ganz wesentlich bestärkt, als man aus einem tiefen Brunnenschacht *sogar bei Tag* Sterne erkennen konnte, die die Drehung des Himmelsgewölbes mitmachten. Die sich Tag und Nacht gleichförmig drehende Fixsternkugel, in deren Zentrum die kugelförmige Erde steht, wurde immer deutlicher erkannt.

Die sich drehende Fixsternkugel führt dem Menschen im Lauf der Zeit immer wieder das gesamte Repertoire der Sterne vor Augen. Weil man die einzelnen Sternbilder bereits voneinander unterscheiden konnte, war es möglich, die Anzahl der Sterne zu ermitteln. Die hellsten Sterne[15] waren natür-

---

[14] Selbstverständlich war schon in frühester Zeit sogar den Hirten eine Reihe von Ausnahmen bekannt. Sterne, deren Helligkeit sich ändert, hat man oft mit Namen aus der Mythologie bedacht und sie in diese mythischen Wirklichkeiten eingebunden. So wurde etwa der Stern β im Perseus mit dem Namen "Algol" oder "Dämonenstern" bezeichnet. Er hat seine Helligkeit mit einer Periode von 3 Tagen zwischen den Klassen 2,2 bis 3,5 verändert. Dieser Stern war das schrecklich blinkende Auge des Hauptes der Medusa. Es konnte einen Blick werfen, der jedes Wesen zu Stein erstarren ließ (Viele solche Details kann der interessierte Leser im Buch FASCHING [Sternbilder] nachlesen).

[15] Es war bereits davon die Rede, daß nicht jeder helle "Stern" auch schon ein Stern ist. Die Planeten Venus, Mars, Jupiter und Saturn mit ihrer starken Helligkeit sind hier auszunehmen. Sie zählen, wie bereits erwähnt, nicht zu den Fix-

lich immer schon sehr eindrucksvoll und vielleicht sind auch deshalb die Sternbilder, in denen sie stehen, dem Menschen besonders gut im Gedächtnis geblieben.[16] Insgesamt sind es ungefähr 4720 Sterne, die man im Prinzip mit freiem Auge sehen kann. Allerdings kann ein Beobachter von der Himmelskugel im günstigsten Fall immer nur die über ihm befindliche Halbkugel sehen, sodaß er mit bloßem Auge im Durchschnitt jeweils nur 2360 Sterne erblicken kann. Sterne, die in Horizontnähe liegen, werden aber oft im Dunst der Atmosphäre verschwinden, sodaß man noch einmal Abstriche machen muß. Es sind also höchstens vielleicht 2000 Sterne, die man auf einmal mit bloßem Auge sehen kann.

Die Abbildung 10[17] zeigt eine Skizze des Zwei-Kugel-Universums. Die Sternenkugel muß man sich dabei im Verhältnis zur Erde, die im Zentrum der Sternenkugel ruht[18], wesentlich

---

sternen.

[16] Die Anzahl der Sterne geringer Helligkeit nimmt recht rasch große Werte an. Es gibt etwa 12 Sterne der Helligkeitsstufe 1, 27 Sterne der Helligkeitsstufe 2, 66 Sterne der Helligkeitsstufe 3, 340 Sterne der Helligkeitsstufe 4, 1015 Sterne der Helligkeitsstufe 5 und 3260 Sterne der Helligkeitsstufe 6. Das älteste Fixsternverzeichnis geht auf Hipparch und auf die Recherchen von Ptolemäus zurück. Dort sind insbesondere für Sterne geringer Helligkeit weniger Objekte gezählt worden.

[17] Die graphischen Darstellungen des Zwei-Kugel-Universums hat Herr Thomas Zottl nach meinen Handskizzen ausgeführt. Hierfür habe ich ihm herzlichst zu danken.

[18] Wenn hier davon die Rede ist, daß die Erdkugel *"ruht"*, dann ist zu bemerken, daß wir heute sagen, daß die Erde die Sonne *umkreist*. 30 Kilometer pro Sekunde legt sie dabei zurück. Aber das stimmt eigentlich nur in erster Näherung. In zweiter Näherung ist die Bahn um die Sonne nämlich eine sehr kreisähnliche *Ellipse*. Allerdings gibt es auch da eine ganze Reihe von störenden äußeren Einflüssen, sodaß die Bahn bloß eine *ellipsenähnliche Kurve* ist. Anderseits ist bekannt, daß sich unser ganzes Sonnensystem mit einer Geschwindigkeit von 20 Kilometer pro Sekunde auf das Sternbild des Herkules zubewegt. Die Bahn der Erde ist so gesehen eine *Spirale*! Aber auch diese Spirale wird vollständig deformiert, denn alle Sterne unserer Nachbarschaft - einschließlich Herkules - rotieren um das Milchstraßenzentrum mit einer Geschwindigkeit von etwa 300 Kilometer pro Sekunde, sodaß die Spirale extrem gedehnt ist und *fast zur geraden Linie* wird. Und wenn wir der Urknalltheorie Glauben schenken, so fliegen sogar die Galaxien mit unvorstellbarer Geschwindigkeit vom Urknallzentrum weg, so schnell, daß sich sogar die Lichtstrahlen verfärben. Man wird mit Recht sa-

größer vorstellen. Ein auf der Erde befindlicher Beobachter sieht rund um sich den Horizont ausgebreitet. Hier und im folgenden wird ein ideal ebener Horizont vorausgesetzt, der nicht durch Berge verstellt wird. Am offenen Meer hätte man zum Beispiel solche Verhältnisse. Die Horizontebene des Himmelsbeobachters[19] ist die im Bild grau gerasterte Fläche und wurde auch horizontal in der Zeichnung angeordnet. Die Horizontebene erstreckt sich bis zur Himmelskugel und teilt sie, weil die Erde eine im Vergleich zur Himmelskugel verschwindende Größe hat, in zwei exakte Halbkugeln. Dieser Sachverhalt wurde schon sehr früh bemerkt und hat damit auch eine quantitative Vorstellung über Größenverhältnisse im Zwei-Kugel-Universum vermittelt. Alle Sterne, die oberhalb der Horizontebene liegen, sind für den Beobachter sichtbar.

Wenn man einen Zeigestab auf einen Stern richtet und diesen Stab in seiner Lage fixiert und die Zeit mißt, die vergeht, bis der Stern am nächsten Tag wieder an genau derselben Stelle liegt, dann ergibt sich für 1 Umlauf der Sternenkugel eine Zeit von 23 Stunden und 56 Minuten.[20] Diese Umlaufszeit gilt für alle Sterne. Die Sternkugel dreht sich um ihre Polachse (Nord-Südachse) in westlicher Richtung und es bewegen sich damit die auf ihr "befestigten" Sterne auf Kreisbahnen, wie das zum Beispiel die Kreisbahn ZZ andeutet und wie man es auch mit freiem Auge täglich sieht. Die Bewegung der Fixsternkugel wurde also nicht nur qualitativ, sondern auch zahlenmäßig-quantitativ erfaßt und die Bewegung der Sterne wurde als Kreisbewegung erkannt.

Weil die tägliche Umdrehung der Sterne vollkommen gleichförmig vor sich geht, und weil sich daran auch nach

---

gen, daß die Erdbahn - so gesehen - eine *exakt gerade Linie* ist. Kurz: Bewegungen sind *relativ!*

[19] Aus der Lage der Polachse und der Horizontebene ist zu entnehmen, daß in diesem Bild der Beobachtungsort in Europa liegt. Genauer gesagt, ist der Winkel zwischen Polachse, Erde und Nordrichtung (N) 48°. Der Beobachtungsort liegt also am 48-ten Grad nördlicher Breite.

[20] Genauer gesagt sind es 23 Stunden, 56 Minuten und 4,01 Sekunden.

jahrzehntelangen Beobachtungen im wesentlichen nichts ändert, war der Gedanke naheliegend, daß die Erde im Zentrum dieser Fixsternkugel unveränderlich ruhen muß. Denn wenn sich die Erde aus dem Zentrum herausbewegen würde und sich der Oberfläche der Fixsternkugel näherte, dann müßten die Fixsterne am Himmel ungleichmäßig laufen und sich außerdem Verschiebungen im Bereich der Sternbildrelationen ergeben.

Das in Abbildung 10 dargestellte Zwei-Kugel-Universum läßt in einfacher Weise die unterschiedlichen Phänomene der täglichen Fixsternbewegung verstehen: Wenn man nach Sonnenuntergang den Blick nach Osten wendet, so bemerkt man, daß die Sterne über den Horizont heraufkommen. Sie steigen mehr und mehr auf. Sobald sie durch den Meridian[21] treten, erreichen sie den höchsten Stand. Von da an sinken sie wieder herunter und verschwinden in westlicher Richtung unter den Horizont.

Eine Unzahl von verschiedenen Beobachtungen wurde an Fixsternen gemacht, die - wie sich gezeigt hat - alle aus dem Zwei-Kugel-Universum heraus verstanden werden konnten. Genau genommen war es sogar so, daß man sich bloß die "Mechanik" des Zwei-Kugel-Universums vor Augen halten mußte, um alle bedeutsamen Fixstern-Phänomene lebendig vor sich zu sehen. Das Zwei-Kugel-Universum konnte nicht bloß bereits beobachtete Fixstern-Phänomene *erklären*, es konnte auch bisher noch nicht beobachtete Phänomene *voraussagen*. Kurz: *Das Zwei-Kugel-Universum präsentiert sich als Wirklichkeit.*

---

[21] Der *Meridian* ist der durch den Nordpunkt N, Zenit, Südpunkt S und Nadir gehende Großkreis an der Himmelskugel.
Der *Zenit* ist der senkrecht über dem Beobachter liegende höchste Punkt des Himmelsgewölbes.
Der *Nadir* ist der Fußpunkt, der dem Zenit genau gegenüberliegende Punkt an der Himmelskugel.

Um den eigentlichen Text durch Details nicht zu überladen, seien an dieser Stelle einige weitere Phänomene, die aus dem Zwei-Kugel-Universum zu verstehen sind, zum Teil schlagwortartig aufgelistet, ohne damit aber sagen zu wollen, daß diese Aufzählung vollständig wäre. Für das Verständnis des nachfolgenden Textes ist die Lektüre dieser Einzelheiten nicht unbedingt erforderlich:

∘ Die Zeitspanne, die ein aufgehender Stern oberhalb der Horizontlinie verweilt, wird durch den Moment des Meridiandurchganges genau halbiert. Sternbahnen sind dabei exakt Kreisbahnstücke.

∘ Sterne, die genau im Osten aufgehen, müssen genau im Westen untergehen. Die Sternbahnen sind dabei exakte Halbkreise und die Sterne müssen sich genau $11^h\ 58^m$ über der Horizontebene befinden. Diese Sternbahnen fallen mit dem Himmelsäquator zusammen.

∘ An der östlichen Hälfte des Horizontes (also von Norden, Osten bis nach Süden) gehen Sterne auf, an der westlichen Hälfte des Horizontes (also von Süden, Westen bis nach Norden) gehen die Sterne wieder unter. Ihre Bahnkurven sind dabei unterschiedlich zum Horizont geneigt und weisen auch unterschiedliche Krümmungsradien auf.

∘ Die Auf- und Untergangspositionen von Fixsternen müssen symmetrisch zum Nordpunkt auf der Horizontebene liegen. Ein Stern, der im NO aufgeht, muß im NW untergehen. Die Sterne müssen dabei Kreisbahnstükke durchlaufen, die zum Himmelsäquator parallel sind. Die gegenseitige Lage der Sterne verändert sich dabei in keiner Weise, was die Auffassung bestätigt, daß die *Fixsterne* auf der rotierenden Himmelskugel *fixiert* sind.

∘ Die Kreisbahn-Bogenstücke, die über dem Horizont liegen, können für unterschiedliche Sterne sehr unterschiedlich sein. Sterne, die eher im NO aufgehen, legen Bögen zurück, die größer als ein Halbkreis (größer als 180°) sind; Sterne, die eher im SO aufgehen, legen Bögen zurück, die kleiner als ein Halbkreis (kleiner als 180°) sind. Weil sich die Himmelskugel mit gleichförmiger Geschwindigkeit um ihre Polachse dreht, sind Sterne, die eher im NO aufgehen, daher längere Zeit am Himmel zu sehen als Sterne, die eher im SO über den Horizont treten.

∘ Am Himmel sind auch Sterne zu sehen, die weder aufgehen noch untergehen. Sie bleiben ununterbrochen am Himmel zu sehen und durchlaufen dabei in sich geschlossene konzentrische Kreise. Im gemeinsamen Mittelpunkt steht der Polarstern. (Ganz exakt ist diese Behauptung nicht, denn der erwähnte Stern ist, wenn man genau beobachtet um 1 Winkelgrad aus dem gemeinsamen Mittelpunkt der konzentrischen Kreise herausgerückt.) Die nie auf- und untergehenden Sterne seiner Umgebung sind die sogenannten *Zirkumpolarsterne*. Der Polarstern dreht sich um sich selbst, was aber natürlich nicht zu beobachten ist, weil Sterne immer punktförmig erscheinen.

◦ Die schon mit freiem Auge registrierbaren unterschiedlichen Geschwindigkeiten der Sternbewegungen sind auf die unterschiedlichen Umfangsgeschwindigkeiten des Himmelsgewölbes zurückzuführen. Während Sterne am Himmelsäquator wegen ihres großen Bahndurchmessers schnell laufen, bewegen sich Sterne an den Polen auf ihren kleinen Bahndurchmessern wesentlich langsamer.

◦ Alle Sterne, die sich auf der von ZZ berandeten Kugelkalotte (Abbildung 10) befinden (Zirkumpolarsterne), sind täglich zu sehen und gehen nie unter. Die Sterne auf der von UU berandeten Kugelkalotte sind unsichtbar. Die Sterne der von ZZ und UU berandeten Kugelzone sind jene, die zeitweise unter den Horizont sinken und für eine gewisse Zeit unsichtbar sind.

◦ Wenn man den Beobachtungsort auf der Erde weiter nach Süden verlegt, dann verlagert sich die Horizontebene. Hierdurch werden am Südhorizont Sterne sichtbar, die vorher nicht zu sehen waren. Wenn man sich dem Nordhorizont zuwendet, sieht man, daß der Polarstern nicht mehr so hoch über dem Horizont steht wie vorher. Außerdem zeigt sich, daß jetzt alle Sternbahnen in Relation zur Horizontebene steiler werden.

◦ Würde man auf der Erde bis zum Äquator reisen, so läge der Polarstern in der Horizontlinie, es gäbe keine Zirkumpolarsterne, die Sternbahnen stünden senkrecht zur Horizontebene und es wären - zumindest im Lauf des Jahres - von diesem Beobachtungsort aus alle Sterne, die es gibt, zu sehen.

◦ Beobachtet man vom Nordpol der Erde den Sternenhimmel, so sieht man den Polarstern im Zenit. Alle sichtbaren Sterne sind Zirkumpolarsterne und umkreisen den Beobachter in Bahnen, die zum Horizont parallel sind. Keine Sterne gehen in der Nacht mehr auf und unter. Von diesem Beobachtungsort ist grundsätzlich nur die Hälfte der Himmelskugel sichtbar.

Bis jetzt war davon die Rede, was man am Fixsternhimmel sehen kann. Aber keinesfalls hat das Zwei-Kugel-Universum dabei alle Phänomene des Fixsternhimmels erklärt. Unklar ist zum Beispiel, warum zu den unterschiedlichen Jahreszeiten unterschiedliche Sternbilder zu beobachten sind. Diese Frage wird noch zu beleuchten sein. Von Planeten und vom Mond war noch nicht die Rede, und diese Fragen sollen gleichfalls für später aufgespart werden. Was aber jetzt - auch im Zusammenhang mit Sternbeobachtungen - wichtig ist, ist das an der Himmelskuppel beobachtbare Verhalten der Sonne. Wir wissen bereits, daß es wesentlich komplizierter ist als das Verhalten der Fixsterne. Sollten sich auch diese Phänomene aus dem Zwei-Kugel-Universum verstehen lassen, dann wird der Wirklichkeitscharakter des geozentrischen Universums ganz erheblich verstärkt.

Die Sonne und ihre Spiralbewegung

Die Sonne ist als wichtigstes Gestirn schon in frühesten Zeiten sorgfältig beobachtet worden. Der Mensch war von der Sonne abhängig; Tag und Nacht haben dem menschlichen Leben einen unveränderlichen Rhythmus aufgeprägt; die Kenntnis der Jahreszeiten hat für die Ernährung der Menschen, aber auch im Hinblick auf die rechtzeitige Vorsorge für die Zeit eines strengen Winters eine lebenswichtige Bedeutung gehabt.

Wir haben bereits davon gesprochen, daß man die Bewegung der Sonne am Himmel mit einem einfachen, aber recht effizienten Meßinstrument analysiert hat. Dieses Instrument war der Gnomon. Man hat damit auf einfache und exakte Weise die Bahnkurven festhalten können, die die Sonne während eines Tages am Himmelsgewölbe durchläuft. Wir haben bereits erörtert, daß sich diese täglich durchlaufenen Bahnkurven im Lauf eines Jahres zu einer komplexen Spiralbewegung zusammensetzen. Im Juni geht die Sonne im NO auf und im NW unter; wenn der Herbst und der Winter ins Land kommen, verschieben sich die täglichen Bahnkurven immer weiter südwärts, bis im Dezember die Sonne im SO aufgeht und im SW wieder untergeht. Sobald dieser tiefste Sonnenstand erreicht ist, schraubt sich die Sonne im kommenden Halbjahr wieder nordwärts und erreicht im Juni wieder ihren höchsten Stand mit einem Sonnenaufgang im NO und dem Sonnenuntergang

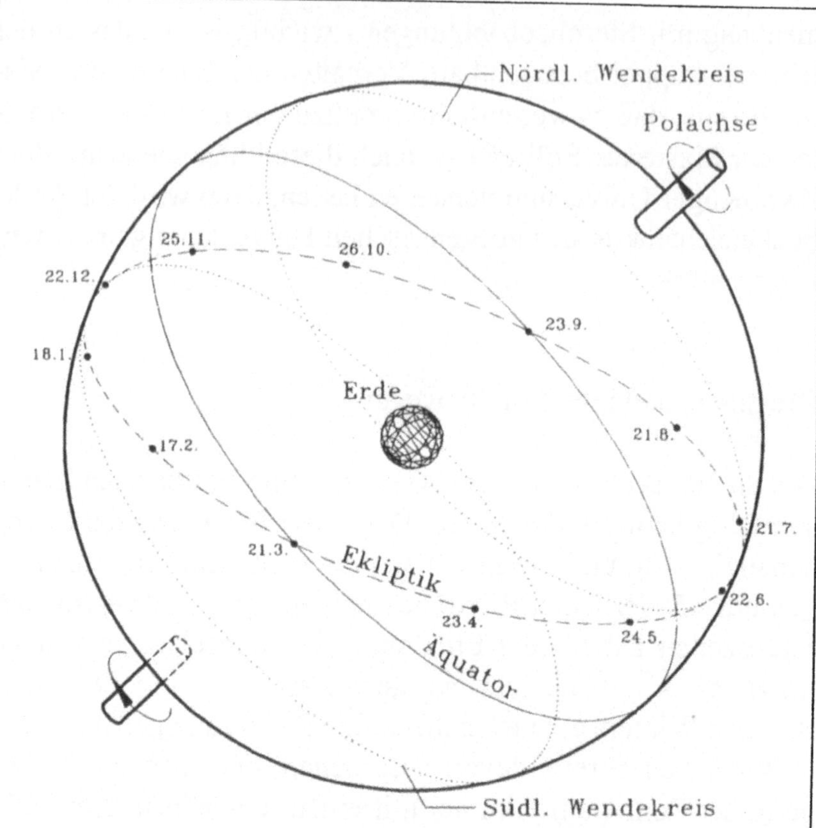

Das Bild zeigt in gewohnter Darstellung die Himmelskugel samt Polachse und Himmelsäquator und im Zentrum die Erdkugel. Durch eine geschickte Beobachtungstechnik konnten die antiken Astronomen feststellen, vor welchem Fixsternhintergrund der Himmelskugel die Sonne steht und welche Bahn sie im Lauf des Jahres durchläuft. Die Sonnenbahn an der Himmelskugel hat sich als Großkreis entpuppt, den man Ekliptik nennt. Die Ekliptik ist um 23,5° gegen den Himmelsäquator geneigt. Im Bild findet man Datumsangaben, die uns zeigen, an welcher Stelle der Ekliptik die Sonne im Lauf des Jahres steht.

Abbildung 11

im NW. Im ersten Moment erscheint es aussichtslos zu sein, dieses komplizierte Phänomen auf einfache Weise zu erklären.

Es wäre auch tatsächlich unmöglich gewesen, die Sonnenbewegung zu verstehen, wenn nicht schon vorher durch die sorgfältige Beobachtung der Sterne die geozentrische Wirklichkeit bereits weitgehend erkannt und abgesichert worden wäre. Eine Unzahl von Fixstern-Beobachtungen hat in voller Übereinstimmung und ohne Widerspruch gezeigt, daß die Erde von einer riesig großen, mit Fixsternen besetzten Himmelskugel umgeben ist, die sich in Ost-West-Richtung in 23 Stunden und 56 Minuten um ihre Polachse, ihre Nord-Süd-Achse, dreht. Von allen Beobachtungspunkten, die man auf der Erde einnehmen kann, bestätigt sich diese Auffassung der geozentrischen Wirklichkeit. Alle Detailbeobachtungen, die man machen konnte, stellen sich als Teilaspekte der einen großen geozentrischen Wirklichkeit heraus.

Wir haben bereits erörtert, daß es schon den antiken Astronomen gelungen ist, einen Zusammenhang zwischen der bei Tag beobachtbaren Sonnenbewegung und der bei Nacht sichtbaren Bewegung der Himmelskugel herzustellen. Diese Erkenntnis war von entscheidender Bedeutung: Denn dadurch wurde das noch offene Problem der Sonnenbewegung an die bereits bekannten und abgesicherten Forschungsergebnisse der geozentrischen Wirklichkeit angeschlossen.

Zwei ganz verschiedene Beobachtungen waren es, die die Verkopplung dieser unterschiedlichen Phänomene ermöglicht haben: *Erstens* hat man bemerkt, daß man manchmal auch bei Tag Sterne sehen kann, wenn man aus einem tiefen Brunnenschacht nach oben blickt. Und was gleichfalls eine sehr wichtige Erkenntnis war: Auch diese bei Tag beobachteten Sterne bewegen sich in der bekannten Weise offenbar zufolge Rotation der Himmelskugel. Es ist also nicht mehr daran zu zweifeln, daß sich die Himmelskugel mit ihren Fixsternen auch bei Tag dreht und damit auch die astronomischen Phänomene bei

Tag beeinflussen wird. *Die zweite Beobachtung* hat es darauf abgesehen festzustellen, vor welchem Fixsternhintergrund die Sonne steht. Wie bereits gesagt, war es durch Beobachtung von Sonnenuntergängen und den bald danach im Westen aufleuchtenden Sternen möglich, die Position der Sonne in Sternkarten einzutragen.

Es hat sich gezeigt, daß sich die Sonne mit der täglichen Bewegung der Himmelskugel mitdreht, daß sie sich aber gleichzeitig gegen die dort befestigten Fixsterne an jedem Tag dennoch geringfügig verschiebt und daß die dabei durchlaufene Bahn eine Kreislinie ist, die man Ekliptik nennt.

Die Abbildung 11 zeigt in einer schematischen Darstellung die Himmelskugel, die Polachse und die dazugehörige Drehrichtung: Die Himmelskugel dreht sich von Ost nach West. Die Abbildung zeigt weiters den Himmelsäquator und die erwähnte Ekliptik. Die Ekliptik ist ein Großkreis, der gegen den Himmelsäquator um 23,5° geneigt ist. Wie die erwähnten Beobachtungen gezeigt haben, liegt die Sonne[22] auf der Ekliptik und bewegt sich jeden Tag in Ostrichtung, also entgegengesetzt zur Himmelskugel-Rotation, geringfügig weiter und umrundet dabei in 1 Jahr den gesamten Ekliptik-Kreis. Die Ekliptik verläuft an der Himmelskugel durch eine Reihe bekannter Sternbilder, die man Tierkreis-Sternbilder nennt. Es sind das die Sternbilder: Fische, Widder, Stier, Zwillinge, Krebs, Löwe, Jungfrau, Waage, Skorpion, Schütze, Steinbock, Wassermann, Fische, ... Auf dem Kreis der Ekliptik sind Markierungen mit Datumsangaben angebracht, die zeigen, in welchem Punkt der Ekliptik sich die Sonne im Lauf des Jahres gerade befindet.[23]

[22] Genau genommen ist es der Mittelpunkt der Sonne.

[23] Diese Behauptung ist eine Vereinfachung, die darauf abzielt, unseren Text nicht zu verkomplizieren. Wir wissen, daß schon einfachste Gnomonbeobachtungen gezeigt haben, daß die Anzahl der Tage eines Jahres nicht ganzzahlig ist. Schon der Julianische Kalender hat mit 365,25 Tagen je Jahr gerechnet, wodurch eingeschobene Schalttage unerläßlich wurden. Es ist klar, daß allein schon dadurch

Die Schnittpunkte der Ekliptik mit dem Himmelsäquator sind der *Frühlings-* beziehungsweise *Herbstpunkt.* In Abbildung 11 sind diese Punkte mit den Datumsangaben 21. 3. beziehungsweise 23. 9. beschriftet. Wir haben erwähnt, daß antike Astronomen den Sternenhimmel genau vermessen haben. Es war ihnen daher auch die genaue Lage des Frühlingspunktes am Himmel bekannt. Der Frühlingspunkt hat nämlich für die messende Astronomie immer die größte Bedeutung gehabt, weil er seit langem der Ausgangspunkt für viele Zählungen astronomischer Koordinaten ist. Es ist bemerkenswert, daß Hipparch um 150 vor Christus bereits festgestellt hat, daß die Lage des Frühlingspunktes nicht konstant ist, sondern daß sie sich sehr langsam verschiebt. Durch Vergleich seiner Messungen mit solchen, die 150 Jahre früher von Timocharis gemacht wurden, konnte er die Bewegung des Frühlingspunktes erfassen[24] und nachweisen. Wie geringfügig diese Bewegung des Frühlingspunktes allerdings ist, erkennt man daran, daß es 25.800 Jahre dauert, bis der Frühlingspunkt 1-mal den Himmelsäquator umrundet.[25] Diesen Zeitraum nennt man ein *Platonisches Jahr.*

Diese Beobachtungen lassen die Vermutung aufkeimen, daß man die Sonnenbewegung vielleicht besser verstehen könnte, wenn man sie auf die bereits erforschte und als richtig erwiesene Drehung der mit Fixsternen besetzten Himmelskugel zurückführt. Ob damit allerdings alle komplexen Phänomene, die wir an der Sonne bei Tag im Lauf des Jahres beobachten, verstanden werden können, ist zunächst noch ungewiß. Wenn

---

Verschiebungen unvermeidlich sind. Exakte Sonnenpositionen kann man astronomischen Jahrbüchern entnehmen. Für unsere Zwecke mögen die hier getroffenen Vereinfachungen genügen. Auch im nachfolgenden Text werden wir hiervon Gebrauch machen.

[24] DIESTERWEG [Himmelskunde, S. 538]

[25] Die Bewegung des Frühlingspunktes war schon den frühesten Astronomen bekannt und hat sich sogar in weit zurück liegenden mythischen Erzählungen niedergeschlagen. (SANTILLANA, DECHEND [Mühle des Hamlet]).

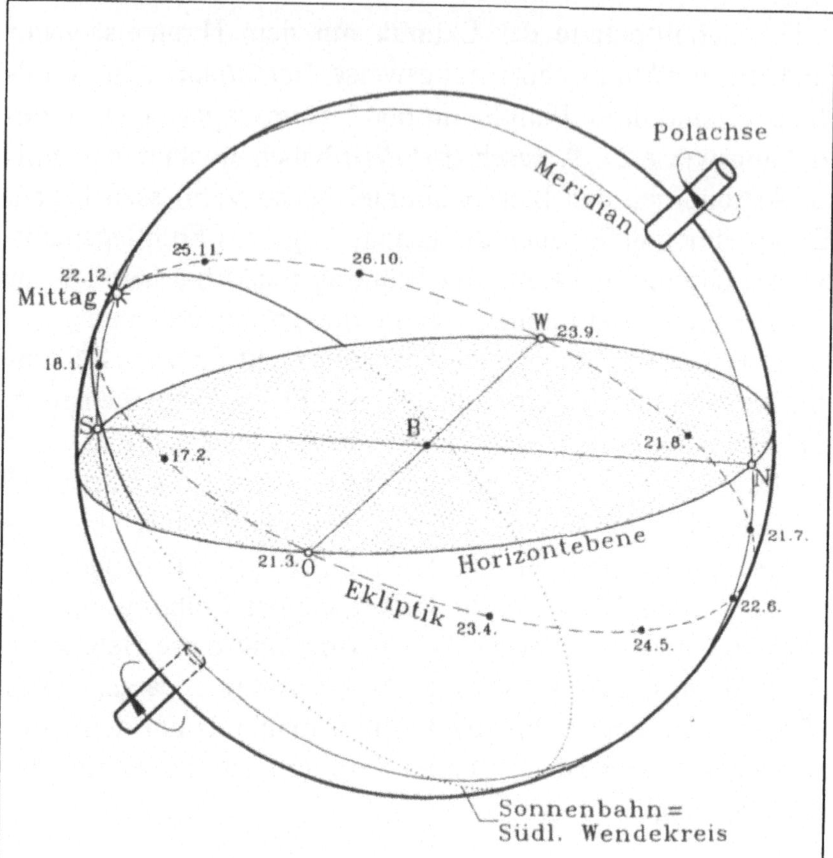

Der Sonnenstand am 22. Dezember:
Die Sonne steht an der Himmelskugel in jenem Bereich der Ekliptik, der durch das Sonnensymbol hervorgehoben ist. Wenn sich die Himmelskugel in einem Tag einmal um ihre Achse dreht, dann nimmt sie die Sonne auf jener Kreisbahn mit, die im Bild dargestellt ist. Der Tageskreis hat an diesem Tag seine südlichste Lage erreicht. Man nennt diesen Kreis den Südlichen Wendekreis. Zu Mittag kulminiert die Sonne 18,5° über dem Südhorizont. Der Tagbogen ist etwa 120° und die Tageslänge beträgt daher 8 Stunden.

Abbildung 12

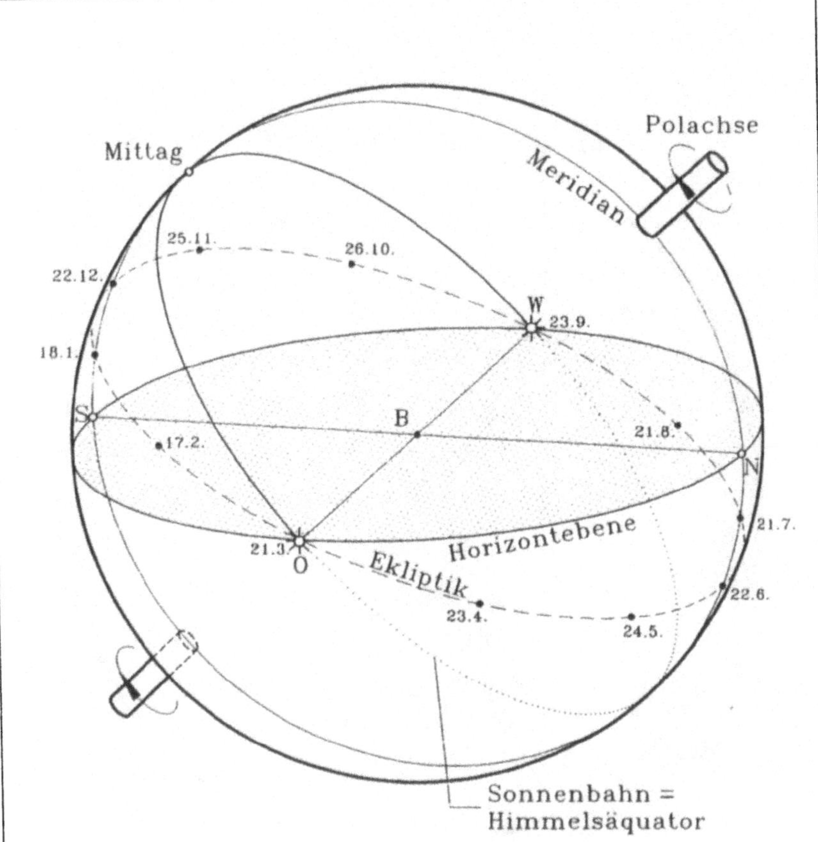

Der Sonnenstand am 21. März bzw. 23. September:
Die Abbildung zeigt, wo auf der Ekliptik zu den genannten Zeitpunkten die Sonne steht. Wegen der Symmetrie ihrer Positionen haben sie eine gemeinsame Sonnenbahn. Die Sonnenbahn fällt mit dem Himmelsäquator zusammen. Die Sonne geht genau im Osten auf und genau im Westen unter. Zu Mittag kulminiert die Sonne 42° über dem Südhorizont. Der Tagbogen ist ein Halbkreis (180°) und die Tageslänge beträgt daher 12 Stunden. Es liegt somit Tag-und-Nachtgleiche vor.

Abbildung 13

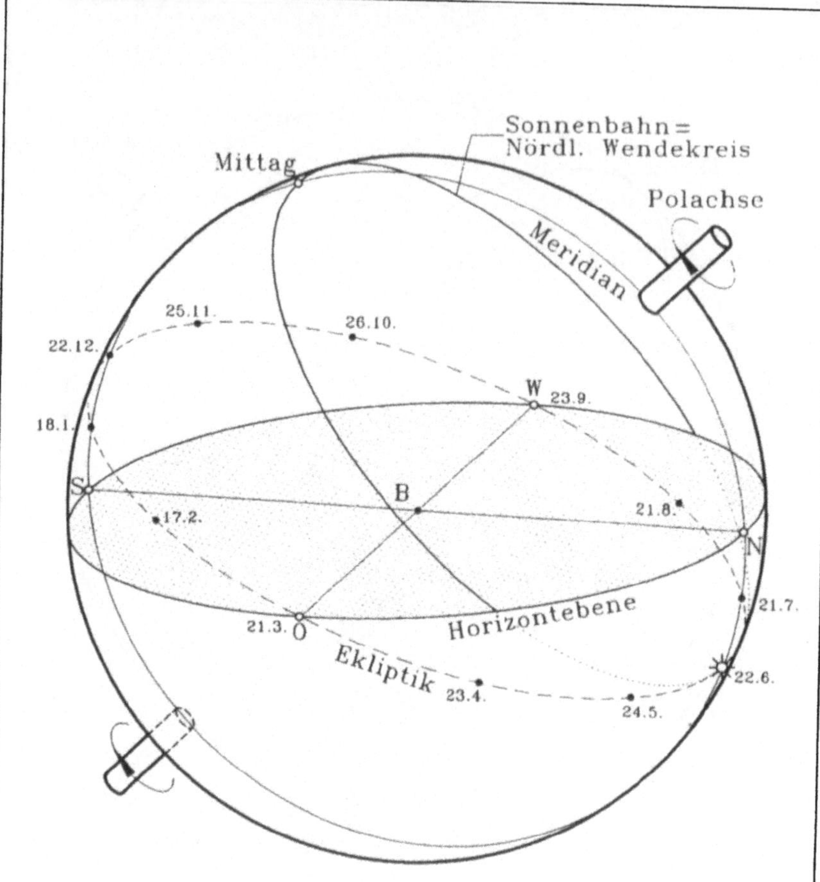

Der Sonnenstand am 22. Juni:
Die Abbildung zeigt, wo auf der Ekliptik zu diesem Zeitpunkt die Sonne steht. Der Tageskreis hat seine nördlichste Lage erreicht. Man nennt diesen Kreis den Nördlichen Wendekreis. Zu Mittag kulminiert die Sonne 67,5° über dem Südhorizont. Der Tagbogen ist an diesem Tag etwa 240° und die Tageslänge beträgt daher 16 Stunden.

Abbildung 14

es sich aber herausstellen sollte, daß unabhängige und scheinbar unzusammenhängende Beobachtungen aus der geozentrischen Wirklichkeit erstmals verstanden und erklärt werden können, dann wird man das als eine glänzende Bestätigung dieses Weltbildes auffassen.

In den Abbildungen 12 bis 14 wurde die Erdkugel weggelassen und durch die Horizontebene eines Beobachters B ersetzt. Der Beobachtungsort möge auf dem 48-ten nördlichen Breitegrad der Erde liegen, um Beobachtungsverhältnisse zu haben, wie sie etwa in Österreich, Süddeutschland, der Schweiz, in Frankreich, Ungarn und Norditalien vorliegen. Einige Breitengrade auf oder ab werden für unsere Zwecke aber keine Rolle spielen. Das halbkugelförmige Himmelsgewölbe schneidet sich mit dem übersehbaren Teil der Erdoberfläche in der kreisförmigen Horizontlinie. Wir setzen also hier voraus, daß keine Häuser, Bäume und Berge uns die Aussicht verstellen. Auf der Horizontebene sind die Himmelsrichtungen (Nord, Süd, West, Ost) eingezeichnet. Die Drehachse des Himmelsgewölbes liegt schräg, der Polarstern - der nördliche Durchstoßpunkt dieser Drehachse - liegt 48° über dem Nordhorizont. Genau diese Situation beobachten wir an Orten, die am 48-ten Breitengrad der Erde liegen.

Nehmen wir als Beobachtungszeitpunkt den 22. Dezember an. An diesem Tag steht die Sonne auf der Ekliptik in jenem Punkt, der in Abbildung 12 durch das Sonnensymbol hervorgehoben ist. Die von Ost nach West rotierende Himmelskugel nimmt die Sonne bei ihrem Umschwung um die Polachse nach Art eines Fixsterns mit und die Sonne beschreibt dabei eine Kreisbahn, wie sie in der Abbildung eingezeichnet ist. Oberhalb der Horizontebene - wenn also die Sonne zu sehen ist - ist die Sonnenbahn als durchgehende Linie dargestellt, unterhalb der Horizontebene durch eine punktierte Linie. Sobald die Sonne über der Horizontebene ihren höchsten Stand erreicht hat, wenn also ihre Bahn den Meridian schneidet, ist der örtliche Mittagszeitpunkt (12 Uhr) erreicht. Ganz exakt ist diese kreisförmige Bahnkurve allerdings nicht, weil ja die Sonne auf der Ekliptik an sich weiterwandert. Aber diese Verschiebung ihrer Position während eines Tages ist mit freiem Auge kaum feststellbar, weshalb wir sie hier in dieser Zeichnung auch nicht berücksichtigen. Nach einem Vierteljahr, im März, hat sich allerdings die Sonne auf der Ekliptik schon um ein beträchtliches Stück verschoben. Sie befindet sich jetzt in der Position, die in Abbildung 13 mit der Datumsmarke 21. 3. versehen ist. Nach einem weiteren Vierteljahr, also im Juni, steht sie an der in Abbildung 14 mit der Datumsmarke 22. 6. bezeichneten Stelle. Nochmals ein Vierteljahr später, im September, liegt sie an der mit 23. 9. gekennzeichneten Position (Abbildung 13). Und wenn schließlich ein ganzes Jahr herum ist, dann kehrt sie in die mit 22. 12. beschriftete Lage nach Abbildung 12 wieder zurück.

Lassen diese theoretischen Ansätze alle jene Phänomene verstehen, die man während eines Jahres an der Sonne unter freiem Himmel beobachten kann? Wenn man sich den Beobachtungsdetails zuwendet, dann sieht man, daß überraschend viele Einzelheiten durch die Abbildungen 12 bis 14 eine einfache Deutung erfahren. Einige augenfällige Beispiele seien im nachfolgenden Text aufgezählt:

Die Sonne geht jeden Tag in östlicher Richtung am Horizont auf und geht in westlicher Richtung wieder unter. Schon hier wird uns aber bewußt, daß dieses Beobachtungsdetail nicht an jedem Punkt der Erde gültig ist. Denn in Polargegenden geht im Winter die Sonne überhaupt nicht auf und im Sommer geht sie nicht unter.

Die Sonne kommt im Lauf des Jahres nicht immer an derselben östlichen Stelle über den Horizont. Sie verhält sich also anders, als man das von Sternen gewohnt ist. Der Ort des Sonnenaufganges weicht von der exakten Ostrichtung manchmal in nördlicher Richtung und manchmal in südlicher Richtung ab. Diese Abweichung von der exakten Ostrichtung nennt man die *Morgenweite* der Sonne. Der Ort des Sonnenunterganges weicht ebenfalls von der exakten Westrichtung manchmal in nördliche Richtung und manchmal in südliche Richtung ab. Diese Abweichung von der exakten Westrichtung nennt man *Abendweite* der Sonne. Die Morgen- und Abendweite wird in Winkelgraden gemessen. Die Morgen- und Abendweite der Sonne ist - wenn man sie am selben Tag beobachtet - (nahezu) gleich groß: Wenn die Sonne in Richtung ONO am Horizont aufgeht, dann geht sie in Richtung WNW unter und die Morgen- und Abendweite ist 22,5°.

Wir haben ideale Beobachtungsverhältnise vorausgesetzt, wo also der Blick zum Horizont durch nichts verstellt ist. Unter dieser Voraussetzung kann man beobachten, daß am 21. März die Sonne genau im Osten aufgeht und genau im Westen untergeht. Die Morgen- und Abendweite beträgt an diesen Tagen also null Grad (Abbildung 13).

In der Zeit vom 21. März bis zum 22. Juni verschiebt sich der Ort des Sonnenaufgangs und des Sonnenunterganges immer weiter nach Norden. Die Morgen- und Abendweite der Sonne wird in nördlicher Richtung also immer größer, bis sie am 22. Juni ihr Maximum erreicht hat (Abbildung 14).

In der Zeit vom 22. Juni bis zum 23. September verlagert sich der Ort des Sonnenaufgangs und des Sonnenunterganges in rückläufiger Weise, bis am 23. September die Sonne genau im Osten aufgeht und genau im Westen untergeht. Die Morgen- und Abendweite der Sonne hat wieder den Wert Null angenommen (Abbildung 13).

In der Zeit vom 23. September bis zum 22. Dezember verschiebt sich der Ort des Sonnenaufgangs und des Sonnenunterganges immer weiter nach Süden. Die Morgen- und Abendweite der Sonne wird in südlicher Richtung also immer größer, bis sie am 22. Dezember ihr Maximum erreicht hat (Abbildung 12).

Im Zeitintervall vom 22. Dezember bis zum 21. März verlagert sich der Ort des Sonnenaufgangs und des Sonnenunterganges in rückläufiger Weise, bis am 21. März die Sonne genau im Osten aufgeht und im Westen untergeht. Die Morgen- und Abendweite ist wieder null Grad (Abbildung 13).[26]

Im beschriebenen Zeitraum, der sich vom 21. März über den 22. Juni, den 23. September, den 22. Dezember und wieder bis zum 21. März erstreckt hat, ist 1 Jahr vergangen. Sehr unterschiedliche Phänomene waren während dieses Jahres zu beobachten. Die Sonne ist in diesem Zeitraum auf der Ekliptik wieder in ihre Ausgangsposition gekommen. Es ist verständlich, daß sich im nächsten und übernächsten Umlauf der Sonne auf der Ekliptik immer wieder diese Zyklen regelmäßig wiederholen werden.

In den Abbildungen 12 bis 14 sind Sonnenbahnen dargestellt. Der durchgehend gezeichnete Teil der Kreislinie liegt oberhalb der Horizontebene und stellt also die Sonnenbahn dar, wie sie untertags gesehen werden kann. Diesen Bogen nennt man den *Tagbogen* der Sonne. Die daran anschließende, punktiert gezeichnete Kreislinie, die unterhalb der Horizontebene liegt, ist jene Sonnenbahn, die während der Nacht durchlaufen wird. Diesen Bogen nennt man den *Nachtbogen* der Sonne. Tag- und Nachtbogen ergänzen sich zum *Tageskreis* der Sonne, es ist also: Tagbogen + Nachtbogen = Tageskreis.

Wenn man die Abbildungen 12 bis 14 miteinander vergleicht, dann sieht man, daß die Tageskreise, also Tagbogen + Nachtbogen, unterschiedlich groß sind. In Abbildung 13 - sie

[26] Das Ausmaß der täglichen Veränderung der Morgen- und Abendweite ist - wie man leicht beobachten kann - *nicht* konstant. Im März und September verändert sie sich rascher, im Juni und Dezember verändert sie sich langsamer. Gleich viel Tage vor und nach dem 22. 6. (beziehungsweise 22. 12.) sind darüber hinaus die Werte der Morgen- und Abendweite stets gleich groß. An Hand der Abbildungen 12 bis 14 kann man sich diese Zusammenhänge überlegen.

gilt für den 21. März und den 23. September - ist der Tageskreis in seinem Durchmesser am größten. In den Abbildungen 12 und 14 - sie gelten für den 22. Dezember beziehungsweise für den 22. Juni - hat der Tageskreis den kleinsten Durchmesser. Eine solche quantitative Überlegung ist für das geozentrische Universum insofern von Bedeutung, als damit sogar auch zahlenmäßige Aussagen über die tatsächliche Geschwindigkeit der Sonne möglich werden.

Ein Vergleich der Abbildungen 12 bis 14 zeigt auch ein anderes sehr wichtiges Detail: Die Tagbögen (also die durchgehend gezeichneten Kreisbögen) können in Relation zu den Nachtbögen (den dazugehörigen punktiert gezeichneten Kreislinien) im Lauf des Jahres recht unterschiedlich sein. Aus den Abbildungen sieht man weiters, daß die Tagbögen und damit die Tageskreise Kreisebenen bilden, die alle zueinander parallel sind.[27]

Jeder Tagbogen wird durch den Meridian winkelmäßig in zwei gleich große Teile geteilt. Der (östliche) Vormittags-Tagbogen schließt den gleichen Winkel ein wie der (westliche) Nachmittags-Tagbogen. Wenn die Sonne auf ihrem Tagbogen durch den Meridian geht, erreicht sie ihre größte Höhe, man sagt, sie *kulminiert*. Die Abbildungen 12 bis 14 zeigen, daß diese Kulminationspunkte unterschiedliche Höhen über dem Südhorizont erreichen. Am 21. März beziehungsweise 23. September (Abbildung 13) steht die Sonne 42° über dem Südhorizont.[28] Am 22. Dezember (Abbildung 12) steht sie 42°

---

[27] Wie wir wissen, bewegt sich die Sonne auch während eines Tages geringfügig (um fast 1°) auf der Ekliptik von West nach Ost weiter. Hierdurch liegen genau genommen keine parallelen Kreisebenen vor, sondern es handelt sich um eine extrem flachgängige "Wendeltreppe".

[28] Aus Abbildung 13 ersieht man, daß für den Beobachter B der Winkel im Meridiankreis zwischen Nordpunkt N und Polachse am 48-ten Breitegrad des Beobachtungsortes genau 48° sein muß. Von der Polachse bis zum "Mittags"-Punkt (die Sonnenbahn verläuft am 21. März im Himmelsäquator) ist für ihn der Winkel im Meridiankreis 90°. Der Restwinkel vom "Mittags"-Punkt zum Südpunkt S muß 42° betragen, denn 48° + 90° + 42° = 180° und das ist der halbe Meridiankreis von N über den Pol nach S.

- 23,5° = 18,5° über dem Südhorizont, am 22. Juni (Abbildung 14) 42° + 23,5° = 65,5°.[29] Wir sehen hieraus, daß die Sonne im Kulminationspunkt niemals höher als 65,5° über dem Südhorizont stehen kann, weshalb der Mittagsschatten stets in die Nordrichtung fällt.

Aus der Tatsache, daß die Sonne an manchen Orten der Erde auch *nördlich* vom Zenit stehen kann, hat sich eine bemerkenswerte Schlußfolgerung ergeben: Eratosthenes von Alexandria hat etwa 200 v. Chr. von Reisenden erfahren, daß im südlich gelegenen Syene zum Zeitpunkt der Sommersonnenwende die Sonne sich im Wasser eines tiefen Brunnenschachtes spiegelt. Er hat daraus geschlossen, daß dort zu Mittag zur Sommersonnenwende die Sonne *im Zenit* stehen muß. Im Gegensatz dazu hat sich gezeigt, daß in Alexandria zu Mittag zur Sommersonnenwende alleinstehende Säulen stets noch einen kleinen Schatten in nördliche Richtung geworfen haben. Aus dem Verhältnis der Säulenhöhe und der Schattenlänge hat er errechnet, daß die Sonne *7 Grad südlich des Zenits stehen müsse*. Eratosthenes war überzeugt, daß hierfür nur die Krümmung der Erdoberfläche verantwortlich sein kann. Sein genialer Gedankengang hat ihn auch auf quantitative Aussagen geführt: 7 Grad sind etwa 1/50 eines vollen Kreises und weil Syene ungefähr 800 Kilometer von Alexandria entfernt ist, muß man diese Entfernung verfünfzigfachen, um zum vollen Erdumfang zu kommen. 800km x 50 ergeben 40.000km für den Umfang der Erde.[30] Ein weiteres Detail des geozentrischen Weltbildes - nämlich die tatsächliche Größe der im Zentrum der Himmelskugel ruhenden Erdkugel - wurde also quantitativ erfaßt.

---

[29] Der Winkel von 23,5° ist der Schnittwinkel von Ekliptik und Himmelsäquator.

[30] Vergleiche auch KELLER [Himmelsjahr 1992, S. 167]. Es ist ferner darauf hinzuweisen, daß Eratosthenes wahrscheinlich keinen besonders exakten Wert für den Erdumfang errechnen konnte. Eine Überprüfung stößt auf Schwierigkeiten, weil als Längenmaß "Stadien" verwendet wurden und die genaue Länge eines Stadion heute nicht mehr genau bekannt ist.

Am 21. März beziehungsweise 23. September (Abbildung 13) fällt der Tageskreis mit dem *Himmelsäquator* zusammen. Am 22. Juni (Abbildung 14) hat der Tageskreis der Sonne seine nördlichste Lage erreicht. Man nennt diesen Kreis den *Wendekreis*, weil sich die Sonne wieder zurück zum Himmelsäquator schraubt. Und weil die Sonne am 22. Juni im Tierkreiszeichen des Krebses steht, nennt man diesen Wendekreis auch den *Wendekreis des Krebses* oder den *Nördlichen Wendekreis*. Am 22. Dezember (Abbildung 12) hat der Tageskreis der Sonne seine südlichste Lage erreicht. Man nennt diesen Kreis den *Wendekreis des Steinbocks* oder den *Südlichen Wendekreis*, weil einerseits sich die Sonne wieder aufwärts zum Himmelsäquator schraubt und anderseits die Sonne gerade im Tierkreiszeichen des Steinbocks steht. Die Wendekreise haben - unabhängig vom Beobachtungsort - voneinander einen Winkelabstand von 23,5° + 23,5° = 47°. Zwischen diesen Wendekreisen schraubt sich die Sonne im Lauf des Jahres auf und ab. Im Wendekreis des Krebses (22. Juni) steht die Sonne zu Mittag am höchsten. Im Wendekreis des Steinbocks (22. Dezember) steht sie am tiefsten.

Die Himmelskugel dreht sich samt Ekliptik in 23 Stunden und 56 Minuten in Ost-West-Richtung 1-mal um ihre Polachse. Die Sonne wandert während eines Tages aber auch auf der Ekliptik in östlicher Richtung geringfügig weiter und muß somit länger über dem Horizont bleiben als die Sterne. Die Sonne weicht sozusagen vor dem Westhorizont zurück und sammelt während eines Tages 4 Minuten auf, wodurch sie für einen Gesamtumlauf etwas länger als die Sterne, nämlich 24 Stunden braucht. Der ursprünglich unverständliche Unterschied zwischen den Umlaufszeiten erfährt im geozentrischen Weltbild also eine überzeugende und einfache Deutung. Die Himmelskugel mit ihren Fixsternen dreht sich um die Drehachse am schnellsten, die weiter innen liegende Sonne dreht sich etwas langsamer und die im Zentrum der Himmelskugel liegende Erde ist in Übereinstimmung mit der täglichen Erfahrung überhaupt unbeweglich. Wird sich der Mond, der der Erde näher ist als die Sonne, dann langsamer als die Sonne um die Polachse drehen? Offenbar wird ein Himmelskörper, je näher er der unbeweglichen Erde ist, immer stärker abgebremst. Eine Bestätigung dieser Vermutung würde den Wirklichkeitscharakter des geozentrischen Bildes noch einmal verstärken. Auf diese Frage wollen wir später noch zurückkommen.

Von einem Mittagspunkt zum Mittagspunkt des nächsten Tages liegt ein Zeitintervall, welches man 24 Stunden nennt.[31] Davon wurde bei den Gnomonmessungen gesprochen. Die Sonne durchläuft den Tageskreis und sie überstreicht dabei $360° : 24^h = 15°$ je Stunde. In dem Augenblick, wo die Sonne den Meridian kreuzt, steht sie relativ zur Horizontebene am höchsten und der Schatten eines senkrecht stehenden Gnomon-Stabes ist dann am kürzesten. Dieser Zeitpunkt ist der Mittagszeitpunkt: 12 Uhr. Aus den bereits erwähnten Winkeln der Vormittags- und Nachmittags-Tagbögen kann man auch die Zeitpunkte des Sonnenauf- und Sonnenunterganges bestimmen. Die Tageslängen nehmen im Lauf des Jahres sehr unterschiedliche Werte an:
Am 22. Dezember 8 Stunden.
Am 21. März beziehungsweise 23. September 12 Stunden.
Und am 22. Juni 16 Stunden.[32]
Am 21. März beziehungsweise am 23. September sind Tag und Nacht gleich lang. Am 21. März spricht man daher von der *Frühjahrs-Tag-und-Nachtgleiche*, am 23. September von der *Herbst-Tag-und-Nachtgleiche.* Die unterschiedlichen Tageslängen und die unterschiedlichen Höhen der Sonnenein-

[31] Wie bereits bei der Definition des "wahren Sonnentages" erwähnt wurde, ist für Zeitmessungen die "mittlere Sonne" zu berücksichtigen. Sie unterscheidet sich von der "wahren Sonne" um einen Wert, der in der sogenannten Zeitgleichungskurve festgehalten ist.

[32] Diese Werte gelten, wie mehrfach erwähnt, für einen Beobachtungsort etwa am 48-ten Breitegrad. Im Norden Deutschlands (Berlin) dauert zum Vergleich der kürzeste Tag etwa 7 Stunden und der längste etwa 17 Stunden.

strahlung, die sich während eines Jahres einstellen, sind die Ursache für die *Jahreszeiten*.

Bevor die Sonne am Morgen tatsächlich über den Horizont tritt, bemerkt man bereits die Phänomene der *Morgendämmerung*. In gleicher Weise folgt am Abend dem Sonnenuntergang die *Abenddämmerung*. Wenn die Sonne auf ihrer geozentrischen Bahn 8° unter der Horizontebene steht, beginnt oder endet die sogenannte *bürgerliche Dämmerung*. Steht die Sonne 17° bis 18° unter der Horizontebene, dann ist das Ende oder der Beginn der *astronomischen Dämmerung* erreicht: Auch schwach leuchtende Sterne (6. Größenordnung) werden sichtbar. Die Dauer der Dämmerung hängt von der Steilheit der Sonnenbahn zur Horizontebene ab. Je steiler die Bahn ist, desto rascher sinkt die Sonne um den erwähnten Winkel unter den Horizont. In tropischen Zonen dauert daher die Dämmerung nur kurze Zeit, weil die Sonnenbahn fast senkrecht auf der Horizontebene steht.

An Hand der Abbildung 11 kann man sich auch leicht überlegen, wie sich die Sonne verhält, wenn man vom *Nordpol* aus beobachtet. Man erkennt aus diesem Bild, daß nur die Hälfte der Ekliptik über den Horizont kommt, während die andere Hälfte niemals sichtbar wird. Zur Frühjahrs-Tag-und-Nachtgleiche erscheint die Sonne (genauer: der Mittelpunkt der Sonnenscheibe) über dem Horizont, steigt in einer Spiralbahn ohne unterzugehen immer höher, bis sie am 22. Juni ihren höchsten Stand erreicht hat. Ab jetzt schraubt sie sich wieder tiefer, um zur Herbst-Tag-und-Nachtgleiche schließlich unter den Horizont zu sinken und etwa ein halbes Jahr unsichtbar zu bleiben. Der "Tag" dauert am Pol 186 Tage, während die "Nacht" 179 Tage lang dauert.[33] Die extrem geringe Steilheit

[33] An Hand eines Kalenders kann man sehr leicht den Tagesabstand der Monatsmarken auf der Ekliptik abzählen:

Vom 21.3.	bis zum	22.6. (Frühling)	sind es	93 Tage
Vom 22.6.	bis zum	23.9. (Sommer)	sind es	93 Tage
Vom 23.9.	bis zum	22.12. (Herbst)	sind es	90 Tage
Vom 22.12.	bis zum	21.3. (Winter)	sind es	89 Tage.

der Sonnenbahn zur Horizontebene führt auf extrem lange "Dämmerungszeiten".

Der Beginn der Jahreszeiten ist, wie wir wissen, durch exakte Punkte festgelegt: Frühjahr und Herbst durch die Tag-und-Nachtgleichen, Sommer und Winter durch die Sonnenwenden. Wie man dem Kalender entnehmen kann, ist das Frühling-und-Sommer-Halbjahr um etwa eine Woche länger als das Herbst-und-Winter-Halbjahr. Dieser Sachverhalt war den antiken Astronomen bekannt und wurde durch eine geringfügig exzentrische Sonnenbahn[34] erklärt. Zur Wintersonnenwende steht die Sonne dabei der Erde näher als zur Sommersonnenwende. Im Winter müßte die Sonne dann aber geringfügig größer erscheinen als im Sommer. Tatsächlich beobachtet man (wenn man den Winkel mißt, unter dem einem die Sonne erscheint) Anfang Jänner einen Sonnendurchmesser von 32' 35" und Anfang Juli einen Sonnendurchmesser von bloß 31' 31". Der Durchmesser schwankt also um einen Winkel von 1' 4". Analoge Pulsationen kann man auch beim Mond beobachten[35]. Hätte man diese Sonnenpulsation[36] schon damals beobachtet, man hätte sie als einen weiteren Beweis für das geozentrische Weltbild aufgefaßt.

Aus Abbildung 11 kann man aber auch den Verlauf der Sonnenbahn entnehmen, wenn man vom Äquator beobachtet.

Vom 21. März bis zum 23. September sind es also 186 Tage. Vom 23. September bis zum 21. März sind es 179 Tage. Diese Angaben gelten für ein Jahr mit 186 + 179 = 365 Tagen.

[34] Wir werden später die Planetenbewegung als Kombinationsbewegung erkennen (Abbildung 26). Ein geozentrisch rotierender Deferent trägt einen Epizykel, auf dem der Planet liegt. Man hat das gleiche Prinzip auch der Sonnenbewegung zugeschrieben und hat erkannt, daß dann der Radius des Epizykels $^{3}/_{100}$ des Radius des Deferenten betragen muß. Der Laufzeitunterschied zwischen Frühlings-und-Sommer-Halbjahr beziehungsweise Herbst-und-Winter-Halbjahr ist dadurch dann gerade 6 Tage. Die Kombinationsbewegung aus Deferent und Epizykel weist damit eine geringfügige Exzentrizität auf. Zur Wintersonnenwende steht die Sonne der Erde näher als zur Sommersonnenwende (KUHN [Kopernikus, S. 67]). Es ist bekannt, daß wir heute die Sache ähnlich sehen.

[35] Siehe THOMAS [Astronomie, S. 133].

[36] Siehe THOMAS [Astronomie, S. 127 und 187]

Die Tag- und Nachtbögen sind ganzjährig 180°, wodurch Tag und Nacht stets 12 Stunden lang dauern. Hierdurch gibt es auch im Klima nur wenig jahreszeitliche Veränderungen. Weil die Sonnenbahn senkrecht auf der Horizontebene steht, dauert die Morgen- und Abenddämmerung extrem kurz. In der Zeit vom 22. März bis zum 22. September geht die Sonne nördlich von der exakten Ostrichtung auf und wirft zu Mittag den Schatten eines senkrecht stehenden Stabes nach Süden. In der anderen Jahreshälfte - vom 24. September bis zum 20. März - ist es umgekehrt.

Die Abbildung 11 hat uns gezeigt, an welcher Stelle der Ekliptik die Sonne im Lauf des Jahres steht. Weil man den Sternenhimmel nur von der Schattenseite der Erde aus beobachten kann, verschiebt sich von Monat zu Monat - zufolge der Sonnenwanderung auf der Ekliptik! - der beobachtbare Teil der Himmelskugel. Deshalb sind am Südhorizont im Lauf des Jahres immer wieder andere Sternbilder zu sehen: Die Frühlings-, Sommer-, Herbst- und Wintersternbilder wechseln einander ab. Die Zirkumpolarsterne des Nordhorizontes hingegen bleiben - wenn man von ihrer Verdrehung absieht - jahraus jahrein dieselben. Gerade diese Verbindung scheinbar unzusammenhängender Beobachtungen durch das einheitliche Bild des Zwei-Kugel-Universums festigt noch einmal den Wirklichkeitscharakter des geozentrischen Weltbildes.

Die Beobachtungen der Fixsterne und der Sonne haben sehr viele unterschiedliche Phänomene gezeigt, die alle durch die geozentrisch aufgefaßte Wirklichkeit des Zwei-Kugel-Universums auf einfache Weise verstanden werden konnten. In gleicher Weise waren auch Voraussagen von Phänomenen möglich, die sich erst viel später als zutreffend erwiesen haben. Das Verhalten der Fixsterne und der Sonne haben wir größtenteils besprochen. Einige Ergänzungen werden wir allerdings später noch anzubringen haben. Vom Mond und den

Planeten haben wir bis jetzt noch fast gar nicht gesprochen. Bevor wir uns aber den Planeten zuwenden, wollen wir vom Mond reden. Auch er bewegt sich relativ zu den Fixsternen und durchläuft komplexe Kurven. Ferner verändert er seine Lichtgestalt und zeigt hin und wieder auch Verfinsterungsphänomene. Aber wie soll man verstehen, daß der Vollmond einmal sehr hoch über den Himmel zieht und ein anderes Mal nicht hoch über den Horizont heraufkommt? Auch geht der Mond zu verschiedenen Zeiten immer an anderen Stellen am Horizont auf. Und noch etwas: Jeden Tag verspätet er sich im Vergleich zum Vortag um etwa 50 Minuten. Seine Stellung am Himmel scheint mit der Sonnenbahn in einem engen Zusammenhang zu stehen. Werden sich diese Erscheinungen aus der geozentrischen Wirklichkeit heraus verstehen lassen? Wird sich zeigen, daß all diese unterschiedlichen Phänomene in der geozentrischen Wirklichkeit zusammenhängen? Jedes neue und weitere Detail, welches sich ungezwungen in die geozentrische Wirklichkeit einfügen läßt, wird noch einmal den Wirklichkeitscharakter erheblich verfestigen.

Der Mond und seine komplexe Bahn

Den Mond hat man schon zu sehr frühen Zeiten als ein kugelförmiges Objekt erkannt, welches von der Sonne beleuchtet wird. Die räumliche Relation von Mond, Sonne und Erde zueinander ist dabei offenbar für die Phasen der Lichtgestalt - vom Vollmond bis zum Neumond - verantwortlich. Ob allerdings diese räumlichen Relationen mit der geozentrischen Wirklichkeit in Einklang stehen, muß erst überprüft werden. Die Bahnkurve der Sonne wurde von uns schon ermittelt und steht zur Verfügung; die Bahn des Mondes dagegen ist noch zu untersuchen.

Die freie Beweglichkeit des Mondes *vor* dem Fixsternhintergrund wird für den Beobachter dann besonders deutlich, wenn er mit eigenen Augen sieht, daß der Mond den einen oder anderen hellen Fixstern bei seiner Fortbewegung verdeckt und wenn man weiters sieht, daß der verschwundene Stern nach einiger Zeit auf der anderen Seite der Mondberandung wieder sichtbar wird. Es ist leicht einzusehen, daß auf eine solche Weise auch die Bahnkurve des Mondes vor dem Fixsternhintergrund sehr exakt festgehalten werden kann. Die Bahnkurve entpuppt sich dabei als ein Großkreis, der gegen den Großkreis der Ekliptik leicht geneigt ist: Die Ekliptik und die Mondbahnkurve schließen einen Winkel von etwa 5° ein.[37] Dieser Sachverhalt war antiken Astronomen bestens bekannt. So bedeutend dieser kleine Winkelunterschied für uns noch werden wird, es genügt fürs erste vollkommen, wenn wir annehmen, daß der Mond, von der Erde aus gesehen, in Ekliptiknähe vor dem Fixsternhintergrund vorbeizieht. Dabei war man sich aber seit jeher vollkommen im klaren, daß die Sonne ganz wesentlich weiter von der Erde entfernt ist als der Mond und daß die Sonne daher auch ganz wesentlich größer als der Mond sein muß. Aus dem zweiten vorchristlichen Jahrhundert sind uns hierzu die scharfsinnigen Überlegungen des Aristarchos von Samos bekannt, der sogar in der Lage war, die *Zahlenwerte* dieser Entfernungen erstmals abzuschätzen. Davon wird noch die Rede sein.

Wenn man den Mond *in Relation zu den Fixsternen* beobachtet, dann merkt man recht bald, daß er sich je Stunde um ein Stück weiter nach Osten bewegt, welches etwa seinem eigenen Durchmesser entspricht. Pro Tag wandert er unter den Fixsternen um 13° praktisch auf dem Kreisbogen der Ekliptik nach Osten. Nach 27 Tagen 7 Stunden und 43 Minuten[38] hat

[37] Die mittlere Bahnneigung des Mondes in Relation zur Ekliptik ist 5° 8' 43" und schwankt mit einer Periode von 173 Tagen um ± 9'.

[38] Der genaue Wert der Umlaufszeit beträgt $27^d\ 7^h\ 43^m\ 11{,}6^s$. Dabei ist zu beachten, daß dieser Wert ein Mittelwert ist. Der tatsächliche Wert kann zufolge ver-

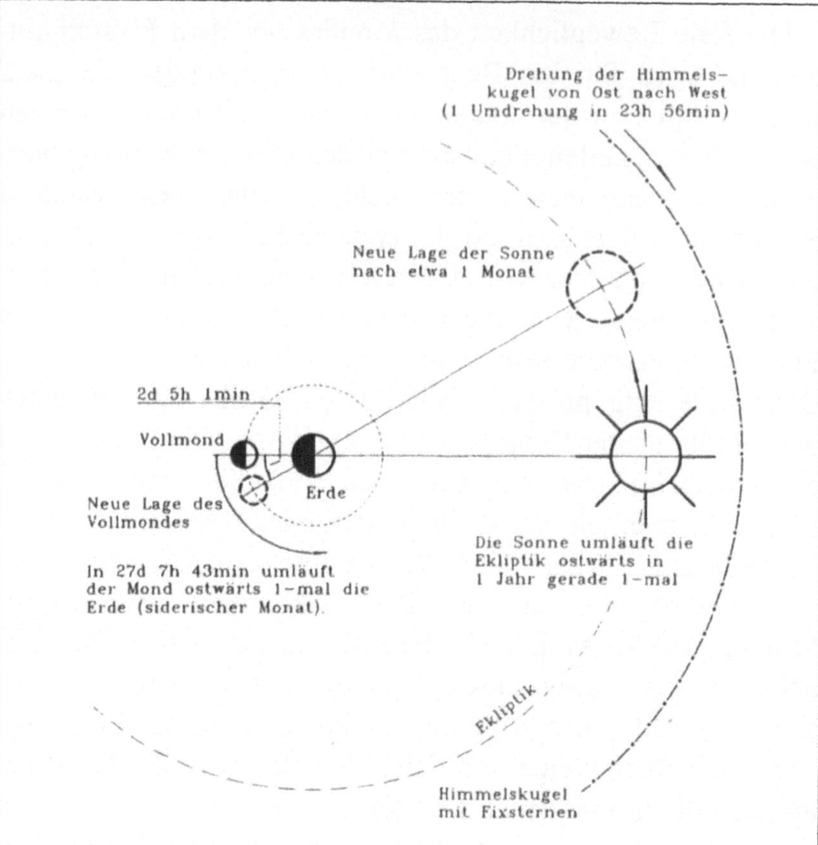

Das Bild zeigt den Zusammenhang zwischen siderischem und synodischem Monat. Sonne, Mond und Erde stehen in einer geraden Linie, wodurch der Mond von der Erde als Vollmond gesehen wird. Nach 1 siderischen Monat liegt er an der gleichen Stelle wie vorher. In der Zwischenzeit, es ist fast ein Monat verstrichen, *ist aber auch die Sonne auf der Ekliptik weitergewandert* und nimmt eine neue Lage ein. Der Mond muß noch mehr als 2 Tage auf seiner Bahn laufen, damit wieder Vollmondposition vorliegt. Der synodische Monat ist also länger als der siderische Monat.

Abbildung 15

der Mond seine Bahn 1-mal durchlaufen. Dieses Zeitintervall nennt man "siderischen Monat". Man meint damit jene Zeitspanne, die der Mond benötigt, um von einem Stern (lat. sidus) ausgehend auf seiner Bahn wieder zu diesem Stern zurückzukehren. Wenn man einen eher hell leuchtenden Stern[39] auswählt - er soll ja neben dem strahlenden Mond nicht verblassen -, dann ist eine solche Bestimmung des *siderischen Monats* recht einfach auszuführen.

Ein anderes besonders charakteristisches und einprägsames Merkmal der Mondbewegung sind die Mondphasen. Bei *Neumond* ist der Mond unsichtbar. Etwa 1 Woche später ist die zunächst schmale zunehmende Mondsichel zum *ersten Viertel* angewachsen. Wieder 1 Woche später sehen wir den Vollmond, der in den darauffolgenden 7 Tagen abnimmt, bis das *letzte Viertel* erscheint und nach etwa einer weiteren Woche wieder *Neumond* vorliegt und der Mond unsichtbar geworden ist. Wenn man die Zeit bestimmt, die von einem Vollmond bis zum nächsten Vollmond verstreicht, findet man als Intervall 29 Tage, 12 Stunden und 44 Minuten.[40] Dieses Zeitintervall nennt man *synodischen Monat*. Wie soll man verstehen, daß der synodische Monat um etwa 2 Tage länger dauert als der siderische Monat? Findet die geozentrische Wirklichkeitsauffassung für diesen Unterschied zu einer einleuchtenden Erklärung?

Die Abbildung 15[41] zeigt die Lösung des Problems: Sonne, Mond und Erde stehen in einer geraden Linie[42], wodurch der

---

schiedener Störterme erheblich von diesem Mittelwert abweichen. Heute sind hunderte solcher Störterme bekannt.

[39] Der Stern α im Sternbild des Löwen, der sogenannte Regulus, hat die Helligkeitsstufe 1,7 und liegt recht nah an der Ekliptik und ist für eine solche Beobachtung daher gut geeignet.

[40] Der genaue Wert ist: 29^{d} 12^{h} 44^{m} $2{,}9^{s}$. Dieser Wert ist, wie schon beim siderischen Monat erwähnt wurde, ein Mittelwert. Die tatsächlichen Werte für die synodische Monatslänge können sich von diesem Mittelwert erheblich unterscheiden.

[41] Die Zeichnung ist, um das Bild übersichtlicher zu gestalten, nicht maßstabsgerecht dargestellt: In Relation zur Erde sind vor allem die Himmelskugel und der

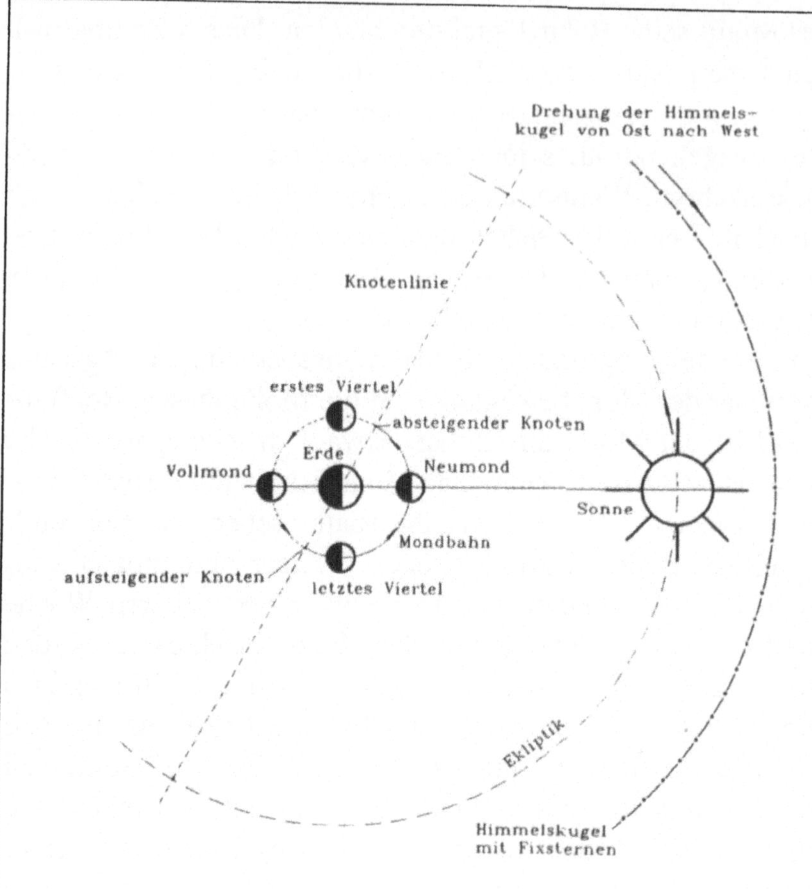

Die nicht maßstäblich gezeichnete Abbildung zeigt das Entstehen der Mondphasen. Die Mondbahn liegt nicht in der Ebene der Ekliptik, sondern sie ist um einen Winkel von etwa 5° aus der Ekliptikebene herausgekippt. Der eine Teil der Mondbahn läuft daher oberhalb der Ekliptikebene, der andere (der strichliert gezeichnete) verläuft unterhalb.

Abbildung 16

Mond, von der Erde aus gesehen, ein Vollmond ist. Nach 27 Tagen, 7 Stunden und 43 Minuten hat der Mond die Erde 1-mal umlaufen und steht in der gleichen Position wie vorher. In der Zwischenzeit ist aber auch die Sonne auf der Ekliptik weitergewandert und nimmt - es ist ja fast 1 Monat verstrichen - eine neue Lage ein. Der Mond muß also noch 2 Tage 5 Stunden und 1 Minute auf seiner Bahn weiterlaufen, damit Sonne, Erde und Mond wieder, wie vorhin, längs einer Geraden angeordnet sind, um in die neue Vollmond-Position zu gelangen. Wenn man die genannten Laufzeiten zusammenzählt, ($27^d\ 7^h\ 43^m + 2^d\ 5^h\ 1^m = 29^d\ 12^h\ 44^m$) erhält man die Dauer des synodischen Monats, der also das Zeitintervall von Vollmond zu Vollmond angibt. Man wird verstehen, daß dieses erfolgreiche Zusammenspiel von Sonnen- *und* Mondbewegung den Wirklichkeitscharakter des geozentrischen Universums wiederum ganz erheblich gefestigt hat. Insbesondere wird man die längere Dauer des synodischen Monats gegenüber dem siderischen Monat als einen unabhängigen Beweis dafür auffassen, daß sich die Sonne auf der Ekliptik tatsächlich in der angegebenen Weise bewegt.

Die Abbildung 16 verdeutlicht das Entstehen der Mondphasen. Die Abbildung stellt einen Schnitt durch das geozentrische Universum dar, wobei die Schnittebene (also die Papierebene) mit der Ebene der Ekliptik zusammenfällt. Auch bei diesem Bild muß man beachten, daß die Himmelskörper nicht maßstabsgetreu dargestellt sind und daß die Sonne *wesentlich* weiter vom Erde-Mond-System entfernt ist, als es die Zeichnung zeigen kann. Der Mond ist bloß auf der der Sonne zugewandten Seite beleuchtet und zeigt dadurch, wenn man von der Erde aus beobachtet, die bekannten unterschiedlichen Mondphasen, die in der Abbildung hervorgehoben sind. Die Mondbahn ist im Bild als Kreislinie gezeichnet, deren Kreis-

---

Ekliptikkreis viel zu klein gezeichnet. Die Größenverhältnisse von Sonne, Mond und Erde sind willkürlich gewählt.

[42] Finsternis-Fragen werden später erörtert.

ebene nicht exakt mit der Ekliptikebene zusammenfällt. Wir haben bereits erwähnt, daß Ekliptik und Mondbahnebene einen Winkel von etwa 5° miteinander einschließen. Wenn die Ekliptikebene mit der Papierebene in Abbildung 16 übereinstimmt, dann muß man sich also vorstellen, daß ein Teil der Mondbahn *oberhalb* der Papierebene verläuft und der andere Teil *unterhalb*. Die oberhalb der Papierebene verlaufende Mondbahn ist als durchgehende Linie gezeichnet und die unterhalb verlaufende Bahn ist im Bild punktiert dargestellt. Die beiden Punkte, in welchen sich die Mondbahn mit der Ekliptikebene schneidet, wo also der Mond die Ekliptikebene (Papier-Ebene) durchdringt, nennt man "Mondknoten". Im "aufsteigenden Knoten" erhebt sich die Mondbahn über die Ekliptikebene (Papierebene), im "absteigenden Knoten" durchsetzt sie die Ekliptikebene und verläuft unterhalb. Durch diese Verkippung der Mondbahn gegen die Ekliptikebene (um etwa 5°) stehen sich Erde, Mond und Sonne nicht dauernd im Weg, sodaß Sonnen- und Mondesfinsternisse vergleichsweise seltene Ereignisse sind.

Wenn der Mond auf seiner Bahn zum Beispiel durch den absteigenden Knoten läuft (Abbildung 16), dann liegt er genau in der Ekliptikebene und man sieht ihn, von der Erde aus betrachtet, exakt in der Linie der Ekliptik am Himmel stehen. Nach einer Zeit von 27 Tagen und 5 Stunden[43] durchläuft er abermals den absteigenden Knoten. Dieses Zeitintervall nennt man den *draconitischen*[44] *Monat*. Der drakonitische Monat ist

[43] Genauer: $27^d\ 5^h\ 5^m\ 35{,}9^s$ (Mittelwert)

[44] Wenn es sich gerade ergibt, daß der Vollmond oder der Neumond (nahezu) in einem Mondknoten liegt, dann kommt es, wie man aus Abbildung 16 entnehmen kann, zur Mondes- beziehungsweise Sonnenfinsternis. In der frühen chinesischen Kultur hat man die Mondes- und Sonnenfinsternis mit einem fürchterlichen Drachen in Verbindung gebracht, der den Mond oder die Sonne zu verschlingen droht (KELLER [Himmelsjahr 1992, S. 83]). Später hat man die Mondknoten daher auch "Drachenpunkte" genannt und hat den aufsteigenden Knoten *Drachenkopf* und den absteigenden Knoten *Drachenschwanz* bezeichnet. Das genannte Zeitintervall wird daher nach dem lateinischen Wort für Drachen auch *draconitischer Monat* genannt.

die Zeit, die der Mond benötigt, um zum gleichen Knoten seiner Bahn wieder zurückzukommen.[45] Wenn der Mond in einem Mondknoten steht, dann besteht eine Chance für eine Mondes- oder Sonnenfinsternis, wenn nur die Sonne auf ihrer Bahn um die Ekliptik auch auf der verlängerten Knotenlinie - die ja stets die Linie der Ekliptik tatsächlich schneidet! - zu liegen kommt (Abbildung 16).

Wenn man Mondbeobachtungen im Hinblick auf ihre Genauigkeit nicht übertreiben will, dann kann man eine ganze Reihe von Beobachtungen recht gut verstehen, wenn man die Neigung der Mondbahn zur Ekliptik - jene erwähnten 5° - vernachlässigt und so tut, als würden Mond- und Sonnenbahn in der gleichen Ebene liegen. Wenn man das annimmt, dann bewegt sich, von der Erde aus gesehen, der Mond genauso wie die Sonne exakt am Großkreis der Ekliptik. Wir wollen von dieser Vereinfachung Gebrauch machen, um die Argumentation nicht zu verkomplizieren, denn für unsere Zwecke ist es fürs erste gleichgültig, ob der Mond eine halbe Handbreit höher oder tiefer am Himmel steht. Den antiken Astronomen war aber jedenfalls die exakte Argumentation voll geläufig.

Welche Details kann man nun beobachten und sind sie mit der geozentrischen Wirklichkeit in Einklang zu bringen? Beleuchten wir einige Besonderheiten:

Vom Vollmond, Neumond, ersten und letzten Viertel war schon die Rede, und die Abbildung 16 hat gezeigt, wie diese verschiedenen Mondphasen grundsätzlich entstehen. Von Tag zu Tag geht der Mond etwa 50 Minuten später auf als am Vortag, und wenn man sich den Ort, wo der Mond über den Horizont getreten ist, zum Beispiel an einem markanten Baum

---

[45] Der draconitische Monat ($27^d\ 5^h\ 5^m\ 35{,}9^s$) ist um 2 Stunden und 37 $^1/_2$ Minuten kürzer als der siderische Monat ($27^d\ 7^h\ 43^m\ 11{,}6^s$). Die Mondknoten sind also in Relation zur Himmelskugel nicht in Ruhe! Pro Jahr verschiebt sich der Knoten um 19° 21' entgegengesetzt zur Mondbewegung.

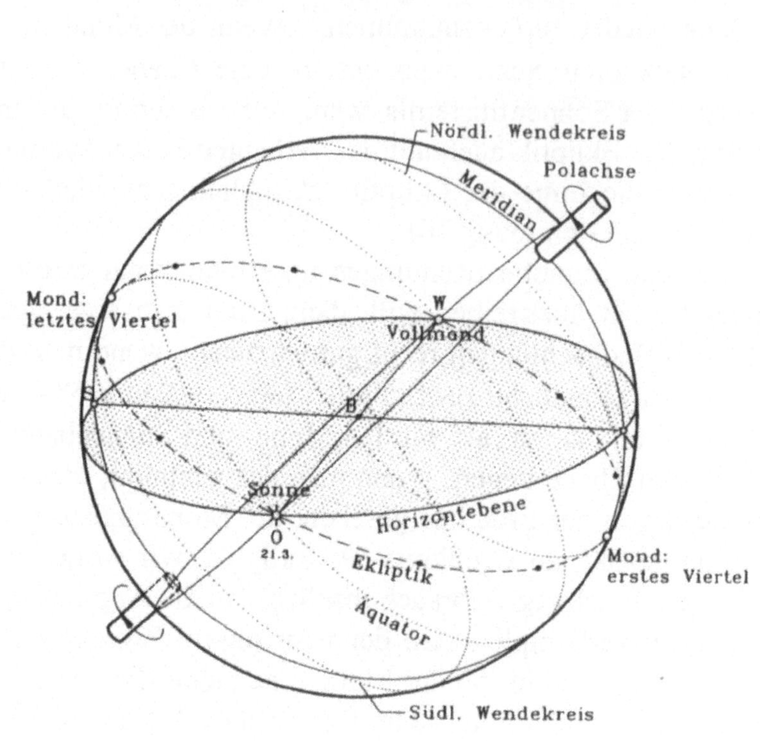

Das Bild zeigt die Stellung von Mond und Sonne zu Frühlingsbeginn (21. 3.). Durch die tägliche Umdrehung der Himmelskugel um ihre Polachse bewegen sich Sonne und Vollmond auf dem Himmelsäquator, das erste Mondviertel am Nördlichen Wendekreis und das letzte Mondviertel am Südlichen Wendekreis.

Abbildung 17

merkt, so findet man rasch heraus, daß sich die Stelle, wo der Mond über den Horizont kommt, täglich ändert. So unterschiedlich die Stelle ist, wo der Mond über den Horizont tritt, er durchläuft trotzdem immer Bögen am Himmel, die zueinander parallel sind. Die Morgen- und Abendweite des Mondes ist - am selben Tag beobachtet - (nahezu) gleich groß.

Am Himmel kann man leicht den zunehmenden Mond vom abnehmenden Mond unterscheiden. Der *zunehmende Mond*) ist von rechts, vom Westen her beleuchtet; der *abnehmende Mond* (ist von links, vom Osten her beleuchtet.

Betrachten wir jetzt im Detail, wie sich die Mondphasen in den verschiedenen Jahreszeiten verhalten:

Der Mond zu Frühlingsbeginn (21. 3.)[46]: In Abbildung 17 sieht man in gewohnter Darstellung die grau gerasterte Horizontebene des Beobachters B in einer geographischen Breite von 48°. Die Himmelsrichtungen (N, S, W, O) sind an der Horizontebene eingetragen. Das Bild zeigt weiters die sich um die Polachse drehende Himmelskugel, sowie als punktierte Kreislinien den Äquator, sowie den Nördlichen und Südlichen Wendekreis. Die Sonne steht am 21. März in der strichliert gezeichneten Ekliptik an der mit "21.3." gekennzeichneten Position. Für den Beobachter B ist es 6 Uhr am Morgen und die Sonne tritt gerade im Osten über den Horizont. Wenn an diesem Tag gerade Vollmond ist, dann muß der Mond auf der vis-à-vis-Seite der Ekliptik stehen; er ist dann für den Beobachter B voll beleuchtet. Befindet sich dagegen der Mond im

[46] Der Frühlings-, Sommer-, Herbst- und Winterbeginn wird im folgenden Text mit den Tagen 21. 3., 22. 6., 23. 9. und 22. 12. identifiziert. Es wurde bereits erwähnt, daß bei diesen Terminen geringfügige Abweichungen auftreten können, die aber für unsere Zwecke, die hier behandelt werden, belanglos sind. Der Beginn von Frühling, Sommer, Herbst und Winter markiert typische Grenzfälle, wie höchster und tiefster Stand der Sonne, beziehungsweise die Tag-und-Nachtgleiche, aus denen man recht leicht auf dazwischen liegende Zeitpunkte schließen kann.

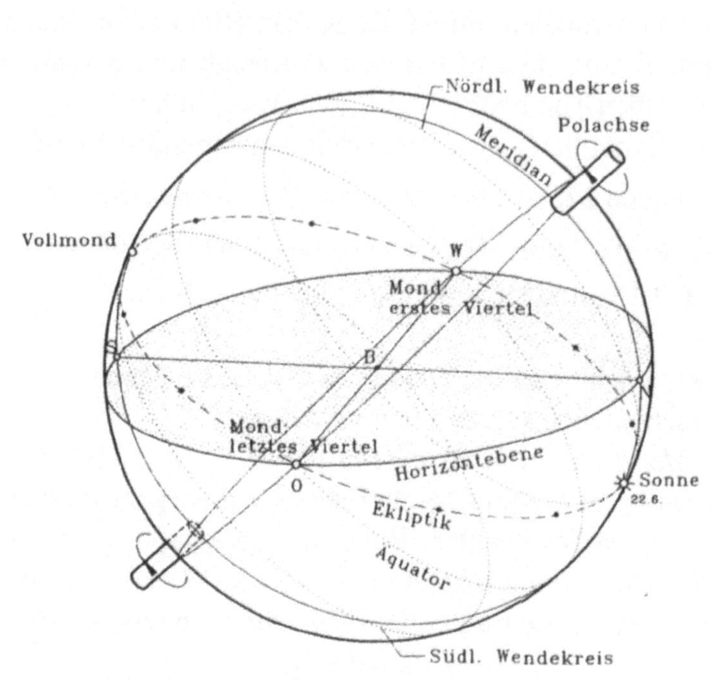

Das Bild zeigt die Stellung von Mond und Sonne zu Sommerbeginn (22. 6.). Durch die tägliche Umdrehung der Himmelskugel um ihre Polachse bewegen sich das erste und das letzte Mondviertel am Himmelsäquator, die Sonne am Nördlichen Wendekreis und der Vollmond am Südlichen Wendekreis.

Abbildung 18

ersten Viertel oder im letzten Viertel, dann muß er auf der Ekliptik in den eingezeichneten Zwischenlagen angeordnet sein. Einmal im Tag dreht sich die Himmelskugel um ihre Polachse und nimmt dabei Sonne und Mond auf einer Kreisbahn mit. Aus dem Bild kann man entnehmen, daß dabei Sonne und Vollmond am Himmelsäquator, das erste Mondviertel am Nördlichen Wendekreis und das letzte Mondviertel am Südlichen Wendekreis entlanglaufen. An Hand der Abbildung kann man sich überlegen, an welcher Stelle des Horizontes der Mond auf- beziehungsweise untergeht und welche Höhe er bei seiner Kulmination über dem Südhorizont erreicht. Auch die Zeitpunkte der Mondauf- und -untergänge kann man sich an Hand des Bildes überlegen; der Sonnenstand gibt hierüber Auskunft.

Der Mond zu Sommerbeginn (22.6.):[47] In Abbildung 18 sieht man wiederum die grau gerasterte Horizontebene, die punktierten Kreislinien vom Äquator, sowie vom Nördlichen und Südlichen Wendekreis und die strichliert gezeichnete Ekliptik. In der mit "22. 6." gekennzeichneten Position steht zu Sommerbeginn die Sonne. Für den Beobachter B ist es gerade Mitternacht (24 Uhr), denn die Sonne liegt unter dem Horizont und steht gleichzeitig im Meridian. Wenn an diesem Tag gerade Vollmond ist, dann muß der Mond auf der vis-à-vis-Seite der Ekliptik stehen; er ist dann für den Beobachter B voll beleuchtet. Befindet sich dagegen der Mond im ersten Viertel oder im letzten Viertel, dann muß er auf der Ekliptik in den eingezeichneten Zwischenlagen angeordnet sein. Einmal im Tag dreht sich die Himmelskugel um ihre Polachse und nimmt dabei Sonne und Mond auf einer Kreisbahn mit. Aus dem Bild kann man entnehmen, daß dabei das erste und letzte Mondviertel am Himmelsäquator, die Sonne am Nördlichen Wendekreis und der Vollmond am Südlichen Wendekreis entlanglaufen. An Hand der Abbildung kann man sich auch über-

[47] Um die Symmetrie der Argumentation zu unterstreichen, wird im nachstehenden Text weitgehend der gleiche Wortlaut wie vorhin verwendet.

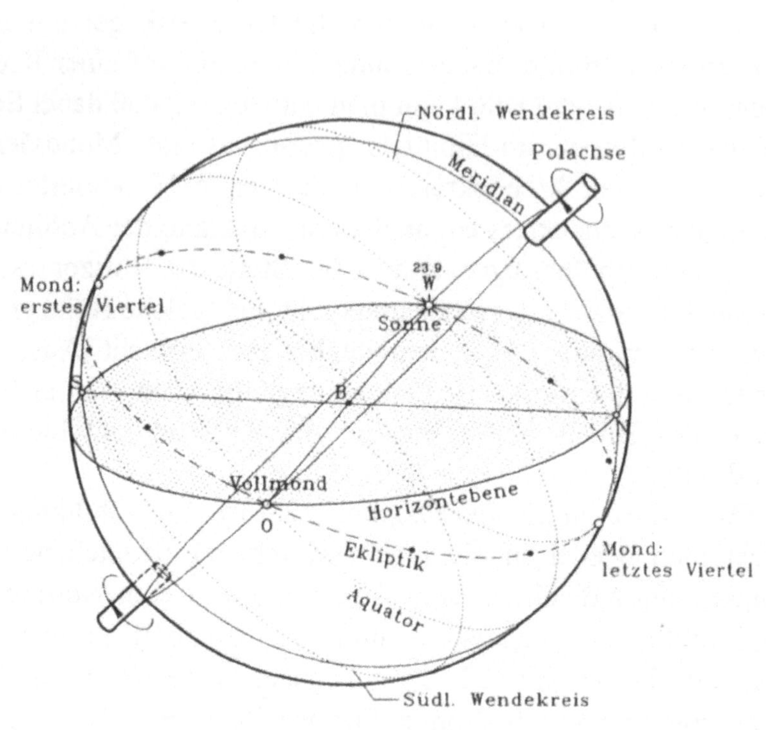

Das Bild zeigt die Stellung von Mond und Sonne zu Herbstbeginn (23. 9.). Durch die tägliche Umdrehung der Himmelskugel um ihre Polachse bewegen sich Sonne und Vollmond am Himmelsäquator, das letzte Mondviertel am Nördlichen Wendekreis und das erste Mondviertel am Südlichen Wendekreis.

Abbildung 19

legen, an welcher Stelle des Horizontes der Mond auf- beziehungsweise untergeht und welche Höhe er bei seiner Kulmination über dem Südhorizont erreicht. Auch die Zeitpunkte der Mondauf- und -untergänge kann man sich an Hand des Bildes überlegen; der Sonnenstand gibt hierüber Auskunft.

Der Mond zu Herbstbeginn (23. 9.):[48] In Abbildung 19 sieht man die grau gerasterte Horizontebene, die punktierten Kreislinien vom Äquator, sowie Nördlichem und Südlichem Wendekreis und die strichliert gezeichnete Ekliptik. In der mit "23. 9." gekennzeichneten Position steht zu Herbstbeginn die Sonne. Für den Beobachter B ist es gerade Abend (18 Uhr), denn die Sonne sinkt im Westen unter den Horizont. Wenn an diesem Tag gerade Vollmond ist, dann muß der Mond auf der vis-à-vis-Seite der Ekliptik stehen; er ist dann für den Beobachter B voll beleuchtet. Befindet sich dagegen der Mond im ersten oder letzten Viertel, dann muß er auf der Ekliptik in den eingezeichneten Zwischenlagen angeordnet sein. Einmal am Tag dreht sich die Himmelskugel um ihre Polachse und nimmt dabei Sonne und Mond auf einer Kreisbahn mit. Aus dem Bild kann man entnehmen, daß dabei Sonne und Vollmond am Himmelsäquator, das letzte Mondviertel am Nördlichen Wendekreis und das erste Mondviertel am Südlichen Wendekreis entlanglaufen. An Hand der Abbildung kann man sich auch überlegen, an welcher Stelle des Horizontes der Mond auf- beziehungsweise untergeht und welche Höhe er bei seiner Kulmination über dem Südhorizont erreicht. Auch die Zeitpunkte der Mondauf- und - untergänge kann man sich an Hand des Bildes überlegen; der Sonnenstand gibt hierüber Auskunft.

Der Mond zu Winterbeginn (22.12.):[49] In Abbildung 20 sieht man die grau gerasterte Horizontebene, die punktierten Kreislinien vom Äquator, sowie Nördlichem und Südlichem

[48] Um die Symmetrie der Argumentation zu unterstreichen, wird im nachstehenden Text weitgehend der gleiche Wortlaut wie vorhin verwendet.

[49] Um die Symmetrie der Argumentation zu unterstreichen, wird im nachfolgenden Text weitgehend der gleiche Wortlaut wie vorhin verwendet.

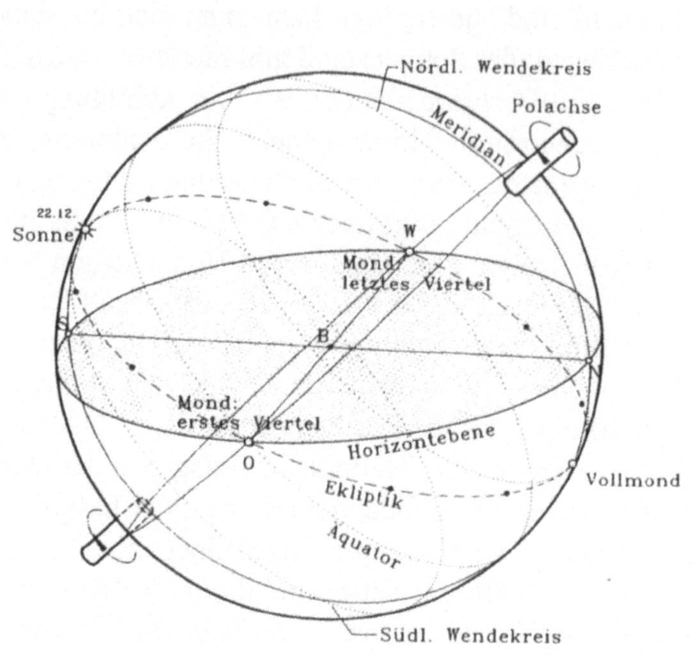

Das Bild zeigt die Stellung von Mond und Sonne zu Winterbeginn (22. 12.). Durch die tägliche Umdrehung der Himmelskugel um ihre Polachse bewegen sich das erste und letzte Mondviertel am Himmelsäquator, der Vollmond am Nördlichen Wendekreis und die Sonne am Südlichen Wendekreis.

Abbildung 20

Wendekreis und die strichliert gezeichnete Ekliptik. In der mit "22. 12." gekennzeichneten Position steht zu Winterbeginn die Sonne. Für den Beobachter B ist es gerade Mittag (12 Uhr), denn die Sonne steht im Meridian. Wenn an diesem Tag gerade Vollmond ist, dann muß der Mond auf der vis-à-vis-Seite der Ekliptik stehen; er ist dann voll beleuchtet, allerdings zu Mittag nicht sichtbar. Befindet sich dagegen der Mond im ersten oder letzten Viertel, dann muß er auf der Ekliptik in den eingezeichneten Zwischenlagen angeordnet sein. Einmal im Tag dreht sich die Himmelskugel um ihre Polachse und nimmt dabei Sonne und Mond auf einer Kreisbahn mit. Aus dem Bild kann man entnehmen, daß dabei das erste und letzte Mondviertel am Himmelsäquator, der Vollmond am Nördlichen Wendekreis und die Sonne am Südlichen Wendekreis entlanglaufen. An Hand der Abbildung kann man sich auch überlegen, an welcher Stelle des Horizontes der Mond auf- beziehungsweise untergeht und welche Höhe er bei seiner Kulmination über dem Südhorizont erreicht. Auch die Zeitpunkte der Mondauf- und -untergänge kann man sich an Hand des Bildes überlegen; der Sonnenstand gibt hierüber Auskunft.

Einige ausgewählte Phänomene, die sich aus dem vorhergegangenen Text leicht verstehen lassen, seien noch angeführt. Die Lektüre dieser ergänzenden Einzelheiten ist für das Verständnis des Kapitels aber nicht unbedingt erforderlich.

○ *Mondphasen und Fixsternhintergrund sind nicht miteinander gekoppelt:* Man darf also nicht glauben, daß Vollmond immer vor demselben Fixsternhintergrund eintritt. Wenn man zum Beispiel den Vollmond im Sternbild des Löwen beobachtet, dann ist der nächste Vollmond nicht mehr im Löwen zu sehen, sondern etwa 30 Winkelgrade von seiner ehemaligen Position entfernt. Ähnliche Verschiebungen beobachtet man auch bei anderen Mondphasen. Dieser Sachverhalt ist aus dem Zwei-Kugel-Universum leicht zu verstehen, denn *wegen der Bewegung der Sonne auf der Ekliptik* dauern siderischer und synodischer Monat ungleich lang. Wir haben diese Verhältnisse in Abbildung 15 erörtert. Es dauert 27 Tage, 7 Stunden und 43 Minuten (siderischer Monat), bis der Mond nach 1 Umlauf wieder beim gleichen Stern angelangt ist. Es dauert aber 29 Tage, 12

Stunden und 44 Minuten (synodischer Monat), bis wieder Vollmond eingetreten ist. In diesen zusätzlichen 2 Tagen und 5 Stunden hat sich der Mond gegen den Fixsternhintergrund aber um ein erhebliches Stück verschoben.

○ *Der Vollmond zeigt im Lauf des Jahres Besonderheiten*, die aus unseren Abbildungen 17 bis 20 und unseren bisherigen geozentrischen Überlegungen unmittelbar abzulesen sind:

a) Wenn zum Frühlingsbeginn (21. 3.) die Sonne am Himmelsäquator läuft, dann läuft auch der Vollmond am Himmelsäquator.

b) Wenn zum Sommerbeginn (22. 6.) die Sonne am Nördlichen Wendekreis läuft, dann läuft der Vollmond am Südlichen Wendekreis.

c) Wenn zum Herbstbeginn (23. 9.) die Sonne wieder am Himmelsäquator läuft, dann läuft auch der Vollmond wieder am Himmelsäquator.

d) Wenn zum Winterbeginn (22. 12.) die Sonne am Südlichen Wendekreis läuft, dann läuft der Vollmond am Nördlichen Wendekreis.

Der Vollmond pendelt also im Lauf des Jahres gegenläufig zur Sonne zwischen Nördlichem und Südlichem Wendekreis hin und her.

○ *Das erste und das letzte Mondviertel zeigen im Lauf des Jahres ein ähnliches Verhalten.* Auch sie pendeln gegenläufig zueinander zwischen Nördlichem und Südlichem Wendekreis hin und her, sie tun dies jedoch zeitlich zum Vollmond versetzt:

a) Zum Frühlingsbeginn (21. 3.) steht das erste Viertel im Nördlichen, das letzte Viertel im Südlichen Wendekreis.

b) Zum Sommerbeginn (22. 6.) stehen beide Mondviertel im Himmelsäquator.

c) Zum Herbstbeginn (23. 9.) steht das erste Viertel im Südlichen, das letzte Viertel im Nördlichen Wendekreis.

d) Zum Winterbeginn (22. 12.) stehen beide Mondviertel im Himmelsäquator.

○ Sieht man von der Lichtgestalt des Mondes ab, so bemerkt man, daß auch er, genauso wie die Sonne, eine schraubenförmige Bewegung zwischen Nördlichem und Südlichem Wendekreis - hin und wieder zurück - ausführt. Diese Schraubenlinie ist allerdings viel "lockerer" gewendelt als die Schraubenlinie der Sonne, denn ein kompletter Durchlauf der Schraubenlinie ist schon von einem Vollmond bis zum nächsten (= synodischer Monat = etwa 29 $^1/_2$ Tage) abgeschlossen, während die Sonne dafür ein ganzes Jahr braucht.

○ Die Zeit, die zwischen zwei Meridiandurchgängen verstreicht, ist für Sterne, Sonne und Mond verschieden:

Sterntag	=	$23^h\ 56^m$
Sonnentag	=	24^h
Mondtag	=	$24^h\ 54^m$

Die Zahlenwerte zeigen, daß für 1 Umlauf die Sonne 4 Minuten und der Mond 58 Minuten länger als die Himmelskugel braucht. Die Himmelskugel rotiert also am schnellsten, die Sonne etwas langsamer und der Mond, der der ruhenden Erde am nächsten benachbart ist, läuft am langsamsten. Die mit Fixsternen besetzte Himmelskugel rotiert von Ost nach West und nimmt dabei auch Sonne und Mond mit. Sonne und Mond laufen jedoch etwas langsamer, weil sich *beide* auf der Ekliptik selbständig in (fast) entgegengesetzter Richtung etwas verschieben. Die Sonne pro Tag um etwa 1 Grad und der Mond um 13 Grad.

Finsternisfragen

Finsternisfragen hat man seit jeher große Bedeutung zugemessen. Daß auch solche Fragen aus dem geozentrischen Bild verstanden werden können, mußte zur damaligen Zeit wohl als letzter und schlagender Beweis für die absolute Gültigkeit dieser wissenschaftlichen Erkenntnis aufgefaßt werden. Einige Gedanken seien dargestellt:

Eine Mondesfinsternis tritt ein, wenn die Erde zwischen Mond und Sonne steht und der Erdschatten den Mond trifft und verdunkelt. Eine Mondesfinsternis setzt also voraus, daß Vollmond vorliegt und der Mond möglichst genau in der Ekliptik liegt. Dies ist der Fall, wenn der Mond in einem Mondknoten steht (Abbildung 16). Je nach Abweichung von der idealen Lage können vollständige oder partielle Finsternisse eintreten. Aus Abbildung 15 kann man entnehmen, daß der Mond beim Eintritt in den Kernschatten der Erde sich an seinem linken (seinem östlichen) Rand zu verfinstern beginnt. Der Schatten zieht also von links nach rechts (von Osten nach Westen) über den Vollmond.

Eine Sonnenfinsternis tritt ein, wenn der Mond zwischen Sonne und Erde steht und den Blick zur Sonne verstellt. Eine

Sonnenfinsternis setzt voraus, daß Neumond vorliegt und der Mond möglichst genau in der Ekliptik liegt. Dies ist der Fall, wenn der Mond in einem Mondknoten steht (Abbildung 16). Je nach Abweichung von der idealen Lage können vollständige oder partielle Finsternisse verschiedener Ausprägung eintreten. Aus der Tatsache, daß Sonnenfinsternisse auftreten, kann man ersehen, daß die Sonne weiter von der Erde entfernt sein muß als der Mond. An Hand der Abbildung 15 kann man sich leicht verdeutlichen, daß bei Sonnenfinsternis die dunkle Seite des Mondes von rechts nach links, also von Westen nach Osten vor der Sonnenscheibe vorbeizieht.

Nehmen wir an, daß Vollmond vorliegt und in diesem Moment der Mond sich gerade vollständig verfinstert. Mond, Sonne und Erde liegen also genau in einer Linie, der Knotenlinie (Abbildung 16).

Wir wissen bereits: In Abständen von 29 Tagen, 12 Stunden 44 Minuten und 2,9 Sekunden (synodischer Monat) tritt immer wieder Vollmond auf.

Wir wissen ferner: In Abständen von 27 Tagen, 5 Stunden, 5 Minuten und 35,9 Sekunden (draconitischer Monat) durchläuft der Mond immer wieder den betreffenden Mondknoten.

Vollmond und Mondknotenlage stimmen also nicht so ohne weiters überein!

Aber: Nach 223 synodischen Monaten (223 x 29,530589^d = 6.585,32 Tage) oder nach 242 draconitischen Monaten (242 x 27,212221^d = 6.585,36 Tage) ist jedoch *sowohl* die "Vollmondsituation", *als auch* die "Knotenlage" erfüllt und die beobachtete Mondesfinsternis muß sich wiederholen. Finsternisse kehren also alle 6.585,3 Tage wieder, das sind umgerechnet 18 Jahre und etwa 10 Tage.[50] Dieses Zeitintervall ist also eine Finsternisperiode innerhalb der sich *alle* einmal beobachteten Finsternisse wiederholen müssen. Dieser Finsterniszyklus war schon im Altertum bekannt und wurde *chaldäische Periode*

[50] Genauer sind es 10 $^1/_3$ beziehungsweise 11 $^1/_3$ Tage, je nach der Anzahl der dazwischen liegenden Schaltjahre.

beziehungsweise *Saroszyklus* genannt. Aus einer Aufzeichnung von Finsternissen kann man also die Finsternisse für die Zeit nach 18 Jahren prophezeien. Es ist verständlich, daß gerade solche komplexen Prognosen den Wirklichkeitscharakter des geozentrischen Weltbildes besonders gestärkt haben.

Mondes- und Sonnenfinsternisse wurden seit jeher mit großem Interesse beobachtet und ihr Auftreten wurde stets sorgfältig registriert. Während eine Mondesfinsternis eine tatsächliche Verdunkelung des Mondes durch den Erdschatten ist, ist eine Sonnenfinsternis nur eine optische Bedeckung der Sonne durch den Mond. Eine Mondesfinsternis ist nachts daher grundsätzlich von jedem Ort der Erde zu beobachten, eine Sonnenfinsternis dagegen nur von solchen Erdgegenden, wohin der relativ kleine Mond seinen Schatten wirft. Wenn man die *Erde als Ganzes* betrachtet, dann kann man über die Häufigkeit von Finsternissen gewisse Aussagen machen.[51] In 1 Jahr gibt es:

im Mittel	höchstens	
1 - 2	2	Mondesfinsternisse
2 - 3	5	Sonnenfinsternisse.

Dabei ist auch noch ein eigenartiger Rhythmus zu beobachten:
a) Die Finsternisse treten immer in Gruppen auf, in welchen sich Mondes- und Sonnenfinsternisse in einem vierzehntägigen Intervall abwechseln.
b) Diese Finsternis-Gruppen folgen in einer ungefähr halbjährigen Periode aufeinander.
Diese Regelmäßigkeit erfährt eine einfache Deutung (Abbildung 15), denn wir wissen, daß Finsternisse nur dann auftreten können, wenn Mond, Erde und Sonne in der Nähe der Knotenlinie liegen. Damit ist klar:
a) Das vierzehntägige Intervall tritt auf, weil zwischen Vollmond (Mondesfinsternis) und Neumond (Sonnenfinsternis)

[51] THOMAS [Astronomie, S. 340 f.]

ein halber synodischer Monat (= 29 Tage, 12 Stunden, 44 Minuten) verstreicht.

b) Das halbjährige Intervall zwischen den Finsternisgruppen tritt auf, weil die Sonne für ihren Umlauf um die halbe Ekliptik *ein halbes Jahr* benötigt. Hier wird allerdings so getan, als ob die Lage der Knotenlinie unveränderlich wäre. Wir wissen von der Besprechung des draconitischen Monats her, daß sich die Knotenlinie entgegengesetzt zur Mond- und Sonnenbewegung (also von Ost nach West) verschiebt, wodurch das Halbjahresintervall tatsächlich etwas kürzer ist. Es ist also in seltenen Fällen möglich, daß in einem Jahr auch einmal *drei Finsternis-Gruppen* auftreten können. (Im Jahr 2000 etwa werden im Jänner-Februar, im Juli und schließlich auch im Dezember Finsternisse auftreten.)

Die Finsternis-Rhythmen erfahren also im geozentrischen Weltbild eine einfache Deutung. Noch einmal wird sich der Wirklichkeitscharakter dieser Sichtweise festigen.

Sonnenfinsternisse sind also stets nur in bestimmten, eng begrenzten Erdgegenden zu sehen. In unserem, dem zwanzigsten Jahrhundert treten insgesamt elf totale und zwei ringförmige Sonnenfinsternisse auf.[52] Die nächste und gleichzeitig letzte totale Sonnenfinsternis im zwanzigsten Jahrhundert wird am 11. August 1999 nach 11 Uhr stattfinden und etwas mehr als 2 Minuten dauern. Die Totalitätszone, also jener Streifen auf der Erde, über den der Mondschatten streift, verläuft über Nordfrankreich - Karlsruhe - Stuttgart - München - Salzburg - Graz. Die nächsten, in Mitteleuropa sichtbaren totalen Sonnenfinsternisse sind erst wieder am 23. Juli 2093 (ringförmig), am 7. Oktober 2135 und am 25. Mai 2142 angesagt.[53]

Totale Sonnenfinsternisse sind stets besonders eindrucksvolle Erlebnisse:

---

[52] THOMAS [Astronomie, S. 350]

[53] SCHAIFERS, TRAVING [Handbuch, S. 146]

a) Der Mond verschiebt sich *von rechts nach links* vor die Sonnenscheibe und verdeckt sie immer mehr.
b) Knapp bevor die Sonne komplett verdeckt wird, ist die Landschaft bereits wie bei einem starken Gewitter verdunkelt und es leuchten am linken Mondrand die letzten Sonnenstrahlen *perlschnurartig* auf. (Wir wissen heute, daß dieses *"Perlschnurphänomen"* dadurch entsteht, daß die Gebirgszüge und Erhebungen der Mondkrater das Sonnenlicht abschnittsweise abdecken.)
c) Jetzt treten die *"Fliegenden Schatten"* auf und ein welliges Schattenmuster läuft über die Landschaft. (Unebenheiten des Mondrandes. Einfluß der irdischen Atmosphäre.)
d) Ein kühler *"Finsterniswind"* kommt auf.
e) Sobald sich das Auge an die Dunkelheit angepaßt hat, erscheint dem Auge die strahlenkranzförmige Korona der Sonne.
f) Das Hervorkommen der ersten Sonnenstrahlen ist von einem prächtigen Farbenspiel begleitet: Der Wald leuchtet braunviolett auf, bevor er wieder grün erscheint. Der Himmel ist erst feuriggelb, bis er wieder blau wird.
Eine besonders eindrucksvolle Beschreibung einer Sonnenfinsternis findet man bei Adalbert Stifter.[54]

Antike Messungen am Zwei-Kugel-Universum

Die unzähligen Beobachtungen der Phänomene wurden ergänzt durch eine Reihe von Messungen, die auch quantitative Aussagen über das Zwei-Kugel-Universum gemacht haben. Überlegungen zur tatsächlichen Größe der Erdkugel waren wohl zunächst der wichtigste Ausgangspunkt. Aber nicht nur die Größe der Erde war von Interesse, man wollte auch von den großen Himmelskörpern quantitative Vorstellungen ge-

[54] STIFTER [Werke, Bd. 5, S. 737 f.]

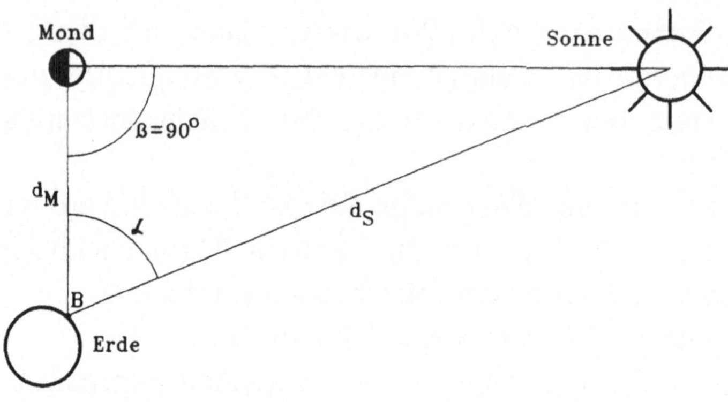

Überlegungen von Aristarch zur Bestimmung der Entfernungsrelation von Mond und Sonne: Sonne, Mond und Erde müssen ein rechtwinkeliges Dreieck bilden, wenn der Mond von der Erde aus gesehen exakt zur Hälfte beleuchtet erscheint. Wenn der Beobachter den Winkel α bestimmt, dann kann man die Abstandsrelation von Mondentfernung d_M und Sonnenentfernung d_S bestimmen.

Abbildung 21

winnen. Eratosthenes und Aristarch aus Samos[55] haben schon im zweiten vorchristlichen Jahrhundert beeindruckende Überlegungen und Messungen angestellt.[56]

In den Schriften von Aristoteles sind bereits Andeutungen über die Messung des Erdumfanges enthalten. Man vermutet, daß schon 400 vor Christus derartige Messungen angestellt wurden. Wir haben bereits erwähnt, daß Eratosthenes aus Schattenmessungen auf recht elegante Weise den Erdumfang berechnet hat: Während in Syene zum Zeitpunkt der Sommersonnenwende die Sonne genau im Zenit steht, ist sie im 800 Kilometer weit entfernten Alexandria 7 Grad südlich des Zenits zu sehen. Weil ein Winkel von 7 Grad etwa einem fünfzigstel eines vollen Kreises entspricht, muß der ganze Kreis des Erdumfanges dem fünfzigfachen von 800 Kilometer entsprechen, also 50 x 800km = 40.000km sein.[57] Der Durchmesser der Erdkugel liegt also bei 12.800km.

Andere Messungen haben darauf abgezielt, Größe und Abstand von Mond und Sonne zu erfassen. Hier stehen die Gedanken Aristarchs im Zentrum. Die erste Überlegung von ihm geht davon aus, daß Sonne, Mond und Erde ein *rechtwinkeliges Dreieck* bilden müssen, wenn der Mond, von der Erde aus gesehen, exakt zur Hälfte beleuchtet erscheint, wenn also als

---

[55] Der griechische Astronom Aristarch aus Samos hat eine Schrift verfaßt, die "Von der Größe und den Entfernungen der Sonne und des Mondes" handelt, die heute noch erhalten ist. Aristarch ist auch für seine Idee eines heliozentrischen Universums bekannt geworden.

[56] KUHN [Kopernikus, Seite 279 f.] und KELLER [Himmelsjahr 1992, Seite 167] beschreiben diese Gedanken.

[57] Wie genau dieses Maß dem Eratosthenes wirklich bekannt war, ist ungewiß, weil die tatsächliche Größe dieser damals verwendeten Längeneinheit ("Stadion") heute fraglich ist. Manche Autoren (DIESTERWEG [Himmelskunde, Seite 538]) meinen, daß der von ihm abgeschätzte Erdumfang eher bei 46.000km liegt. Heutige Messungen führen auf einen Äquatorumfang von 40.075km beziehungsweise auf einen Polumfang (also längs eines Meridians gemessen) von 40.008km.

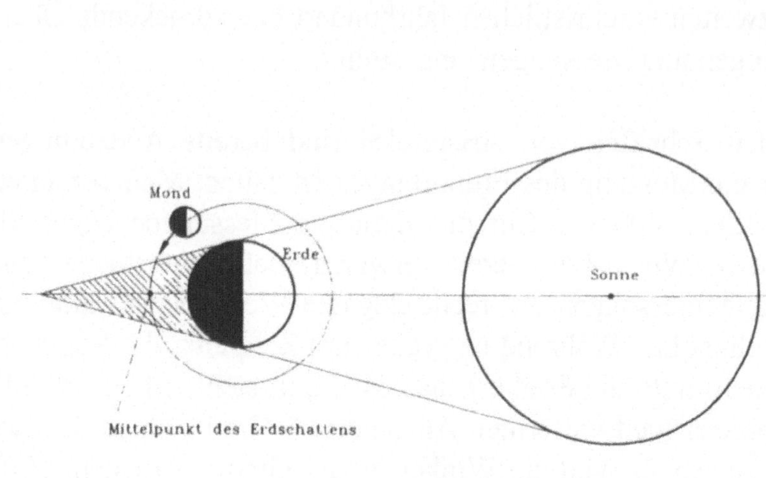

Auf Aristarch geht auch eine andere Überlegung zurück, die es gestattet, Abstände und Durchmesser von Sonne und Mond auch zahlenmäßig zu ermitteln. Er hat seine Messungen zu einem Zeitpunkt durchgeführt, bei dem eine Mondesfinsternis von maximaler Länge auftrat. Bei einer solchen Mondesfinsternis bewegt sich der Mond genau durch den Mittelpunkt des Erdschattens.

Abbildung 22

Mondphase das erste oder letzte Viertel vorliegt (Abbildung 21). Denn nur wenn der Winkel $\beta = 90°$ ist, sieht der Beobachter B genau die eine Hälfte des Mondes beleuchtet und die andere Hälfte unbeleuchtet. Wenn der Beobachter B den Winkel zwischen Mond und Sonne mißt, also den Winkel α bestimmt, dann kann er die Abstandsrelation von Mondentfernung (d_M) und Sonnenentfernung (d_S) bestimmen, denn $\cos \alpha = d_M / d_S$. Aristarch hat einen Winkel von 87° gemessen, woraus er errechnet hat, daß die Sonne 19-mal so weit entfernt ist als der Mond. Und weil aber, von der Erde aus gesehen, Sonne und Mond fast gleich groß erscheinen, muß auch der wahre Durchmesser der Sonne 19-mal größer als der Monddurchmesser sein. Das Volumen der Sonnenkugel übertrifft das Volumen des Mondes also fast um das 7.000-fache.

Aus heutiger Sicht müssen wir sagen, daß die Aristarchschen Abstandsmessungen um den Faktor 20 zu klein geraten sind. Die Genauigkeit der Winkelmeßgeräte, die Aristarch zur Verfügung gestanden sind, war recht mangelhaft. Auch war es für ihn gar nicht leicht, den exakten Mittelpunkt von Sonne und Mond anzupeilen. Eine dritte Quelle der Ungenauigkeit war die Frage, zu welchem Zeitpunkt der Mond für uns nun wirklich zur Hälfte beleuchtet erscheint. Ein viertes Problem war eher ein psychologisches, denn man konnte sich kaum vorstellen, daß die Sonne in noch größerer Entfernung anzusiedeln sei als dieser gefundene Wert angibt. Anstelle der von Aristarch gemessenen 87° beträgt der tatsächliche Winkel 89° 51'.

Wie auch immer, die Überlegungen von Aristarch geben uns ein Verfahren in die Hand abzuschätzen, um wievielmal die Sonnenentfernung größer ist als die Mondentfernung. Absolute Zahlenwerte, wie groß also die Entfernungen nun wirklich sind, können wir hieraus allerdings nicht ablesen.

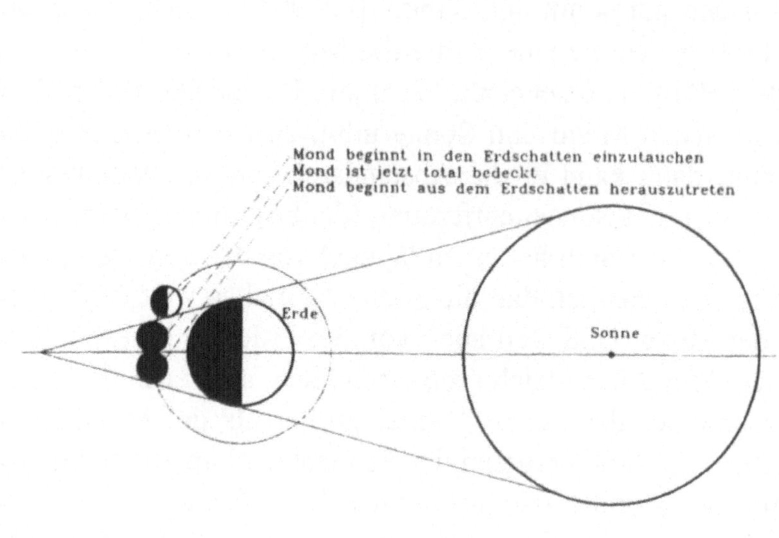

Aristarch hat durch Zeitmessung festgestellt, daß der Mond auf seiner Mondbahn gerade zweimal in den Erdschatten hineinpaßt. Hieraus hat er den Monddurchmesser und die Mondentfernung verhältnismäßig genau berechnen können.

Abbildung 23

Auf Aristarch geht aber auch eine andere Überlegung[58] zurück, die es gestattet, Abstände und Durchmesser von Sonne und Mond sogar zahlenmäßig zu ermitteln.

Er hat seine Messungen zu einem Zeitpunkt ausgeführt, bei dem eine Mondesfinsternis von maximaler Länge auftrat. Wir wissen von Abbildung 16 her, daß dabei der Mond auf der Knotenlinie liegen muß und, von der Erde gesehen, daher genau in der Ekliptik läuft. Bei einer solchen Mondesfinsternis liegen Sonne, Erde und Mond tatsächlich exakt in einer geraden Linie und der Mond bewegt sich genau durch den Mittelpunkt des Erdschattens (Abbildung 22[59])

Aristarch hat die Zeit gemessen, die zwischen dem ersten Eintauchen des Mondes in den Schattenkegel der Erde und der totalen Bedeckung des Mondes verstrich (Abbildung 23). Die zweite Meßgröße, die er aufgenommen hat, war die Zeitspanne, die der Mond total verfinstert war. Er hat dabei gefunden, daß beide Zeiten etwa gleich lang sind und hat daraus geschlossen, daß die Breite des Erdschattens an dieser Stelle dem doppelten Monddurchmesser entspricht. Aus diesen Messungen und aus der Ähnlichkeit von Dreiecken konnte er auf Durchmesser und Entfernung von Mond und Sonne schließen[60]:

Monddurchmesser	=	$^1/_3$	Erddurchmesser
Mondentfernung	=	40	Erddurchmesser
Sonnendurchmesser	=	$6\ ^1/_3$	Erddurchmesser
Sonnenentfernung	=	764	Erddurchmesser

Die Überlegungen von Aristarch sind eine hervorragende wissenschaftliche Leistung, wenngleich die Zahlenwerte wegen der mangelhaften Winkelmessung von α gemäß Abbildung 21 für Sonnendurchmesser und Sonnenentfernung viel zu klein waren. Monddurchmesser und Mondentfernung stim-

[58] KUHN [Kopernikus, Seite 280]

[59] Um die Abbildung übersichtlich zu halten, sind die Abstände und Durchmesser der Himmelskörper *nicht* maßstäblich gezeichnet.

[60] Vergleiche auch KUHN [Kopernikus, Seite 279 f.]

men dagegen mit *heutigen Messungen* recht schön überein:

Monddurchmesser = $^{1}/_{4}$ Erddurchmesser

Mondentfernung = 30 Erddurchmesser.

Man versteht, daß die Aristarchschen Messungen den Wirklichkeitscharakter des antiken Weltbildes ganz erheblich gestärkt haben, weil man nicht bloß qualitative Merkmale erklären konnte, sondern auch quantitative Aussagen über seine Struktur machen konnte. Die Messung der Mondentfernung lieferte einen astronomischen Maßstab, der Hinweise auf die Größe des gesamten Universums gab.

Die Planeten

Das Wort *Planet* leitet sich aus dem Griechischen her und bedeutet soviel wie Wanderer oder Wandelstern. Man hat dabei Himmelskörper gemeint, die sich in Relation zu den Fixsternen, also zur Himmelskugel, bewegen können. Für die Griechen waren Mond und Sonne, aber auch Merkur, Venus, Mars, Jupiter und Saturn Planeten.[61] Die Bewegung von Sonne und Mond in Relation zum Fixsternhintergrund haben wir bereits ausführlich betrachtet. Im Vergleich zur Sonnenbewegung war - wie wir gesehen haben - die Mondbewegung bereits komplizierter. Merkur, Venus, Mars, Jupiter und Saturn zeigen wiederum neue Phänomene, die über das bisher Gesagte weit hinausgehen und die für das geozentrische Weltbild daher eine gewichtige Herausforderung dargestellt haben.[62]

[61] Heute definieren wir das Wort Planet anders und meinen damit Himmelskörper, die sich um *eine Sonne* bewegen. Wir zählen daher in unserem heutigen, kopernikanischen Weltbild Merkur, Venus, Erde, Mars, Jupiter, Saturn, Uranus, Neptun und Pluto, nebst einer ganzen Reihe von Kleinplaneten, Asteroiden und Planetoiden zu den Planeten. Den antiken Astronomen waren, wie wir wissen, nur die großen, hellen Planeten bekannt.

[62] Es ist allgemein bekannt, daß vor allem die Planetenphänomene einen entscheidenden Anstoß zur kopernikanischen Revolution gegeben haben.

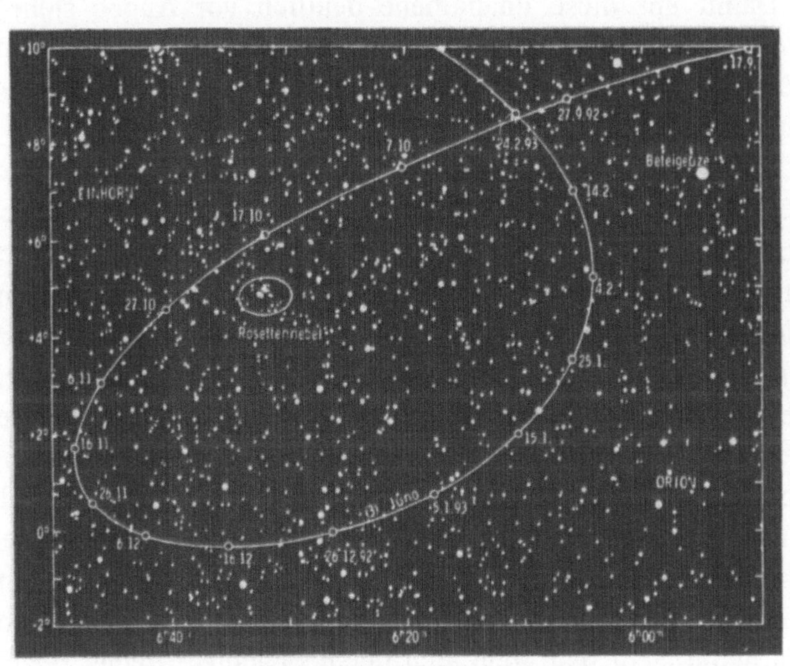

Die Abbildung zeigt als Beispiel, wie die Schleifenbahn eines Planeten tatsächlich aussehen kann. Es handelt sich hier um den Kleinplaneten Juno und zeigt seine Bahn zwischen September 1992 und Februar 1993. Nach Absolvieren einer solchen Schleifenbahn verhält sich der Planet wieder relativ unauffällig, bis er wiederum zu einer Schleife ansetzt.

Abbildung 24

Damit uns diese Phänomene deutlich vor Augen stehen, wollen wir wiederum an der eigenen Erfahrung oder zumindest an Erfahrungen anknüpfen, die man selbst mit eigenen Augen jederzeit machen kann.[63]

Wenn man einen Planeten - wie den rötlichen Mars oder den hellen Jupiter - am Himmel sieht, dann scheint er sich beim ersten Hinsehen genauso zu verhalten, wie alle anderen Sterne: Wenn er nicht zur Abenddämmerung schon am Himmel steht, geht er am östlichen Himmel auf und bewegt sich auf einer schräg verlaufenden Kreisbahn, nimmt im Süden seine höchste Lage über dem Horizont ein und sinkt gegen Westen unter den Horizont, es sei denn, die Morgendämmerung überrascht ihn schon vorher. Der Planet steht dabei fürs freie Auge praktisch in fixer Relation zu seinen Nachbarsternen und man kann ihn daher auf einer Sternkarte als Punkt einzeichnen. Beobachtet man auch in den darauffolgenden Nächten, dann sieht man, daß sich der beobachtete Planet relativ zum Fixsternhintergrund weiterbewegt und in östlicher Richtung im Bereich der Ekliptik eine eigene Bahn durchläuft. Zunächst möge diese Verschiebung des Planeten gegen den Fixsternhintergrund so ähnlich verlaufen, wie wir das von der Sonne her kennen. Nach einiger Zeit beobachtet man allerdings gravierende Abweichungen: Die Bewegung verlangsamt sich nämlich immer mehr und mehr, *der Planet wird sogar rückläufig, er bewegt sich in einer eigenartigen Schleife*, wird wieder schneller und läuft zuletzt weiter, wie er das zu Beginn der Beobachtung getan hat.

Die Abbildung 24 zeigt als Beispiel, wie diese Schleifenbahn eines Planeten - es handelt sich hier um den Kleinplaneten Juno - in Wirklichkeit aussehen kann. Nach einer Zeit "normaler" Bewegung kommt es zu einer Schleifenbahn, um dann schließlich wieder "normal" zu verlaufen. Der Schleifenzyklus wiederholt sich immer wieder. Diese Schleifenbahnen

[63] FASCHING [Sternbilder, S 215 f.]

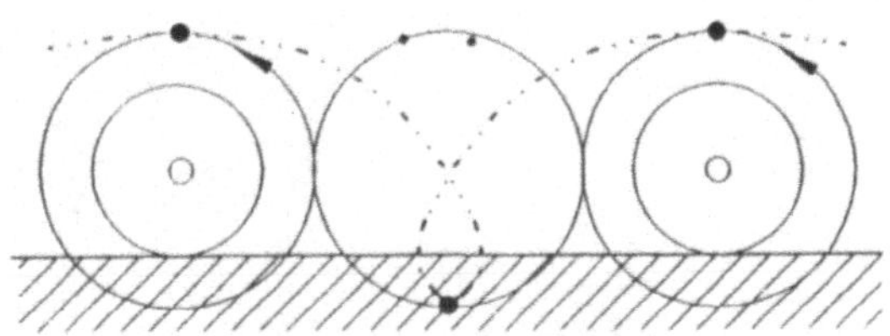

Radbewegung
und Epizykelbahn

Dieses Bild verdeutlicht die Entstehung einer Schleifenbahn bei einer Radbewegung. Es ist ein auf einer Schiene rollendes Rad dargestellt, auf dessen Spurkranz ein Punkt markiert wurde. Sobald das Rad rollt, beschreibt der Punkt eine Schleife, die an die besondere Form der Planetenbewegung erinnert.

Abbildung 25

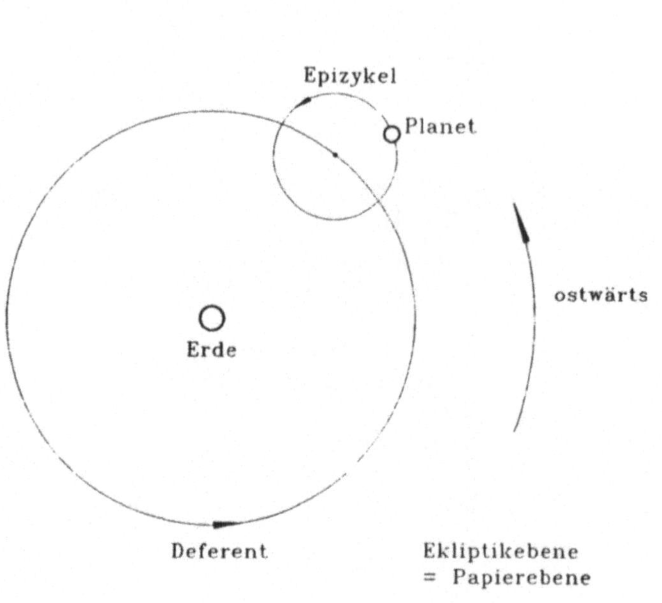

Hier ist die Grundidee dargestellt, mit der man im zweiten bis dritten vorchristlichen Jahrhundert die Planetenbewegung erfaßt hat. Der mathematische Mechanismus besteht aus einem kleinen Kreis, dem Epizykel, der um einen Punkt kreist, der am Umfang eines zweiten rotierenden Kreises, dem Deferenten, angebracht ist. Der Planet sitzt auf dem Epizykel und vollführt die beobachteten Schleifenbewegungen.

Abbildung 26

waren zunächst ein völlig neues und unverständliches Phänomen. Die Zeitintervalle zwischen zwei solchen Schleifen sind je nach Planet verschieden: Der Merkur ist zum Beispiel alle 116 Tage rückläufig, die Venus alle 584 Tage, der Mars alle 780 Tage, der Jupiter alle 399 Tage und Saturn alle 378 Tage.

Die auffällig ungleichförmige Bahngeschwindigkeit, die Schleifenbewegung und die sonderbare Rückläufigkeit der Planeten wurden noch durch eine weitere Besonderheit ergänzt, die gleichfalls komplett unverständlich war: Während praktisch[64] alle Fixsterne immer mit der gleichen Helligkeit leuchten, zeigen Planeten ein abweichendes Verhalten: Es waren *Helligkeitsschwankungen* zu beobachten. Zu manchen Zeiten war der eine Planet heller als der andere, dann war es wieder umgekehrt. Dabei waren diese Beobachtungen gar nicht einfach durchzuführen, denn man mußte die betreffenden Planeten durch Jahre hindurch beobachten und ihre Helligkeit mit benachbarten Fixsternen vergleichen und registrieren, um Daten zu erhalten, auf die man auch zu späteren Zeiten zurückgreifen kann. War es ein Anzeichen "unterschiedlich starker Kräfte", die Mars, Jupiter oder Venus auf die Erde ausüben? Es ist jedenfalls verständlich, daß alle Planeten Götternamen tragen.

So unregelmäßig auch die Bahn der Planeten verläuft, die Planeten bleiben dabei stets mit Abweichungen von einigen Winkelgraden im Bereich der Ekliptik und umrunden diese schließlich. Wenigstens hier zeigt sich also eine Parallele zum Verhalten der beiden anderen "Wandelsterne": Sonne und Mond. Aber hier kommt es auch schon wieder zu unerwarteten Schwierigkeiten. Es hat sich nämlich gezeigt, daß Planeten für einen Bahnumlauf entlang der Ekliptik das eine Mal länger brauchen und das andere Mal diese Reise rascher absolvieren können. Wie soll man diese Unregelmäßigkeiten verstehen?

[64] Von den (seltenen) Ausnahmen veränderlicher Sterne war bereits die Rede.

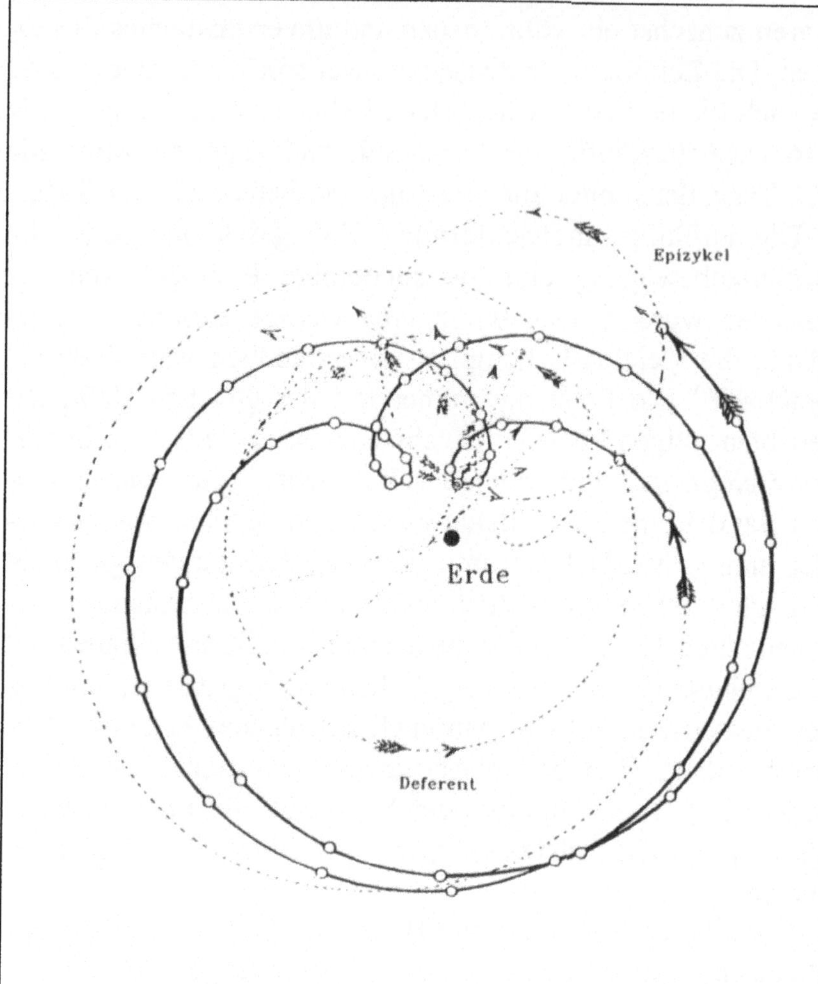

Hier ist als Beispiel die Bahnkurve des Planeten Mars dargestellt, wie sie sich aus Deferenten- und Epizyklenkreisen (sowie den sogenannten Abgleicherkreisen) ergibt.

Abbildung 27

Die hohe Komplexität dieser meßtechnisch erfaßten Phänomene war eine extreme Anforderung an die geozentrisch aufgefaßte Wirklichkeit. Auf Platon soll die Frage zurückgehen, auf welche gleichförmigen und geordneten Bewegungen die sichtbaren Bewegungen der Planeten zurückgeführt werden können. Und wie bei den meisten klugen Fragen, ist auch bei dieser Frage der Keim der Antwort bereits in ihr enthalten. Denn bei einer "geordneten Bewegung" wird im griechischen Denken sicher auch die "ideale Bahnkurve", die Kreislinie, eine Rolle spielen. Sollte die Lösung dieser Frage im Rahmen des Zwei-Kugel-Universums tatsächlich gelingen, so würde ein solcher Erfolg die Glaubwürdigkeit dieses wissenschaftlichen Weltbildes endgültig verankern.

Die eigenartige Form der Planetenbahnen, die man am Himmel auf einfache Weise selbst beobachten kann, hat man bald mit Radbewegungen in Zusammenhang gebracht. Die Abbildung 25 zeigt auf einer Schiene ein rollendes Rad, auf dessen Umfang ein Punkt markiert wurde. Man erkennt unmittelbar, daß dieser Punkt beim Abrollen des Rades eine Schleife, eine sogenannte Epizykloide, durchläuft. Die rückläufige Bewegung entsteht dabei dadurch, daß der Punkt am äußeren Radrand unterhalb der Schiene rascher zurückläuft, als das Rad insgesamt vorankommt. Solche Epizykloiden sind schon seit Jahrtausenden bekannt. Im Fall der Planetenbewegung (Abbildung 26) kreist ein Epizykel und umrundet dabei auf dem sogenannten Deferenten die Erde. Ohne auf weitere Details einzugehen, erhält man beispielsweise für die Bahnkurve des Planeten Mars einen Verlauf [65] wie ihn die Abbildung 27 zeigt. Die Punktmarkierungen auf der Bahnkurve entsprechen den Monatsabständen. Man erkennt, daß der Planet unterschiedlich schnell vorankommt; manchmal legt er in Monatsfrist große Strecken zurück, manchmal - in der Bahnschleife - bloß recht kleine. Wenn man das Zeitintervall von

[65] Vergleiche DIESTERWEG [Himmelskunde, S. 542].

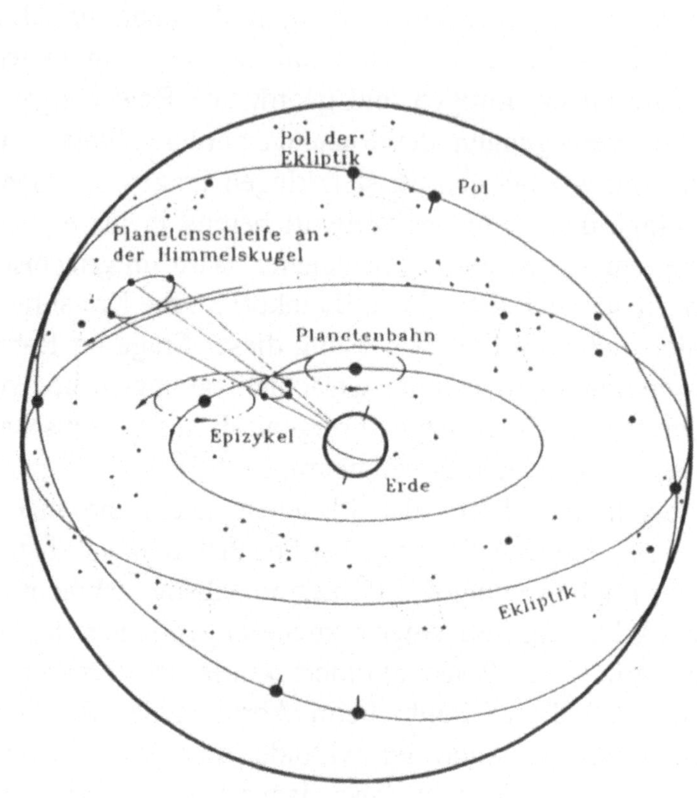

Das Bild zeigt die mit Fixsternen besetzte Himmelskugel. Zwischen der Himmelskugel und der Erde läuft ein Planet auf einem Epizykel und beschreibt eine schleifenförmige Planetenbahn. Von der Erde aus gesehen erscheint die Planetenschleife an der Himmelskugel zu verlaufen. Je nach Neigung von Deferent und Epizykel zur Ebene der Ekliptik kann die Planetenschleife extrem schmal oder eher breit erscheinen.

Abbildung 28

Schleife zu Schleife nachzählt, so findet man das für den Mars bereits erwähnte Intervall von 720 Tagen (~ 25,5 Monate).

Die Abbildung 28 zeigt die mit Fixsternen besetzte Himmelskugel. Zwischen der Himmelskugel und der Erde läuft ein Planet auf einem Epizykel und beschreibt dadurch eine schleifenförmige Planetenbahn. Von der Erde aus gesehen scheint die Planetenschleife an der Himmelskugel zu verlaufen und je nach dem, ob Deferent und Epizykel wirklich exakt in einer Ebene liegen (Abbildung 26) oder schräg zueinander stehen, ist die Planetenschleife extrem schmal oder eher breit.

Es war bereits davon die Rede, daß man bei Planeten Helligkeitsschwankungen beobachten kann. Langfristige Untersuchungen haben ergeben, daß die Helligkeitsschwankungen zyklisch ablaufen, wobei die Zyklusdauer der Helligkeitsschwankungen mit der der Schleifenwiederholung übereinstimmt. Immer, wenn die Planetenschleife durchlaufen wird und der Planet also rückläufig ist, ist seine Helligkeit am größten. Offenbar gibt es hier Zusammenhänge. Ein Blick auf die Abbildung 28 gibt eine einleuchtende Erklärung für dieses Phänomen: Wenn der Planet die Bahnschleife durchläuft, ist er der Erde näher und erscheint dadurch beträchtlich heller, als in den anderen Bahnabschnitten. Ein vorerst unverständliches Phänomen erfährt also eine einfache Deutung.

Unsere Überlegungen haben gezeigt, daß durch die Epizyklentheorie das beobachtbare Verhalten der Planeten im Zwei-Kugel-Universum eine einfache Deutung erfahren hat.[66]

[66] Im Buch von KUHN [Kopernikus] findet der interessierte Leser weitergehende Details. Vor allem ermöglichen die dort zitierten umfangreichen bibliographischen Daten eine gründliche Vertiefung in diesen Themenkreis.

Über die "Innenausstattung" der Himmelskugel

Wir haben das geozentrische Universum in einer Reihe von Abbildungen dargestellt, die die rotierende Himmelskugel zeigen, in deren Zentrum die Erde ruht, auf der sich der Beobachter auf seiner Horizontebene befindet. Auf diese Weise konnte man die unterschiedlichen Bewegungen von Sternen, Sonne, Mond und Planeten recht übersichtlich darstellen. Diesen bevorzugten Blickpunkt - der also das Zwei-Kugel-Universum *von außen* zeigt - kann ein menschlicher Beobachter natürlich nie einnehmen. Er sieht die Himmelskugel immer nur von innen, von ihrem Zentrum aus. Und hier müssen wir noch einmal einschränken, denn der Beobachter, der im Zentrum seiner Horizontebene steht, sieht immer nur die Hälfte der Himmelskugel, der Ausblick auf die andere Hälfte ist durch die Erde, auf der er steht, verdeckt.

Der Leser wird verstehen, daß eine Beschreibung der "Innenausstattung" der Himmelskugel mit all ihren Sternen und Sternbildkonfigurationen, die man dort sehen kann, den Rahmen unseres Kapitels sprengen würde. Dazu kommt, daß man nicht bloß über die Sternbilder referieren müßte, sondern auch über die Mythen, die all diese Konfigurationen in komplexer Weise verbunden haben. Davon müssen wir hier Abstand nehmen - es gibt darüber umfangreiche Literatur.[67] Das ganzheitliche Bild der geozentrischen Wirklichkeit trägt in sich eine überwältigende Fülle.

Unsere Darstellung in diesem vorliegenden Buchkapitel ist dagegen bloß ein dürrer und kurz gefaßter Abriß der Vielfalt der geozentrischen Wirklichkeit.

[67] Ausführliche Angaben zum einschlägigen Schrifttum findet man bei FASCHING [Sternbilder], [Sternbilderkunde] und [Sternbildkalender].

Die Unentbehrlichkeit der geozentrischen Wirklichkeit

Das wissenschaftliche Weltbild der geozentrischen Wirklichkeit ist deswegen so beeindruckend, weil es in Jahrtausenden geworden ist und Jahrtausende hindurch in immer ausgefeilterer Form das Leben der Menschen geführt und bestimmt hat. Keine andere wissenschaftliche Wirklichkeit kann auf eine derart lange Periode wissenschaftlichen Erfolges zurückblicken. Keine andere wissenschaftliche Wirklichkeit war jemals gezwungen, sich durch so lange Zeit bewähren zu müssen.

Die begrifflich benennbaren Tatsachen dieser Wirklichkeit sind durch jahrhundertelangen Gebrauch auch in das tägliche Leben der Menschen eingeflossen und sind dort im Lauf der Zeit unentbehrlich geworden. Man darf sich aber nicht vorstellen, daß dadurch bloß ein Inventar von beliebig strukturierten Begriffswerkzeugen entstanden ist. Die begrifflich benennbaren Tatsachen, die die ptolemäische Wirklichkeit ans Tageslicht gefördert hat, haben sich zwangsläufig alle auseinander entwickelt, sie sind auseinander hervorgegangen und haben sich wie eine Pflanze aus einem unscheinbaren Samenkorn heraus gebildet. Das Spätere ruht auf dem Früheren und das Frühere erhält seine Rechtfertigung aus dem Späteren. Jede begrifflich benennbare Tatsache ist mit den anderen Tatsachen verbunden, in manchen Fällen ganz offensichtlich, in anderen wieder über scharfsinnige Konstruktionen, die man von außen gar nicht so ohneweiters erkannt hätte, wenn nicht irgend ein genialer Forscher die Zusammenhänge erblickt hätte. Die Tatsachen zeigen sich also alle miteinander verbunden, ja selbst jene Tatsachen, denen man das vorher gar nicht angesehen hätte, erweisen sich als zusammengehörig. Die Wirklichkeit präsentiert sich als ein Monolith.

Diese Wirklichkeit nimmt immer mehr das Prädikat *"unbezweifelbar"* für sich in Anspruch, denn keine einzige dieser Tatsachen, die in ihr vorkommen, kann man mehr in Frage stellen, ohne zugleich *alle* Tatsachen mitzureißen, also auch jene, die im täglichen Leben schon Eingang gefunden haben und dort mittlerweile unverzichtbar geworden sind. Die Wirklichkeit wird wirklich, weil ihre Alternative als Katastrophe empfunden wird: Sprachlosigkeit wäre die Folge! Bildlosigkeit die Konsequenz! Blindheit das Ergebnis!

Es erübrigt sich jetzt, in aller Ausführlichkeit jene begrifflich benennbaren Tatsachen aufzuzählen, die für das menschliche Zusammenleben unentbehrlich waren, weil sie die Zusammenhänge der Phänomene deutlich machten. Unser Kapitel hat einen Teil hiervon bereits ausführlich erörtert:

- Die Zeit, der Tag, Stunden, Minuten und Sekunden.
- Die Himmelsrichtungen: Nord, Süd, West und Ost.
- Das Jahr und der Kalender.
- Die Fixsterne und ihre unveränderlichen Sternbilder, die an der Himmelskugel unverrückbar festgemacht sind und damit den täglichen Umschwung der Himmelskugel um ihre Polachse deutlich vor Augen führen.
- Der ruhende Polarstern als Orientierungshilfe.
- Die Kugelgestalt der Erde und die um vieles größere Himmelskugel.
- Die stabile Lage der Erde im Zentrum der Himmelskugel: Wohin sollte sie "fallen"? Überall ist oben!
- Die komplexe Spiralbewegung der Sonne im Lauf des Jahres. Die veränderlichen Morgen- und Abendweiten des Sonnenauf- und -unterganges. Die unterschiedlichen Tageslängen im Lauf des Jahres. All das hat man täglich vor Augen und hat das Leben - man denke nur an die langen Winternächte - entscheidend geprägt.
- Die Jahreszeiten und das Klima.
- Ja sogar den Umfang der Erde konnte man berechnen.

○ Die unterschiedliche Zeitdauer, die die Sonne[68] beziehungsweise die Sterne[69] für 1 Umlauf um die Erde benötigen, fand eine einfache Erklärung.

○ Die unterschiedliche Dauer der Dämmerung, die in unterschiedlichen Breitegraden der Erde so auffällig ist.

○ Die Winter- und Sommersonnenwende, der Frühlings- und Herbstpunkt. Zugehörige Volksbräuche sind sogar heute noch nicht verschwunden.

○ Die unterschiedliche Länge des Frühling-Sommer-Halbjahres beziehungsweise des Herbst-Winter-Halbjahres.[70]

○ Die jährlich pulsierenden sichtbaren Durchmesser von Sonne und Mond.

○ Die unterschiedlichen Frühling-, Sommer-, Herbst- und Wintersternbilder.

○ Die Mondphasen und ihre unterschiedlichen Himmelspositionen in den verschiedenen Jahreszeiten.

○ Die Finsternisphänomene und die Finsternisgruppen.

○ Die Chaldäische Periode und die verblüffend exakten Finsternis-Prognosen.

○ Die Messung der räumlichen Dimensionen des Zwei-Kugel-Universums.

○ Die komplexen Bahnbewegungen der Planeten und die Erklärung ihrer Helligkeitsschwankungen.

○ Die überschwänglich reiche "Innenausstattung" der Himmelskugel. Himmelskarten, Himmelsgloben.

Aber nicht eine beliebige Aneinanderreihung von Tatsachen hat der Mensch im geozentrischen Weltbild vor sich. Es ist ein genau strukturiertes Wirklichkeitsgebäude, wo das eine nicht ohne das andere auskommt und verstanden werden kann.

---

[68] 24^h

[69] $23^h\ 56^m$

[70] Vom 21. März bis zum 23. September sind es 186 Tage. Vom 23. September bis zum 21. März sind es 179 Tage. Die beiden Halbjahre unterscheiden sich in ihrer Länge also um 1 Woche. (Diese Angaben gelten für ein Jahr mit 186 + 179 = 365 Tagen.)

○ Nur wenn man die Sternbilder voneinander unterscheiden kann, kann man die Drehung der Himmelskugel mit eigenen Augen sehen.

○ Nur wenn man erkannt hat, daß sich die Himmelskugel dreht, kann man die komplexe Sonnenbewegung auf eine einfache Bahn zurückführen: auf die Ekliptik.

○ Nur wenn man erkannt hat, daß sich die Sonne auch auf der Ekliptik bewegt, kann man verstehen, daß Sonne und Sterne mit unterschiedlichen Geschwindigkeiten die Erde umrunden.

○ Nur wenn man das Fortschreiten der Sonne auf der Ekliptik begreift, sind die Mondphasen und ihre Stellung am Himmel verständlich.

○ Nur weil Sonne und Mond mit *unterschiedlicher* Geschwindigkeit die Erde auf der Bahn der Ekliptik umkreisen, ist alle $29^1/_2$ Tage Vollmond, während alle $27^1/_2$ Tage der Mond im gleichen Sternbild vorbeikommt.

○ Die Bewegung der Planeten, das Verstehen der Finsternisphänomene und die langjährige Prognose dieser eigenartigen Erscheinungen läßt uns den klaren Aufbau dieses geozentrischen Wirklichkeitsgebäudes verstehen.

Die Menschen haben eng mit dem Sternenhimmel verbunden ihr Leben geführt. Die *erklärende Kraft* dieser Wirklichkeit hat ihnen Sicherheit und Geborgenheit vermittelt. Die *voraussagende Kraft* hat ihr Handeln bestimmt.

Die geozentrische Wirklichkeit des Ptolemäus hat für uns eine besondere Bedeutung, weil hier sehr klar hervortritt, auf welche Weise sich diese Wirklichkeit aus ihrem "Samenkorn" entwickelt hat. Daß wir heute alles ganz anders sehen, ist für die Fragestellung des vorliegenden Buches noch viel wertvoller, denn es unterstreicht den Relativitätscharakter der Wirklichkeit besonders deutlich. Man erkennt, daß das antike

Zwei-Kugel-Universum ein fruchtbares wissenschaftliches Weltbild ist, welches hunderte astronomische Details erklären und voraussagen kann. Dieses Beispiel ist für uns besonders lehrreich, weil man die "Gültigkeit" des antiken Weltbildes an klaren Abenden mit eigenen Augen erfahren kann.

Und dennoch: Unsere kopernikanische Wirklichkeit faßt alles ganz anders auf!

3
VIELHEIT UND EINHEIT

Vielheit und Einheit

- Licht
- Farbe
- Heilkunde
- Rashomon
- Magie und Dämonie
- Totalitäre Wirklichkeiten
  - Einfache Rituale führen zur Eskalation
  - Nicht mehr beherrschbare Extremsituationen
  - Wahnsinn und Paranoia
- Fakultative Wirklichkeiten
- Der Ausgangspunkt hat sich verschoben
- Der Urgrund

Im vorhergehenden Kapitel wurde gezeigt, wie man es verstehen kann, daß die ptolemäische Wirklichkeit schrittweise entstanden ist, bis sie ein stabiles Gebäude gebildet hat, welches durch viele Jahrhunderte auch den äußeren Rahmen für fruchtbare Kulturen darstellte.

Sind auch andere Wirklichkeiten, die vor uns stehen, relativ? Wie sehen die Besonderheiten ihrer konstruktiven Gestaltung aus? Es wird wohl kaum möglich sein, diesen Fragen in allen Einzelheiten nachzugehen.

Aber die Wissenschaftsgeschichte und erst recht die Kulturgeschichte zeigt uns viele Beispiele dafür, daß Wirklichkeiten tatsächlich einem Blick durch's Kaleidoskop gleichkommen. Und in allen Fällen wird man erstaunt sein, welche Überzeugungskraft die verschiedenen Wirklichkeiten - trotz ihrer Relativität! - ausstrahlen. Aber nicht nur überzeugend wirken Wirklichkeiten. Jede Wirklichkeit öffnet demjenigen, der in dieser Wirklichkeit beheimatet ist, darüber hinaus einen weiten Spielraum für sein Handeln. In der naturwissenschaftlichen Wirklichkeit beruht die Überzeugungskraft auf der *Methode der Erklärung* und der Spielraum für das Handeln auf der *Methode der Voraussage*. Wir haben ausführlich erörtert, daß Erklärung und Voraussage die gleiche Struktur haben, also eine einzige, gemeinsame Wurzel bilden. Diese gemeinsame Wurzel ermöglicht es, eine naturwissenschaftliche Wirklichkeit klar vor sich zu sehen *und* in dieser Wirklichkeit auch rational handeln zu können.

Der relative Charakter von Wirklichkeiten zeigt sich in vielen Bereichen.

Wissenschaftliche Ansichten, die man heute als "veraltet" betrachtet, sind häufig nach wie vor in der Lage, fruchtbare Erklärungen und Voraussagen zu liefern.[1] An solchen Beispie-

[1] So berechnet man zum Beispiel die Bahnkurven von sehr schnell bewegten Elektronen in Klystron-Senderöhren *relativistisch*, die Bahnkurven von Satelliten dagegen *newtonisch*. Beide Theorien unterscheiden sich aber grundsätzlich

len kann man sich die Relativität von Wirklichkeiten auf einfache Weise vor Augen führen. Hier zeigt sich auch die unterschiedliche Mächtigkeit unterschiedlicher Wirklichkeiten sehr deutlich.

Andere Beispiele für die Relativität von Wirklichkeiten wird man in Kulturen finden, die voneinander scharf getrennt waren und sich daher nicht beeinflussen konnten.

Aber auch im eigenen Kulturkreis findet man schon unter der dünnen Schicht der gegenwärtigen Sichtweise oft sehr fremde Formen von Wirklichkeit.

Aber noch viel näher sind uns Formen von Wirklichkeit, die in unserer Gegenwart beheimatet sind und eine erschreckende Eigendynamik entwickeln.

Jedoch auch das Gegenteil zeigt sich: Wirklichkeiten sind in ihrer *nicht*-verabsolutierten Weise oft wertvolle Qualitäts-Sprünge in der kulturellen Entwicklung.

Einige Beispiele seien herausgegriffen und kurz beleuchtet:

Licht

Ein einfaches Beispiel dafür, wie unterschiedlich sogar eng begrenzte naturwissenschaftliche Wirklichkeiten sein können, ist das Licht. Schon seit den frühen griechischen Naturphilosophen war man an der Wirklichkeit des Lichtes interessiert und man hat bis heute dieses Phänomen mit großem Interesse erforscht. Schon die Grundgesetze der Optik - das Reflexions- und das Brechungsgesetz - ermöglichen die Konstruktion unglaublich subtiler optischer Geräte. Die Wirklichkeit des Lichtes wird man als entschleiert betrachten, wenn man diese Grundgesetze erklären kann. Eine solche Auffassung liegt scheinbar auf der Hand. Auch in der ptolemäischen Wirklichkeit hat man vielfach so gedacht. Es zeigt sich jedoch, daß

voneinander, allein schon deshalb, weil ihre Begriffsstruktur verschieden ist.

man diese Grundgesetze auf ganz unterschiedliche Weise erklären kann:[2] Newton hat sie mechanistisch aus Lichtteilchen erklärt, die in der Materie *schneller* laufen als im Vakuum. Huygens dagegen hat die optischen Grundgesetze durch eine Welle erklärt, die in der Materie *langsamer* läuft als im Vakuum. Fermat hat die optischen Grundgesetze noch einmal anders erklärt; er hat gefunden, daß das Licht stets jenen Weg einschlägt, welcher "am schnellsten zum Ziel" führt[3]; und dieser Weg ist jener, der durch die optischen Grundgesetze festgelegt wird. Und all diese unterschiedlichen Ausgangspunkte und diese unterschiedlichen Arten des Argumentierens erklären auf ihre Art sehr gut die Grundgesetze der Optik. Das ist doch erstaunlich!

Aber auch jenes, was man für die "Natur des Lichtes" hält, hat sich oft gewandelt: Huygens hat im Licht eine *longitudinale* Ätherwelle gesehen. Maxwell eine *transversale* elektromagnetische Welle. Heute kann man den Studenten im Labor unmittelbar zeigen, daß das Licht eine Welle *und* ein Teilchenstrahl ist. Und wenn man mit einzelnen Photonen experimentiert[4], dann zeigt sich das Licht noch einmal anders, näm-

---

2 Eine gute Einführung in diesen Themenkreis, die nicht durch Details überladen ist, findet man bei SEXL [Physik 2B], BERGMANN-SCHAEFER [Mechanik], [Optik], [Elektrizität], GERTHSEN-KNESER [Physik], aber auch NEWTON [Optik].

3 Genau genommen müßte man dieses Prinzip etwas allgemeiner formulieren. Man müßte sagen: "Die optische Weglänge eines zwischen zwei festen Punkten beliebig oft reflektierten oder gebrochenen Strahles besitzt einen Extremwert." Bei gekrümmten Spiegel- oder Brechungsflächen kann nämlich an Stelle des Minimums auch ein Maximum oder ein Sattelwert auftreten. Von diesen Sonderfällen wollen wir hier aber absehen und begnügen uns mit der einfacheren Formulierung.

4 Interessante Photonenexperimente beschreiben PARKER [Single-Photon-Interference], und HORGAN [Quanten-Philosophie]. Aber nicht nur das Licht zeigt einen Wellen- *und* Teilchencharakter. Auch mit Elektronen kann man Experimente machen, die zu ähnlichen Ergebnissen führen. Besonders eindrucksvoll sind jene Versuche, die die Elektronen - zeitlich nacheinander! - durch Doppelspalte schießen. Man kann bei diesen Experimenten das Entstehen und den langsamen Aufbau von Interferenzmustern wie in einem Zeitlupenfilm sichtbar machen (TONOMURA [Single electron]).

lich als *Wahrscheinlichkeitswelle*. Die Welle ist hier nur mehr eine abstrakte, mathematische Konstruktion, die die Wahrscheinlichkeit dafür angibt, daß sich ein Photon hier und jetzt manifestiert.

Diese letzte Form der Lichtwirklichkeit deckt wohl am klarsten und deutlichsten jenes auf, was eine Wirklichkeit ist: Sie ist ein Denkmuster, welches Phänomene miteinander verbindet. Hier ist dieses Denkmuster zu einer mathematischen Konstruktion eingedampft worden, die die Wahrscheinlichkeit dafür angibt, daß die kleinste Einheit des Lichtes (das Photon) bei gewissen Randbedingungen an einem bestimmten Ort, zu einer bestimmten Zeit als Phänomen zur Wirkung kommt.

Für die Konstruktion dieser verschiedenen Wirklichkeiten hat man selbstverständlich stets gute Gründe gehabt. Man sieht hieraus aber sehr deutlich, auf wie unterschiedliche Weise man an die Phänomene herangehen kann.

Farbe

Der Übergang von der Lebenswirklichkeit zur naturwissenschaftlichen Wirklichkeit hat uns vor Augen geführt, daß die Naturwissenschaft ihren Gesichtskreis einengen muß, wenn sie überhaupt zu verläßlichen Aussagen kommen will. Ein strenger Regel-und-Methoden-Kanon war hierfür erforderlich. Und da ist es von besonderem Interesse, daß es in der Geschichte der Wissenschaft ernste Bemühungen gegeben hat, naturwissenschaftliche Wirklichkeiten zu konstruieren, deren Gesichtskreis-Einengung unterschiedlich stark angesetzt worden ist. Es ist nicht überraschend, daß hierbei unterschiedliche Wirklichkeiten entstanden sind. Es gibt zwei leicht zugängliche Monographien hervorragender Denker, die ihre diesbezügliche unterschiedliche Auffassung am Beispiel der Farbwirklichkeit dargestellt haben. Gemeint ist Goethes Farbenlehre und Newtons Sicht der Farben.

Goethes Grundauffassung[5] ist, daß alles eine harmonische Einheit bildet, die aus dem Umfassenden heraus verstanden werden muß: Sein Denken ist daher auf das Ganze gerichtet. Für Goethe ist dabei das "Phänomen" von größter Bedeutung, denn hier ist jenes, *was* erscheint, mit dem unlösbar verbunden, *dem* es sich zeigt. Das Phänomen überbrückt also die uns fast immer gegenwärtige Spaltung von Subjekt und Objekt.

Newtons Denken[6] steht dagegen dem Descartschen Denken nahe. Das Objekt ist das Primäre und das Subjekt und das Subjektive wird ins Sekundäre abgedrängt. Es ist daher folgerichtig, daß Newtons Weise zu sehen, grundsätzlich analytisch und zergliedernd beschaffen ist. Er betrachtet vor allem das Kleine, das Elementare und meint, durch Summation daraus das Ganze gewinnen zu können.

Es ist beeindruckend zu sehen, auf welch unterschiedliche Weise zum Beispiel die vielfältigen Prismen-Experimente und ihre Farbphänomene durch Goethe und Newton erklärt wurden. Goethes Themenkreis ist dabei weiter abgesteckt als der bei Newton. Goethe erforscht auch Farberscheinungen, die dem "Auge angehören" und nicht der physischen Natur ("physiologische Farben") und er befaßt sich auch mit Farben, die durch farblose "Mittel" (das sind Linsen, Gläser, trübe Substanzen, ...) hervorgerufen werden und sowohl subjektiv als auch objektiv beobachtbar sind.[7]

---

5 GOETHE J. W. [FL, did, T], GOETHE J. W. [FL, did, E], GOETHE J. W. [FL, Tafeln], GOETHE J. W. [FL, Hist], GOETHE J. W. [Naturwissenschaft], GOETHE J. W. [Hamburger Ausg.], WEIZSÄCKER [Goethe], MATTHAEI [Goethes Spektren].

6 NEWTON [Optik]

7 Newton beschreibt in seinem Werk sehr eindrucksvoll, daß eine Mischung von Farben, die im Spektrum nebeneinander liegen, eine entsprechende "dazwischenliegende" Mischfarbe ergibt. Professor Oliver Sacks, ein bekannter Neurologe am Albert Einstein College of Medicine, beschreibt ein Experiment, welches überaus verblüffend ist. Er schreibt:
Edwin Land (ohnehin schon berühmt durch seine Erfindung der Polaroidkame-

Goethe ist bei seinen Überlegungen von einem "Farbenkreis" ausgegangen, der eine Dreiheit der einfachen Farben - Gelb, Blau und Purpur - zeigt; dazwischen liegen für ihn die gemischten oder abgeleiteten Farben.[8] Es ist bemerkenswert, daß die moderne Farbmetrik[9] auf ganz ähnliche Ergebnisse kommt.

Goethe analysiert in seiner Farbenlehre an einer großen Zahl von Überlegungen und Beispielen, die er in 920 Paragraphen gliedert, die Zusammenhänge von Licht und Farbe für unterschiedliche Bedingungen und findet dabei zu merkwürdigen Übereinstimmungen und Parallelen, die in unserer heutigen Auffassung von den Farben manchmal nicht gesehen, beziehungsweise in andere Zusammenhänge eingeordnet werden.

---

ra, darüber hinaus aber ein kühner, ja genialer Experimentator und Theoretiker) veranstaltete eine Demonstration, die jeden Anwesenden sprachlos ließ und in der Tat mit der klassischen Farbenlehre ganz und gar unvereinbar war.
Newton hat gezeigt, daß man bei Vermischung von verschiedenfarbigem Licht (zum Beispiel Orange und Gelb) eine Zwischenfarbe erhält (ein Orangegelb). Fast dreihundert Jahre später wiederholte Land das Experiment, aber benutzte das farbige Licht, um schwarzweiße Diapositive eines Stillebens, das mit Filtern in denselben Farben aufgenommen worden war, zu projizieren. Wurde nur der gelbe Lichtstrahl verwendet, sah man ein einfarbiges, gelbes Stilleben; ebenso ergab der orangefarbene Strahl ein einfarbiges Bild in Orange. Von der Kombination beider Strahlen erwartete sich der Zuschauer nun irgendeine Zwischenschattierung, doch was sie statt dessen sahen, war eine jähe Explosion von Rot-, Blau-, Grün- und Purpurtönen, sämtliche Farben des ursprünglichen Stillebens. Unmöglich! Eine Illusion!
Es war in der Tat eine Illusion; allerdings dieselbe, wie es die farbigen Schatten für Goethe gewesen waren - die Sorte Illusion, die ihn zu der Behauptung veranlaßte: 'Optische Illusion ist optische Wahrheit!' (SACKS [Wissenschaft, Seite 149]).

8 GOETHE [FL, did, T §47 f.], GOETHE [FL, Tafeln]

9 RICHTER [Farbmetrik]

Heilkunde

Wenn ein Wirklichkeits-Pluralismus schon im Rahmen eines engen Kulturkreises zu beobachten ist, um wieviel mehr muß er sich erst dann zeigen, wenn man Kulturen betrachtet, die nur wenig miteinander in Berührung gekommen sind. Ein solcher Wirklichkeits-Pluralismus präsentiert sich in ausgeprägter Form im Bereich der Heilkunde, wenn man die europäische zum Beispiel mit der chinesischen Medizin vergleicht.[10] Die chinesische Medizin ist aus einer jahrtausendealten Tradition einer uns wohl völlig fremden Lebenswirklichkeit entstanden. Fremdartige Begriffe bilden im Bereich der Traditionellen Chinesischen Medizin ein zusammenhängendes Gedankengebäude, welches im Vergleich zur westlichen Medizin völlig anders strukturiert ist.[11] Extrem verschiedene heilkund-

[10] Einen ersten Eindruck von der uns sicher sehr fremden, chinesischen Lebenswirklichkeit der vorklassischen und klassischen Zeit vermitteln die Werke von ZENKER [China], JASPERS [Philosophen], GLASENAPP [Weltreligionen], N. N. [I Ging], LAOTSE [Tao], DEUSSEN [Nachveda] und GOETZ [Propyläen, Bd. 1].
Um einen Einblick in medizinische Details zu bekommen, könnte man vor allem das Buch des führenden amerikanischen Experten für östliche Medizin T. J. KAPTCHUK [Chin. Med.] heranziehen. Dieses Werk hält man für einen der wichtigsten Beiträge zur Synthese von westlicher und östlicher medizinischer Theorie und Praxis. Das Lehrbuch über die Grundlagen der Traditionellen Chinesischen Medizin von G. MACIOCIA [Chin. Med.] ist gleichfalls ein wichtiges Standardwerk. Das Buch von BISCHKO [Akupunktur] ist von großer Bedeutung, weil hier ein europäischer Wegbereiter und erfahrener Anwender der Akupunktur grundlegendes Wissen vermittelt und die Umsetzung in die tägliche Praxis beschreibt.

[11] Da ist zum Beispiel das *Yin-Yang-Prinzip* zu erwähnen, welches mit der "Idee der Wandlungen", des stetigen Fließens, verwurzelt ist. Das Yin und Yang ist nicht etwas, was man begrifflich herauslösen und definieren könnte, um festzulegen, was gemeint ist. Das Yin und Yang steht für eine ganze Welt, die in einem ständigen Wandel begriffen ist.
Ein anderer geheimnisvoller Ausdruck, der tief in die chinesische kulturelle Vergangenheit zurückreicht, ist *Qi*. Für diesen Ausdruck gibt es kein deutsches Wort mit gleicher Bedeutung, weshalb es sehr schwer ist, sich darunter etwas Konkretes vorzustellen. Qi meint einerseits das Atmen, das Einziehen und Ausstoßen der Luft. Alte chinesische Philosophen sehen im Qi aber auch etwas, was man mit Ursubstanz, Lebensprinzip, Lebenskraft oder auch Seele übersetzen

liche Wirklichkeiten liegen hier also vor und beide sind in der Lage, durch unterschiedliche Maßnahmen dem Menschen zu helfen und den Kranken zu heilen.

Rashomon

Auf ein ganz anderes Beispiel weist die Frage, ob es eine "Wahrheit" in der Wirklichkeit eines Verbrechens immer gibt. In der alten japanischen Literatur ist dieses Thema oftmals aufgegriffen worden, welches die Gerechtigkeit eines Richterspruches beleuchtet.[12] Da gibt es die alte Legende über "Rashomon", die von einem japanischen Dichter neu erzählt wurde, wo man eindrucksvoll das Auseinanderdriften erfahrener Wirklichkeiten erleben kann. Die Erzählung handelt von der Vergewaltigung einer Frau und vom Tod ihres Ehemannes. Die Aussagen der beteiligten Personen und der Zeugen scheinen auf den ersten Blick zwar übereinzustimmen, doch bei genauem Hinhören gewinnt man den Eindruck, daß hier von verschiedenen Situationen berichtet wird. Geringe Bedeutungsunterschiede im Rahmen des von Zeugen erlebten Geschehens führen zu unterschiedlichen, voneinander unabhängigen Wirklichkeiten. Es erscheint zweifelhaft, ob es eine eindeutige "Wahrheit" in der Wirklichkeit dieses Verbrechens überhaupt gibt.

---

kann. Aber man muß sich davor hüten, hier eine westliche Begriffsbedeutung dem Ausdruck Qi zu unterschieben. Nach uraltem Volksglauben ist das Atmen ein Mittel, die aus dem vereinten Hauch von Yin und Yang bestehende Lebenssubstanz, die das All durchflutet, in sich aufzunehmen und sich so am Leben zu erhalten. Verschiedene Qi-Arten sind in der Traditionellen Chinesischen Medizin bekannt.

Andere Begriffe sind *Jing* und *Shen*, die zum Teil auf magische Kraft-Substanzen und auf Naturgeister zurückgehen.

[12] KATO [Japanische Literatur], AKUTAGAWA [Rashomon].

Magie und Dämonie

Ein weiteres, fast unglaubliches Beispiel sind die magischen und dämonischen Wirklichkeiten. In unserer heutigen Zeit und in unserem Kulturkreis sind sie wohl kaum mehr direkt gegenwärtig. Doch man braucht nur die vielfältigen Werke unserer Volkskunst[13] näher zu betrachten, und man wird finden, daß hier ein sehr reichhaltiges Belegmaterial zu diesem Thema vorliegt.[14] Zumeist tut man solche Wirklichkeiten ab, indem man sagt, daß nur primitive Menschen an so etwas glauben können. Aber eine solche Argumentation greift zu kurz, denn man bemerkt bald, daß bis zu den Anfängen unserer Kultur hervorragende Denker immer wieder auf Magie und Dämonie in ernsten Überlegungen zurückgekommen sind.[15]

---

[13] Hier war man von der Wirksamkeit magischer Praktiken überzeugt, Praktiken, die in der Lage seien, unmittelbar in die Natur eingreifen zu können. Verschiedene Formen von *Wetterzauber, Fruchtbarkeitszauber, Schadenzauber, Liebeszauber, Heilzauber* und *Abwehrzauber* sind bekannt. *Votivfiguren*, die man an heiligen Orten (Kapellen, Wegkreuze) aufgestellt oder vergraben hat, sollten Krankheiten und Gefahren abwehren. *Wehkreuze* sollten eine bevorstehende Geburt erleichtern, *Lochsteine, Tier- und Menschenzähne, Wetterkreuze, Wetterkerzen* und verschiedene *Medaillen* und *Breverln* sollten den Menschen schützen. Der *Granatapfel* war ein Fruchtbarkeitssymbol, welches auch immer wieder in der Malerei dargestellt wurde.

[14] BRAUNECK [Volkskunst]

[15] Ein wichtiges Buch über Magie und andere Geheimlehren in der Antike stammt von LUCK [Magie]. Es enthält neu übersetzte Quellen-Texte und Kommentare zu Fragen der Magie in der griechischen und römischen Antike.
Themen der *Weissagung* berühren zum Beispiel die Werke: PLATON [Werke, 3. Band, Seite 164: Timaios 72], APOLLODOROS [III 12,5], HYGINUS [Fabel 93], AISCHYLOS [Orestie], LUCAN [Pharsalia, 5.86 f.] oder TACITUS [Werke, Annalen II, Nr. 54].
Das Thema *Zauber und Dämonen* berühren: HOMER [Odyssee, X, 145 - 150 und 210 ff.] und HORAZ [5. Epode].
Über den *Fluch* lese man bei SCHIMMEL [Zeichen, Seite 26] oder bei OVID [Ibis] nach.
Ich finde es ferner sehr bemerkenswert, daß zum Beispiel auch die letzte Auflage des Katechismus der katholischen Kirche Fragen der Wahrsagerei und Magie sehr ernst nimmt (N. N. [Katechismus, Absatz 2116 und 2117]).

Auch die Wirksamkeit von Weissagungen wurde, wie der römische Geschichtsschreiber Ammianus Marcellinus berichtet, sehr ernst genommen;[16] auch ausführliche Prozeßakte römischer Gerichte hat es hierüber gegeben.

Ein literarisch besonders eindrucksvolles Dokument stammt von Ovid und zeigt, daß dieser gebildete Mann von der magischen Macht des Fluches zutiefst überzeugt war.

Auch Nekromantie, die Beschwörung der Toten, ist häufig betrieben worden.[17]

Zutiefst unheimliche Wirklichkeiten werden hier sichtbar.

Totalitäre Wirklichkeiten

Wenn man nach in sich geschlossenen Wirklichkeiten Ausschau hält, dann entdeckt man bald auch eine ganze Beispiel-Gruppe, die man totalitäre Wirklichkeiten nennen könnte. Totalitäre Wirklichkeiten meinen solche, die alles sich unterwerfen und aus welchen man, wenn man einmal in ihnen gefangen ist, sich fast nicht mehr befreien kann. Man denkt hierbei im übertragenen Sinn sofort an einen totalitären Staat, in dem in diktatorischer Manier der Mensch mit allem was er ist und besitzt, voll beansprucht wird und einer unbeschränkten Herrschaftsapparatur bis zur Vernichtung untersteht. Totalitäre Wirklichkeiten sind also verabsolutierte Wirklichkeiten, wodurch der Weg, den solche Wirklichkeiten zeigen, als der einzig mögliche Weg für ein Handeln erscheint.

Demgegenüber ist die von uns gemeinte Wirklichkeits-Vielfalt in ihrer Pluralität eigenständig und autonom, denn unterschiedliche Zugangsweisen können unterschiedliche Wirklichkeiten hervorbringen, die alle "richtig" sein können und die aber trotzdem "nicht zusammenpassen" müssen. Jede Wirklichkeit hat ihre eigene ganz spezielle "Sprache". Jede Wirk-

[16] LUCK [Magie, Seite 58 - 60, 69 f., 323 f.]

[17] HOMER [Odyssee, 11. Gesang], N. N. [Bibel, 1 Samuel 28, 3 - 20]

lichkeit sieht sozusagen das Sein auf ihre jeweils besondere Weise. Jede Wirklichkeit ist aber eine legitime Art, das Sein zu interpretieren.

Wenn man das bedenkt, dann merkt man sofort, daß jede Form von Verabsolutierung die Gefahr einer extremen, endgültigen Verarmung mit sich bringt. Denn eine einzige Wirklichkeit schwingt sich in diesem Fall zur Universalwirklichkeit auf und alle anderen Wirklichkeiten werden verdrängt und gehen verloren. Dieser Prozeß der Verabsolutierung wird einem oft gar nicht als so besonders störend bewußt, weil es einem nämlich "erspart bleibt", nicht-zusammenpassende Wirklichkeiten vor sich sehen zu müssen. Dieser vermeintliche Vorteil strahlt sogar eine gewisse Attraktivität aus und zieht sehr oft Massen in ihren Bann, wodurch verabsolutierte Wirklichkeiten ein extremes Naheverhältnis zur Macht haben können.[18] Zwanghafte Mechanismen laufen hierbei ab, die eine unglaubliche Eigendynamik entwickeln.

Einfache Rituale führen zur Eskalation.

In totalitären Wirklichkeiten ist es entscheidend, daß sich die hieran beteiligten Menschen als Einheit empfinden können und daß diese Menschen auch allen anderen Menschen, die nicht zu dieser totalitären Wirklichkeit gehören, als Einheit erscheinen. Maßnahmen zur Generierung von Einheit haben oft den Charakter eines besonderen Rituals. Einfache Ansätze für Rituale zur Identifikation mit der jeweiligen Wirklichkeit kann man schon in Sprachgewohnheiten etwa bei Jugendlichen erkennen. Sobald sie in ihrer Gruppe auftreten und dort auch anerkannt werden wollen, geben sie sich so, wie es das betreffende "Rudelverhalten" erfordert. Aber nicht nur für Jugendliche gilt das; ein modifiziertes Rudelverhalten beachten

---

[18] Das Werk von CANETTI [Masse] ist in dieser Hinsicht eine wertvolle Fundgrube. Canetti zitiert aus historischen Quellen und beleuchtet daran die Mechanismen, die in Massen zur Wirkung kommen und Machtphänomene nach sich ziehen.

auch alle anderen Gruppen bis hin zum Small talk der Gesellschaft.

Rituale zur Förderung von Einheit spiegeln sich aber auch in der Kleidung, der Mode, der allfälligen Uniform, auch im gemeinsamen Singen von Liedern. Eine wirksame Maßnahme zur Förderung des Gemeinschaftsempfindens ist alles, was mit dem Rhythmus zusammenhängt. Man denke an den Rhythmus des Gehens, Marschierens, Laufens. Auch die Flucht einer Herde von Huftieren zeigt ein deutliches Bild von Einheit: Eine ganze Herde flieht vor einer Gefahr und reißt durch diesen Rhythmus des Stampfens alle mit. Gleiches geschieht im Fall der Panik. Auch beim Tanz, der alle Bewegungen synchronisiert, wo jeder Schritt zur Schrittfigur wird, verschmelzen die Tanzenden zur Einheit und es steigert sich die Erregung. Diese Wirkung wird ganz bewußt angestrebt, wenn es gilt, eine Kraftentfaltung zu bewirken. Kriegstänze bei Naturvölkern sind hierfür treffende Beispiele.[19] Erst in ihrer rhythmischen Ekstase sind sie in der Lage, die für einen Überfall erforderliche Aggression aufzubauen. Berichte über Kriegszüge, die südamerikanische Eingeborenen-Stämme gegeneinander führten[20], verdeutlichen sehr eindrucksvoll die Dynamik totalitärer Wirklichkeiten, weil sie im kleinen Rahmen die Gewalt-Eskalation[21] aufzeigen. Die Absurdität der modernen atomaren Be-

---

[19] POLAK [New Zealand] beschreibt einen Kriegstanz der Maori (Eingeborene Neuseelands). In diesem Bericht kommt deutlich zum Ausdruck, daß die Teilnehmer an diesem Tanz sich so verhalten, als wären sie alle zusammen von *einem* Willen belebt. Die ganze Gruppe der Tanzenden wird von *einer* Wirklichkeit beherrscht. Alle Bewegungen sind synchronisiert, jeder stampft, schwenkt die Arme und bewegt den Kopf. Ein paar hundert Menschen nehmen hier teil, sie geraten in eine rhythmische Ekstase, die sie bald aus ihrer gewohnten Lebenswirklichkeit heraushebt. Im Rahmen ihrer normalen Lebenswirklichkeit wären sie nämlich nicht in der Lage, die für einen kriegerischen Überfall erforderliche Aggression auzubauen.

[20] KOCH-GRÜNBERG [Ethnographie]

[21] Solche ethnologische Berichte haben seit fast dreihundert Jahren die Vorstellung gefestigt, daß Naturvölker in einem Zustand leben, den man als Krieg aller gegen alle bezeichnen könnte. Diese Ansicht geht zu einem nicht unerheblichen Anteil auf den englischen Staatsmann und Philosophen Thomas Hobbes (1588 -

drohung als Grenzfall totalitärer Wirklichkeiten erscheint allerdings nicht mehr überbietbar.[22]

Nicht mehr beherrschbare Extremsituationen.
Verabsolutierte Wirklichkeiten sind aber nicht nur durch Demonstration und Exekution von Kraft und Gewalt gefährlich. Verabsolutierte Wirklichkeiten können, auch ohne daß sie es anstreben, in Extremsituationen geraten, die sie nicht mehr zu beherrschen in der Lage sind. Denn verabsolutierte Wirklichkeiten sind monokulturell, es fehlen Gegenkräfte, die sie in einen Gleichgewichtszustand bringen könnten. Es fehlt gleichsam die Distanz der Betrachtung. Man ist ihrer inneren Dynamik dann schutzlos preisgegeben. Es fehlen die Alternativen. Wenn man die Situation aus dem Inneren der betreffenden verabsolutierten Wirklichkeit betrachtet, bemerkt man im allgemeinen viel zu spät die Gefahren und ist ihnen schließlich hilflos ausgeliefert. Von außen gesehen hat man dagegen den Eindruck, einem völlig absurden Geschehen beizuwohnen. Viele Menschen können von solchen Massenphänomenen erfaßt werden und viele können von den oft erschreckenden Auswirkungen betroffen sein. Man kennt Beispiele aus dem

---

1679) zurück.
Hobbes hat die Meinung vertreten, daß die menschliche Natur ursprünglich nur von dem Trieb beherrscht wird, sich selbst zu erhalten und sich selbst Genuß zu verschaffen. Im Naturzustand sind die Menschen also in ständige kriegerische Auseinandersetzungen verwickelt. Erst wenn sie sich durch einen Vertrag im Staat vereinigen und sich einem Herrscher unterwerfen, finden sie zur Möglichkeit eines humanen und friedlichen Lebens. Was der Herrscher sanktioniert, ist gut, das Gegenteil ist verwerflich. Alles ist geregelt. (SCHISCHKOFF [Philosophisches, Seite 300])
Die Arbeiten von FERGUSON [Zerrbild] zeigen dagegen deutlich, daß die von Hobbes gehegte Vorstellung, daß der "gewalttätige Wilde" den Menschen im "Naturzustand" repräsentiert, heute längst nicht mehr aufrecht zu erhalten ist. Erst der Kontakt der Urbevölkerung mit der europäischen Zivilisation hat nämlich zu einer Welle der Gewalt und zu einer Destabilisierung der dort gewachsenen Kultur geführt.

[22] WAGNER [Wissenschaft], DAHL [Verwegenheit, Seite 86], WEIZENBAUM [Verantwortung, Seite 17 f.], FASCHING [Wissenschaft, Seite 47 f.].

Bereich religiöser Wirklichkeiten, wo Teilnehmer in eine Erregung hineingesteigert, durch eine unglückliche Vernetzung von Umständen in eine Panik geraten.[23] In anderen Fällen hat die Eigendynamik zufolge kollektiver Ekstasen zu masochistischen[24] beziehungsweise sadistischen[25] Greueltaten geführt. So schrecklich die Fälle kollektiver Ekstase und sadistischer Ausschreitungen auf uns wirken, sie erscheinen uns harmlos im Vergleich zu jener *ersten* Katastrophe, in die wir uns durch den scheinbar nicht mehr einbremsbaren Kreislauf der totalitären Wissenschaft-Technik-und-Kommerz-Wirklichkeit hineinmanövriert habe. Ich meine die Folgen des bereits absurd hohen Energieverbrauches, der zur Errichtung von Atomkraftwerken geführt hat, die mit erheblichen Risken verbunden sind. Die *erste* Katastrophe ist in Tschernobyl geschehen und wir haben mit großen Augen gesehen, was da alles so vor sich gehen kann.[26] Damit aber nicht genug! Es mangelt in unserer Zivilisation heute nicht an weiteren Symbolen der Absurdität. So wird der *Treibhauseffekt*[27] mit großer Wahrscheinlichkeit zu Klimaänderungen führen. Man nimmt an, daß diese Änderungen die Erde auf lange Sicht für Säugetiere weiträumig unbewohnbar machen. Der Tod von Milliarden von Menschen infolge einer anthropogenen Klimaveränderung ist wahrscheinlich. *Ozonloch* und *Genmanipulation* sind Zündeleien ähnlichen Kalibers.

---

23 STANLEY [Sinai, Seite 354 - 358], CURZON [Monasteries]

24 TITAYNA [Caravane, Seite 110 - 113]

25 WEITBRECHT [Psychiatrie, Seite 142], BLEULER [Psychiatrie]

26 KARISCH [Tschernobyl-Schock], BUCHOWETZ [Tschernobyl], N. N. [Tschernobyl], JOURNAL [Experiment], BAUER [Tschernobyl-Opfer], ZIMMERMANN [Gau], WIELAND [Tschernobyl], WHO [Tschernobyl], FRANKE [Tschernobyl], ROSSNAGEL [Grundrechte].

27 LAUSCH [Treibhaus], KLINGHOLZ [Sintflut], BRETTERBAUER [Klimaentwicklung], HOHMEYER [Klimaänderung].

Wahnsinn und Paranoia.
Als letztes Beispiel für totalitäre Wirklichkeiten sei der Wahnsinn, die Paranoia, genannt.[28] Hier ist im Gegensatz zu den bisherigen Beispielen der Einzelne betroffen. Auch hier führt die Eigendynamik der totalitären Wirklichkeit manchmal in gefährliche Extremsituationen, weil wirklichkeits-pluralistische Gegenkräfte im kranken Menschen fehlen.

Fakultative Wirklichkeiten

Im Rahmen unserer Analyse ist die Wirklichkeit der Inbegriff dessen, was durch eine besondere Interpretation der Anschauungselemente erfahren wird. Die Interpretation geschieht hierbei durch ein freiwillig angenommenes, unveränderlich festgehaltenes Instrument. Durch die Tatsache, daß das Interpretations-Instrument freiwillig aufgegriffen wurde, muß einem bewußt sein, daß die Wirklichkeit in dieser Hinsicht wahlfrei ist und diesbezüglich dem eigenen Ermessen und Belieben überlassen bleibt. Die durch das Interpretations-Instrument aufgespannte Wirklichkeit ermöglicht ein Handeln, welches stets von dieser Wirklichkeit umschlossen bleibt und in ihr erfahren wird.

Fakultative Wirklichkeiten meinen Wirklichkeiten im unverkürzten Sinn. Sie haben den Charakter von Spielen[29] und tragen in sich die Fähigkeit zur Weiterentwicklung. Ihr jeweiliges Regelfundament - ihre Spielregeln - können also vervollkommnet werden. Als geistige Schöpfung nehmen sie eine feste Gestalt als Kulturform an. Fakultative Wirklichkeiten sind also eine bedeutende Voraussetzung für das Entstehen von Kultur. Neu gebildete fakultative Wirklichkeiten sind gleichsam Qualitäts-Sprünge in der kulturellen Entwicklung.

[28] JASPERS [Psychopathologie], BLEULER [Psychiatrie], WEITBRECHT [Psychiatrie], HOFF [Psychiatrie].
[29] HUIZINGA [Homo]

Der Ausgangspunkt hat sich verschoben

Wirklichkeiten haben sich als relativ erwiesen und es war ein ungewohnter Schritt, den wir vollzogen haben: Wir haben nämlich die vermeintliche Absolutheit von Wirklichkeiten losgelassen. Wirklichkeiten sind - so fassen wir es auf - etwas Gewordenes. Das Werden von Wirklichkeiten sehen wir also stets als einen besonderen Strukturierungsvorgang an, der auf einem Urgrund aufliegt, den wir mit der Chiffre Selbst und Sein benannt haben. Dort, wo man eine Sprache hat, wo man etwas zum Ausdruck bringen kann, also im Bereich der Wirklichkeiten, hat man keine Gewißheit, denn man könnte diese Wirklichkeit ja auch ganz anders konstruieren, und dort, wo man tiefe Gewißheit hat, im Bereich des Selbst und des Sein, also im Bereich des "Urgrundes", im Bereich der "Quelle", hat man keine Sprache. Sprache ohne Gewißheit - Gewißheit ohne Sprache?

Unser Ausgangspunkt ist also nicht die naturwissenschaftliche Wirklichkeit, sondern jenes, was jeder Wirklichkeit in sprachloser Gewißheit für uns selbst zugrunde liegt. Unser Ausgangspunkt ist also nicht irgend ein Teil einer Wirklichkeit, wie etwa die Materie, die sich in Raum und Zeit befindet. Unser Ausgangspunkt liegt außerhalb jeder Wirklichkeit, er übersteigt jede Wirklichkeit, er ist in Bezug auf Wirklichkeiten, wie wir sie hier verstehen, transzendent. Dieser transzendente Ausgangspunkt hat sich als Quellpunkt für das Entstehen von Wirklichkeiten gezeigt. Nicht Teil einer Wirklichkeit ist man, sondern man steht jenseits von ihr und bringt sie selbst hervor.

Dieser Gedanke ist der Kerngedanke des Buches.

Das Sichtbarwerden legitimer *Vielheit* war ein wichtiger Schritt, der uns einen Ausweg aus der beklemmenden Dumpfheit einer verabsolutierten Wirklichkeit gezeigt hat. Dieser

Schritt hat uns aber auch noch eine weitere überraschende Einsicht vermittelt: "Man selbst" ist nicht Teil einer Wirklichkeit, sondern man steht außerhalb jeder Wirklichkeit. Die fundamentale *Einheit*, auf der die Wirklichkeiten ruhen, kündigt sich an.

Der Urgrund

Einen Zugang zu dieser Einheit zu finden, aus der jede Wirklichkeit kommt, ist immer wieder versucht worden. Von einem Ich-Erlöschen und einem Ich-Aufgehen im Sein war da die Rede. Uns allerdings, die wir heute sehr stark im rationalen Denken gefangen sind, fällt es schwer, diese Schritte zu gehen. Wir sehen unser Ich in unserer rationalen Wirklichkeit, wir können es nicht loslassen, um in die Tiefe sprachloser Bereiche, die wir Selbst und Sein genannt haben, zu versinken. Es gelingt so schwer, weil uns heute vielfach die Tradition eines meditativen Nachsinnens im philosophisch-metaphysischen, aber auch im mystischen Sinn fehlt.

Beeindruckende Zeugnisse dieser anderen Art des Sehens sind uns aber schon aus weit zurückliegenden Epochen der indischen und chinesischen Kultur überliefert worden. Ein früher Kulminationspunkt des indischen Philosophierens ist die Lehre von Yâjñavalkya, der etwa 800 v. Chr. gewirkt hat. Man kennt[30] von ihm viele, tiefe, geheimnisvolle Verse, die einen Höhepunkt der reinen Lehre seiner Zeit darstellen und von einem Ich-Aufgehen im Sein sprechen. Von ähnlicher Bedeutung sind auch die Texte[31], die man Laotse zuschreibt, der etwa 500 v. Chr. gelebt hat. Auch im Islam hat die Mystik ei-

[30] Deussen gibt in seinem philosophischen Hauptwerk eine umfangreiche Darstellung der indischen Philosophie und zitiert hier auch ausführlich die Verse, die Yâjñavalkya zugeschrieben werden (DEUSSEN [Philosophie, Bd. I]).

[31] In LIN YUTANGs Buch [Laotse] wird die alte, mystische Weisheit der Lehre vom Tao ausgebreitet. Das Buch von SUZUKI [Weg] spannt einen Bogen, der von den östlichen Mystikern bis zur Mystik des Abendlandes reicht.

ne wertvolle Ausprägung erfahren, wenngleich diese Strömungen von der Orthodoxie zum Teil bekämpft wurden. Der Höhepunkt islamischer Mystik lag im 9. bis 13. Jahrhundert und verfolgte das Ziel, die eigene Individualität zurückzudrängen und eine ekstatische Vereinigung mit der Gottheit zu erreichen. Diese Menschen führten als Eremiten ein asketisches Leben und widmeten sich in besonderem Maß der Meditation.[32] Man hat sie Sufis genannt, eine Bezeichnung, die in der arabischen Sprache soviel wie "Wollkleidträger" bedeutet. Sie haben sich auch zu ordensmäßigen Bruderschaften zusammengeschlossen (Derwisch, persisch-türkisch: Bettler).

Aber auch aus der Blütezeit unserer eigenen mittelalterlichen Kultur gibt es Berichte, die von einem Erfahren des Ich-Aufgehens im Sein sprechen. Erste Ansätze zur Mystik gibt es schon im ausklingenden 13. Jahrhundert. Zum Anfang des 14. Jahrhunderts tritt der überragende Mystiker des deutschen Sprachraums, der Dominikaner-Prediger Meister Eckehart auf. Sein Werk ist uns in einer großen Zahl handschriftlicher Texte überliefert, sodaß es in authentischer Form heute leicht zugänglich ist.[33]

Erstaunliche Sätze liest man, wenn man das Werk Eckeharts aufschlägt.[34] Ich sehe in seinen Worten immer wieder die radikale Aufforderung, alle unsere Wirklichkeiten loszulassen, das in unserer rationalen Wirklichkeit verankerte Ich nicht mehr

---

[32] DINZELBACHER [Mystik, Seite 258]

[33] Hier ist wohl an erster Stelle das von Josef Quint übersetzte und herausgegebene Werk ECKEHART [Predigten] zu nennen. Traktate, Predigten und Eckehart-Legenden sind hier in einer sorgfältigen Übertragung in unsere heutige Sprache zu finden. Eine besonders lesenswerte Einführung in das Eckehartsche Denken steht am Anfang des Werkes. Ein ausführlicher Anmerkungsteil verweist auf wissenschaftliche Details der Übersetzung.

[34] Hier muß gesagt werden, daß seine Lehre nicht immer deckungsgleich mit der orthodoxen Lehre der Kirche gewesen ist. Die hier auftretenden Spannungen haben sogar zu einem Inquisitionsverfahren Anlaß gegeben. Im Jahr 1329 hat Papst Johannes XXII. eine Bulle erlassen, in welcher 28 Sätze Meister Eckeharts verdammt worden sind. Den Text der Bulle kann man in deutscher Übersetzung im Buch ECKEHART [Predigten, Seite 449 f.] nachlesen.

festzuhalten und das eigene Selbst im Sein - wie wir es hier nennen - , oder im "göttlichen Abgrund", im "göttlichen Seinsgrund"[35] - wie es Eckehart nennt - versinken zu lassen.

Eckeharts Gedanken sind aufwühlend und von einer außerordentlichen Prägnanz. Sie sprechen in einer anderen Sprache jene Gedanken aus, die wir zu fassen versucht haben: Sein Gott ist "ohne Eigenschaft"; das Sein liegt - wie wir es sagen - jenseits aller Wirklichkeiten. Jede Eigenschaft, jedes Attribut bezieht sich immer auf eine besondere Wirklichkeit, die auf besondere Art geworden ist und damit grundsätzlich zu eng ist für die hier gemeinten weiten Dimensionen. In jeder Eigenschaft, die man diesem Gott in gutem Glauben zuschreiben würde, spiegelt man sich selbst; man sieht nicht Gott, man sieht bestenfalls die selbst erdachte Eigenschaft. Dem Eckehartschen Gott Eigenschaften zuzuschreiben, kommt einer Gotteslästerung gleich:

> Alles, was du da über deinen Gott denkst und sagst, das bist du mehr selber als er, du lästerst ihn, denn, was er wirklich ist, vermögen alle ... nicht zu sagen. ... Drum schweig über ihn, behänge ihn nicht mit den Kleidern der Attribute und Eigenschaften, sondern nimm ihn ohne Eigenschaft.[36] ... Gott ist namenlos, denn von ihm kann niemand etwas aussagen oder erkennen. ... Das Schönste, was der Mensch über Gott auszusagen vermag, besteht darin, daß er aus der Weisheit des inneren Reichtums schweigen könne. Schweig daher und klaffe nicht über Gott.[37]

Aber nicht nur das, Eckehart warnt auch davor, den tiefsten Seinsgrund "erkennen" zu wollen. Jedes Erkennen ist immer ein Erkennen, welches auf eine ganz bestimmte Art und Weise vor sich geht. Jedes Erkennen projiziert eine Wirklichkeit nach bestimmten Regeln, und das was jenseits der Wirklichkeit liegt, kann innerhalb der Wirklichkeit nicht gefunden werden:

> Auch *erkennen* wollen sollst du nichts von Gott, denn Gott ist *über* allem Erkennen. ... Hätte ich einen Gott, den ich erkennen könnte,

[35] ECKEHART [Predigten, Seite 32]
[36] ECKEHART [Predigten, Seite 30]
[37] ECKEHART [Predigten, Seite 353]

> ich würde ihn nimmer für Gott ansehen! Erkennst du nun aber etwas von ihm: er ist nichts davon, und damit, daß du etwas von ihm erkennst, gerätst du in Erkenntnislosigkeit.[38]

In dieser Predigt folgt nun die unglaublich packende Formulierung Eckeharts, die dem Menschen sagt, wie er aus dem Gefängnis seiner Wirklichkeiten herauskommen kann, wie er sich dem tiefsten Seinsgrund nähern kann. Das Ich-Erlöschen, das Ich-Aufgehen im Sein und das sprachlose Versinken in der Einheit, kann kaum besser beschrieben werden:

> Du sollst ganz deinem Deinsein entsinken und in sein Seinsein zerfließen, und es soll dein "Dein" in seinem "Sein" ein "Mein" werden so gänzlich, daß du mit ihm ewig erkennst seine ungewordene Seinsheit und seine unnennbare Nichtheit.[39]

Und noch einmal verstärkt Eckehart diesen Gedanken und spricht es aus, daß dann das Selbst mit dem Seinsgrund identisch wird, daß dann der "Seelenfunke" Gott selbst ist:

> Du sollst ihn bildlos erkennen, unmittelbar und ohne Gleichnis. Soll ich aber Gott auf solche Weise unmittelbar erkennen, so muß *ich* schlechthin *er*, und *er* muß *ich* werden. Genauerhin sage ich: *Gott* muß schlechthin *ich* werden und *ich* schlechthin *Gott*, so völlig eins, daß dieses "Er" und dieses "Ich" Eins ist.[40] ... In der Seele ist etwas, das Gott so verwandt ist, daß es eins ist und nicht (bloß) vereint.[41]

Ganz eigenartig berührt uns auch eine andere Predigt Eckeharts, wo er vom Menschen spricht, der über die Zeit in die Ewigkeit erhoben ist. Denn jenseits von Wirklichkeit gibt es kein Vorher und Nachher:

> Wenn der Mensch erhoben ist über die Zeit in die Ewigkeit, so wirkt dort der Mensch ein Werk mit Gott. Manche Menschen fragen, wieso der Mensch die Werke wirken könne, die Gott vor tausend Jahren gewirkt hat und nach tausend Jahren wirken wird, und verstehen's nicht. In der Ewigkeit gibt es kein Vor und Nach. Darum, was vor tausend Jahren geschehen ist und nach tausend Jahren (geschehen wird) und jetzt geschieht, das ist eins in der Ewigkeit. Darum, was Gott vor tausend Jahren getan und geschaffen hat und

---

[38] ECKEHART [Predigten, Seite 353]
[39] ECKEHART [Predigten, Seite 353 - 354]
[40] ECKEHART [Predigten, Seite 354]
[41] ECKEHART [Predigten, Seite 215]

> nach tausend Jahren (tun wird) und was er jetzt tut, das ist nichts als ein Werk. Darum wirkt der Mensch, der über die Zeit erhoben ist in die Ewigkeit, mit Gott, was Gott vor tausend und nach tausend Jahren gewirkt hat. Auch dies ist für weise Leute eine Sache des Wissens und für grobsinnige eine Sache des Glaubens.[42]

Die Worte Eckeharts lassen uns fast beschämt an unser einfältig wirkendes menschliches Erkennen denken. Eine eher belanglose Auswahl von Anschauungselementen haben wir miteinander zu einer Wirklichkeit verknüpft, die für die eine oder andere menschliche Tätigkeit gewiß recht wertvoll war. Aber weist das Eckehartsche Denken nicht in eine grundlegend andere Richtung? Haben wir hier nicht den Eindruck, daß wir bisher mit unserem "Erkennenwollen" überhaupt in die falsche Richtung Ausschau gehalten haben? Haben uns die lebendigen und bunten Bilder der Wirklichkeit abgelenkt und davon abgehalten nach der eigenschaftslosen Einheit des Seins zu suchen und dort zu verweilen?

[42] ECKEHART [Predigten, Seite 269]

ANHANG

A1 Das naturwissenschaftliche Verknüpfungsinstrument

- Das Regelfundament
- Das methodologische System
  - Klassifikatorische Begriffe
  - Komparative Begriffe
  - Quantitative Begriffe
  - Größenbegriffe
  - Theorien
  - Erklärungen und Voraussagen
- Tatsachen, Wirklichkeit und Realität
- Dynamik von Wirklichkeit

A2 Glossar

Das naturwissenschaftliche Verknüpfungsinstrument

Unter einem Operator versteht man in der Mathematik und Physik eine ideelle Gegebenheit, die auf ein Vorgegebenes einwirkt und dieses verändert.

Eine naturwissenschaftliche Wirklichkeit entsteht durch einen besonderen Operator, der gewisse Elemente der Anschauung aufgreift und auf besondere Weise strukturiert.

Es ist zweckmäßig, für das Wort Operator die einfachere Bezeichnung, "Verknüpfungsinstrument", zu wählen, weil dieses Wort besser zum Ausdruck bringt, daß hier Anschauungselemente zusammengeführt und zur naturwissenschaftlichen Wirklichkeit *verknüpft* werden. Es leuchtet unmittelbar ein, daß dieses Verknüpfungsinstrument eine ganz besondere Bauart haben muß, damit es in der Lage ist, seine komplexe Aufgabe zu erfüllen. Um eine Vorstellung von der Bauart des Verknüpfungsinstrumentes zu vermitteln und auch seine Wirkungsweise zu beleuchten, seien in vereinfachter Sprechweise die Grundgedanken, die hier vorliegen, skizziert.[1] Schon jetzt sei aber darauf hingewiesen, daß man kein "Universal-Verknüpfungsinstrument", welches für alle Situationen gültig ist, finden kann. Und hier ist ein entscheidender Punkt: Unterschiedlich strukturierte Verknüpfungsinstrumente bringen auch in der Naturwissenschaft unterschiedlich strukturierte Wirklichkeiten hervor.

Das Verknüpfungsinstrument, welches die naturwissenschaftliche Wirklichkeit entstehen läßt, besteht aus mehreren Komponenten, die miteinander komplex verflochten sind:

- Ein Regelfundament sortiert die zugelassenen Phänomene heraus. Alles, was den Regeln nicht genügt, wird beiseitegelegt.
- Begriffe und Theorien bilden ein methodologisches System, welches Anschauungselemente aufgreift und gestaltend zusammenführt. Vieles bleibt zurück, und aus der Unzahl der Gestaltungsmöglichkeiten wird bloß eine ganz bestimmte Möglichkeit aufgegriffen.
- Eine Struktur wird sichtbar: Tatsachen, Wirklichkeit und Realität treten hervor.
- Die naturwissenschaftliche Wirklichkeit, die hierdurch hervorgebracht wird, läßt eine ganz besondere Dynamik erkennen, deren Hauptformen beleuchtet werden.

[1] Diese Thematik ist ausführlicher in den Arbeiten FASCHING [Gegenwurf], [Wirklichkeit], [Verl. Wirklichkeit] und [Werkstoffe] dargestellt, wo auch ausführliche Bibliographien zu diesen Themen angegeben sind, weshalb hier davon abgesehen wird, die Literaturstellen noch einmal anzuführen.

Das Regelfundament

Um die typisch naturwissenschaftlichen Phänomene herauszupräparieren, müssen gewisse Regeln eingehalten werden:

○ *Die Erfahrung* gilt als Quelle allen Wissens. Nur Beobachtbares läßt man als Wirklichkeit gelten. Nur experimentell Erfahrbares darf in unseren Wissensschatz einfließen.

○ *Die Widerspruchsfreiheit* ist eine zweite, fast selbstverständliche Forderung. Alle Aussagen müssen auf logisch kohärente Weise miteinander verbunden werden. Die Mathematik und Geometrie stellen uns für diesen Zweck verschiedene Sondermethoden als Hilfsmittel zur Verfügung: Vektorrechnung und Funktionenlehre, Integral- und Differentialrechnung, Chaostheorie und fuzzy logic finden breite Anwendung.

○ *Das Falsifikationsprinzip* beherrscht das naturwissenschaftliche Denken, seitdem sich herausgestellt hat, daß es kein Beweisverfahren für die endgültige Wahrheit naturwissenschaftlicher Theorien gibt. Das fundamentale Vorgehen ist in der Naturwissenschaft also neuerdings ein Widerlegungsverfahren: Man prüft, ob eine Theorie falsch ist. Und solange das nicht der Fall ist, kann man es wagen, sie zu verwenden. Dieses Prinzip hat einen nicht unerheblichen Einfluß auf die Struktur naturwissenschaftlicher Theorien. Theorien und ihre Aussagen müssen eine solche Bauart haben, daß sie zumindest im Prinzip mit naturwissenschaftlichen Methoden widerlegbar sind. Aussagen, die sich grundsätzlich der Erfahrbarkeit entziehen, sind verdächtig und finden keinen Eingang in den Wissensschatz.

○ *Die Reproduzierbarkeit* faßt man gleichfalls als eine unverzichtbare Regel auf. Experimente, die man im Rahmen einer naturwissenschaftlichen Wirklichkeit ausführt, müssen bei gleichartiger Wiederholung immer wieder gleichartig ablaufen. Nur Zufälliges entzieht sich offenbar der Reproduzierbarkeit.

○ *Die Kausalität* meint eine Verkettung von Aussagen: Ohne Ursache geschieht nichts. Ursache und Wirkung bilden eine Kette, die aus der Vergangenheit kommt, durch die Gegenwart läuft und in der Zukunft verschwindet.[2] "Theorien", die sich der Kausalität entziehen, die also gar

---

[2] Man achte darauf, daß man die Kausalitäts-Vorstellung nicht zu eng auslegt: Auch in der Quantenmechanik liegt eine strenge Kausalität vor. Ein deterministisches Sukzessionsgesetz $W_i \Rightarrow \mathbf{S} \Rightarrow W_j$ existiert hier, welches eine vorgegebene Wahrscheinlichkeitsverteilung W_i in eine genau definierte zukünftige Wahrscheinlichkeitsverteilung W_j überführt. Dem **S** entspricht die Schrödingergleichung. Der Indeterminismus der Quantenmechanik ist also ein Zustandsindeterminismus.

nichts mehr miteinander verketten, sagen im naturwissenschaftlichen Sinn nichts aus.

○ *Die Kumulativität des Wissens* ist eine Eigenschaft, die dem Naturwissenschaftler besonders am Herzen liegt. Alles, was man heute in gültiger Weise erkannt hat, soll auch in Zukunft gültig bleiben. Nur wenn richtig erkanntes Wissen für alle Zeiten richtig bleibt, läßt sich Wissen kumulieren und damit ein verläßliches Gebäude der Naturwissenschaft errichten.

Diese Regeln hat man sich als Idealisierungen zu denken. Es wäre natürlich vorteilhaft, wenn man in allen Teilgebieten der Wissenschaft diese Regeln in völlig gleicher Weise anwenden könnte, um eine einheitliche naturwissenschaftliche Wirklichkeit hervorzubringen. Doch da gibt es Schwierigkeiten. In verschiedenen Wissenschaftsbereichen muß man nämlich zur Kenntnis nehmen, daß manche dieser Regeln nicht haltbar sind.[3]

---

[3] In manchen Bereichen der Wissenschaft entschließt man sich dazu, gewisse Grundregeln aufzulockern, um die Fruchtbarkeit des betreffenden Wissenschaftsbereiches nicht zu beschneiden.
Beispielsweise wird man die *Reproduzierbarkeit* in der Psychologie nicht so streng fassen, wie in der klassischen Mechanik.
Auch wird man die *Erfahrung* als Quelle des Wissens nicht immer nur auf die experimentelle Erfahrung einschränken dürfen; Astronomen können zum Beispiel nur selten experimentieren; sie müssen sich zumeist mit der Beobachtung zufrieden geben. Ähnlich geht es auch dem Mediziner, wenn er bei seiner Forschung zum Beispiel mit Fragen der Ethik in Konflikt zu kommen droht.
Besonders interessant sind auch die Regeln, die die *"Widerspruchsfreiheit"* meinen. Ich denke da zum Beispiel an die neuerdings da und dort im Rampenlicht erscheinende Katastrophen- und Chaostheorie. Es liegt auf der Hand, daß eine Mathematik, die Diskontinuitäten und Instabilitäten denkbar macht, dem Anwender dieser Mathematik ein anderes Bild der Welt, ja eine andere Wirklichkeit zeigt, als jenem, der in seinem Denken immer nur "stetige Prozesse" sehen kann. Plötzlich "versteht" man, warum manchmal Brücken einstürzen, warum sich Zellen teilen oder warum Hunde (aber auch Staaten) schlagartig aggressiv werden können, ohne daß sich das vorher irgendwie angekündigt hätte. Anstelle immer nur in Kategorien einer "linearen Ursache und Wirkung" zu denken, treten hier eher ganzheitliche "Zusammenhänge" in mehrdimensionaler, oft auch stark nichtlinearer Vernetzung in den Vordergrund. Viele Wissensbereiche werden also angesprochen. Ein anderes bekanntes Beispiel für eine Veränderung des Regelfundamentes im Bereich der "Widerspruchsfreiheit" zeigt uns die Allgemeine Relativitätstheorie: Man mußte in diesem Fall die euklidische Geometrie zugunsten der nicht-euklidischen Geometrie aufgeben.
Wollte man wirklich auf der *Kumulativität des Wissens* in aller Strenge bestehen, dann müßte man statistische Gesetzmäßigkeiten verbieten, weil diese in die "Hempel'sche epistemische Relativität" führen. Aussagen sind in diesem Fall dann nur mehr relativ zur betreffenden Wissenssituation gültig. In einer anderen Wissenssituation können sie ungültig sein. So wichtig die Kumulativität des

Wollte man sie dennoch erzwingen, dann würde die betreffende Wissenschaft zu keinen Aussagen finden.

Das methodologische System

In einem besonderen Akt wissenschaftlicher Kreativität werden Begriffe und Theorien gebildet. Der Erfinder einer Theorie steckt allerdings in einer viel schwierigeren Situation, als jene, die später der Anwender dieser Theorie vorfindet. Der Erfinder steht nämlich vor einer Unzahl von Phänomenen, die er zunächst nur in einer Sprache beschreiben kann, die die typischen Spezialbegriffe, die später einmal in seiner Theorie erstmalig vorkommen werden, noch nicht enthält. Es fehlen ihm gleichsam die Worte und es fehlen auch die dazugehörigen Gesetzmäßigkeiten, um die Phänomene in eine bestimmte Ordnung bringen zu können. Der Erfinder einer Theorie muß also beides - die Gesetzmäßigkeiten *und* die Spezialbegriffe[4] - in einem einzigen Geburtsakt hervorbringen. Das macht das Erfinden neuer Theorien so schwer und läßt hinterher, wenn man die Spezialbegriffe einmal kennt, alles so einfach und selbstverständlich erscheinen. Obwohl man also genau genommen die Begriffs- und die Theoriebildung nicht voneinander trennen kann, seien sie hier im Text dennoch voneinander separiert dargestellt.

Man gliedert die Begriffe in klassifikatorische, komparative, quantitative Begriffe und Größenbegriffe. Die klassifikatorischen Begriffe sind die einfachsten, die Größenbegriffe sind die informativsten Begriffe. Die Begriffe bauen aufeinander auf und bilden in ihrer Gesamtheit eine ganze Begriffspyramide. Jede Begriffsform beruht dabei auf exakt vorgegebenen Begriffsbildungsmethoden und ihre Gültigkeit ist von einer ganzen Reihe von Bedingungen, Forderungen und Postulaten abhängig. Beginnen wir mit der einfachsten Begriffsform:

Wissens auch ist, man wird sie nicht erzwingen können, denn manche Wissenschaftsbereiche können statistische Gesetze nicht entbehren.
Man sieht also, daß man nicht allzu starr sein sollte. Man wird den Anforderungen in der Wissenschaft durch erhöhte Flexibilität und durch immer neue Denkmuster besser gerecht.

[4] Die Spezialbegriffe einer solchen Theorie T nennt man oft die T-theoretischen Begriffe.

Klassifikatorische Begriffe

Klassifikatorische Begriffe nennt man auch qualitative Begriffe. Solche Begriffe sind nichts anderes als eine Einteilung eines Gegenstandsbereiches in einander ausschließende Klassen. (Beispiele: die Elemente *Gold* und *Blei*; *amorph; kristallin; ...*)

Wissenschaftliche klassifikatorische Begriffe sind angemessen formuliert, wenn sie den sogenannten Adäquatheitsbedingungen genügen:

1. Adäquatheitsbedingung: Die durch klassifikatorische Begriffe festgelegten Klassen müssen voneinander scharf abgegrenzt sein. Die Klassen müssen sich wechselseitig ausschließen. Es darf nicht der Fall eintreten, daß irgendein Gegenstand zu zwei Klassen gleichzeitig gehört.

2. Adäquatheitsbedingung: Die Klasseneinteilung muß erschöpfend sein. Jeder Gegenstand des Gegenstandsbereiches muß also in irgendeine der Klassen hineinfallen.

Komparative Begriffe

Komparative Begriffe sind Relationsbegriffe, die es erlauben, einen Vergleich anzustellen und nach größer-gleich-kleiner zu differenzieren, ohne daß bereits der quantitative Begriff, der dann darüber hinaus sogar eine Zahlenzuordnung vornimmt, vorweggenommen wird. (Beispiel: Gold ist *schwerer* als Blei; der Stern Beteigeuze leuchtet *heller* als der Stern Rigel.)

Komparative Begriffe werden eingeführt über konventionelle Regeln, die sich zweier Relationen bedienen, nämlich der Vorgängerrelation V und der Koinzidenzrelation K.

1. *Die Vorgängerrelation xVy* besagt, daß der Begriffsgegenstand x dem Begriffsgegenstand y im Sinn der Reihenordnung vorangeht. (Beispiel: Kristall x ist nicht so hart wie Kristall y.)
2. *Die Koinzidenzrelation xKy* besagt, daß der Begriffsgegenstand x vom Begriffsgegenstand y im Sinn der Reihenordnung nicht zu unterscheiden ist. (Beispiel: Kristall x ist genau so hart wie Kristall y.)

Ob eine Vorgängerrelation oder eine Koinzidenzrelation vorliegt, ist mit Hilfe einer empirischen Untersuchung festzustellen. (Beispiel: Methode der Mohs'schen Härteskala.)

Um eine Ordnung im komparativen Begriffssinn zu realisieren, müssen die Vorgänger- und Koinzidenzrelationen die nachfolgend genannten Postulate erfüllen:

Postulat 1 besagt, daß die Relation K totalreflexiv ist. Das heißt: Für alle x gilt, daß x mit sich selbst koinzident ist.

Postulat 2 besagt, daß die Relation K symmetrisch ist. Das heißt: Für alle x und für alle y gilt, daß bei einer Koinzidenz von x und y diese auch für y und x gilt.

Postulat 3 besagt, daß die Relation K transitiv ist. Das heißt: Für alle x, y und z gilt, daß bei einer Koinzidenz zwischen x und y sowie zwischen y und z, auch eine Koinzidenz zwischen x und z gelten muß.

Aus den Postulaten 1 bis 3 ersieht man, daß die Koinzidenzrelation zunächst eine Klasseneinteilung erzeugt. Die komparative Ordnung wird sodann durch die Ordnungsrelation V eingeführt.

Postulat 4 besagt, daß auch die Relation V transitiv ist. Das heißt: Für alle x, y und z hat der Zusammenhang zu gelten, daß für den Fall, daß x ein Vorgänger von y ist und weiters y ein Vorgänger von z ist, damit auch x ein Vorgänger von z sein muß.

Postulat 5 besagt, daß die Relation V K-irreflexiv ist. Das heißt: Es darf kein Element x, welches zu einem anderen Element y in der Koinzidenzrelation steht, zu diesem anderen Element y in der Vorgängerrelation stehen. Oder auch: Kein x kann sich selbst vorangehen.

Postulat 6 sagt aus, daß die Vorgängerrelationen K-zusammenhängend sind. Das heißt: Entweder koinzidieren x und y miteinander oder das eine ist der Vorgänger vom anderen.

Um die Gültigkeit eines komparativen Begriffes sicherzustellen, ist zu überprüfen, ob die für die betreffende Begriffsdefinition gewählte empirische Vorgangsweise den Postulaten genügt. Es ist ja nicht sicher, ob die experimentelle Methode, die man zur Feststellung der Koinzidenz- oder der Vorgängerrelation verwendet, alle erwähnten Postulate erfüllt. Beispielsweise beruht in der Mineralogie der Härtebegriff der Mohs'schen Härteskala auf Ritzversuchen. Die Vorgängerrelation ist dadurch definiert, daß jener Körper als der härtere angesehen wird, der den anderen ritzen kann, und die Koinzidenzrelation definiert zwei Körper dann als gleich hart, wenn sie sich wechselseitig nicht ritzen können. Die sechs Postulate fordern, daß *alle* Gegenstände des Gegenstandsbereiches, also *alle* Mineralien in die experimentelle Überprüfung einbezogen werden müssen und man *erst dann* von einer gültigen Begriffsdefinition sprechen kann. Es leuchtet ein, daß das schwer möglich sein wird und daß daher jeder komparative Begriff eine im Prinzip unverifizierbare hypothetische Verallgemeinerung ist. Aber auch die experimentellen Besonderheiten der Definition der Vorgänger- und Koinzidenzrelation können zu Schwierigkeiten führen. Beispielsweise gibt es Mineralien, die sich wechselweise "ein wenig" ritzen. Gilt jetzt gleichzeitig xVy und yVx ? Oder beim Kalkspat zeigt sich zum Beispiel bei einem Ritzen in Richtung von der stumpfen Ecke zu einer Seitenecke eine größere Härte als auf der selben Linie in entgegengesetzter Richtung. Man sieht hieraus wohl deutlich, daß es nicht selbstverständlich ist, daß die Postulate erfüllt sind.

Quantitative Begriffe

Während der komparative Begriff zu Aussagen wie "Apatit ist härter als Bleiglanz" führt, bringen quantitative Begriffe eine weitere Verschärfung der Begriffsform mit sich. Mit quantitativen Begriffen kann man zum Beispiel folgende Aussagen gewinnen: "Den unterschiedlich langen Stäben A und B konnten als Längen die Zahlenwerte 1,7 und 5,1 zugeordnet werden." Hieraus kann man zum Beispiel schließen, daß der Stab B 3-mal so lang ist als der Stab A. Komparative Begriffe erlauben natürlich nicht solche Schlußfolgerungen. Wir werden später sehen, daß der sogenannte Größenbegriff im Vergleich zum Quantitativen Begriff zu noch allgemeineren Aussagen fähig ist.

Quantitative Begriffe werden unter Zuhilfenahme eines Funktors definiert, wobei Adäquatheitsbedingungen gewährleisten, daß der quantitative Begriff mit dem komparativen Begriff im Einklang steht. Die Metrisierungsregeln und das Kommensurabilitätsprinzip führen schließlich zum quantitativen Begriff.

Der quantitative Begriff wird als eine numerische Funktion

$$f(u) = v$$

eingeführt. Den Argumenten u (zum Beispiel verschieden langen Stäben) wird mittels des Funktors f ein Zahlenwert v zugeordnet. Der quantitative Begriff steht mit dem komparativen Begriff im Einklang, wenn die folgenden Adäquatheitsbedingungen erfüllt sind:

1) Jedem Argument $x \varepsilon B$ des Argumentbereiches B wird eine reelle Zahl $f(x)$ zugeordnet.

2) Für alle Argumente $x \varepsilon B$ und alle $y \varepsilon B$ gilt: Wenn xKy, dann ist $f(x) = f(y)$.

3) Für alle Argumente $x \varepsilon B$ und alle $y \varepsilon B$ gilt: Wenn xVy, dann ist $f(x) < f(y)$.

Durch diese Adäquatheitsbedingungen gewinnt man zunächst eine sogenannte Ordinalskala.

Metrisierungsregeln und Kommensurabilitätsprinzip führen schließlich zur Aussage der Quantität.

Die 1. Metrisierungsregel ist die Einheitenregel. Hier wird einem Standardobjekt k per Konvention der rationale Zahlenwert r zugeordnet. Zumeist ist $r = 1$.

Die 2. Metrisierungsregel ist das Additivitätsprinzip. Für alle $x \varepsilon B$ und $y \varepsilon B$ gilt:

$$f(x \circ y) = f(x) + f(y).$$

Hierin bedeutet das Symbol $\circ$ die Durchführung einer Operation genau definierter Art zur Kombination physischer Objekte zur Bildung eines neuen physischen Objektes. Beispiel: $\circ$ bedeutet Hintereinanderlegen von Stäben längs einer geraden Linie zu einer neuen Gesamtlänge; oder: bedeutet Zusammengießen von Flüssigkeiten zu einem Gesamtvolumen.

Das Kommensurabilitätsprinzip besagt, daß jedes $x \varepsilon B$ mit Hilfe der Relation K und der Operation $\circ$ mit dem Standardobjekt k kommensurabel ist. Die Kommensurabilität ist dabei unter folgenden Bedingungen gewährleistet:

1. Es gibt im Grundbereich Objekte $y_1 \dots y_n$, die die in den nachfolgenden Punkten 2 bis 4 genannten Forderungen erfüllen.
2. Für beliebige y_i und y_j obiger Objekte gilt $y_i K y_j$. Das heißt: Es gibt n gleich große sogenannte Hilfsstandardobjekte y_i
3. Es gibt eine Zahl l ($l<n$), sodaß $(y_1 \circ y_2 \circ \dots \circ y_l)Kk$. Das heißt: l Stück Hilfsstandardobjekte koinzidieren mit dem Standardobjekt k.
4. Es gibt eine Zahl s ($s<n$), sodaß $(y_1 \circ y_2 \circ \dots \circ y_s)Kx$. Das heißt: s Stück Hilfsstandardobjekte koinzidieren mit dem zu vermessenden Objekt x. Daher ist:

$$l \,.\, f(y_i) = r$$
$$s \,.\, f(y_i) = f(x),$$

und damit ist

$$f(x) = s \,.\, (r/l).$$

Dem Objekt wird durch den Vorgang der Metrisierung der rationale Zahlenwert s . (r/l) zugeordnet. Die Metrisierung wird also auf den Prozeß des Zählens zurückgeführt.

Es muß darauf hingewiesen werden, daß auch der quantitative Begriff mit Hilfe verschiedener Regeln und Bedingungen eingeführt wurde, deren Gültigkeit jedoch nicht selbstverständlich ist. Die Überprüfung erweist sich unversehens als recht komplex und manche Annahmen sind gar nicht so plausibel, wie sie im ersten Moment erscheinen. (Zum Beispiel: Zur Zeitmetrisierung muß man von einem *exakt* periodischen Vorgang Gebrauch machen. Woran kann man aber eigentlich - *bevor* man noch die Zeit metrisiert hat - erkennen, daß ein periodischer Vorgang wirklich "exakt" periodisch ist?) Wir stehen also wieder vor ähnlichen erkenntnistheoretischen Problemen wie bei den komparativen Begriffen.

Größenbegriffe

Der Größenbegriff ist eine besonders wichtige Begriffsform, er findet sich in allen Größengleichungen der Physik und Technik. Beim quantitativen Begriff haben wir gesehen, daß ein konkreter Funktor f_i in Verbindung mit einem konkreten Standardobjekt k_i unter Berücksichtigung des zugehörigen Postulatapparates p_i den physikalischen Gegebenheiten Zahlenwerte zugeordnet hat. Der Größenbegriff nimmt im Gegensatz dazu jetzt *nicht* mehr Bezug auf ein bestimmtes f_i-k_i-p_i-Tripel , sondern er läßt diese Frage offen. Im allgemeinen gibt es ja verschiedene Methoden, wie man einen quantitativen Begriff bilden kann. Man kann etwa die Länge einer Strecke in Meter oder Zoll messen, man kann sie mit festen Maßstäben bestimmen oder aus Interferenzmessung an Lichtstrahlen ermitteln oder aus der gemessenen Laufzeit einer elektromagnetischen Welle. Der Größenbegriff läßt die Frage des f_i-k_i-p_i-Tripels offen, er wird daher unabhängig von den Zufälligkeiten "seines Koordinatensystems". Der Größenbegriff ist dadurch für die Darstellung allgemeiner physikalischer Zusammenhänge besonders geeignet.

Größenbegriffe werden durch [G]-Operatoren konstruiert. Der [G]-Operator besteht dabei aus folgenden Teilen:

1. Funktorkatalog F. Er enthält alle Funktoren f_i.
2. Standardobjekt-Bereich K. Er enthält alle Standardobjekte k_i.
3. Postulats-Katalog P. Er enthält alle Postulate p_i.
4. Abkürzungssymbol [G], welches die Aussagen 1 bis 3 symbolisch zusammenfaßt.

Die *Größenart* G wird durch den multiplikativen Ausdruck

$$G = \{G\} \,.\, [G]$$

definiert. {G} ist dabei jener Zahlenwert, der sich ergeben würde, wenn man aus dem [G]-Operator ein bestimmtes f_i-k_i-p_i-Tripel herausgreift und auf ein Objekt x anwendet. Diesen auf den konkreten Fall (f_i-k_i-p_i-Tripel) reduzierten [G]-Operator nennt man "Einheit". Eine *konkrete Größe* besteht somit aus dem Produkt Zahlenwert {G} mal Einheit [G], also zum Beispiel: 17cm. Der Größenbegriff ist adäquat definiert, wenn die in Zahlen ausgedrückten Größenverhältnisse der einzelnen Objekte invariant gegen einen f_i-k_i-p_i-Wechsel sind.

Das heute übliche Internationale Einheitensystem (SI, Systéme International d'Unités) geht von sieben Basisgrößen (Kilogramm, Sekunde, Meter, Ampere, Kelvin, Candela und Mol) aus und entwickelt hieraus die in Naturwissenschaft und Technik üblichen Größenbegriffe[5].

[5] Eine Definition der wichtigsten Größenbegriffe findet man bei FASCHING [Werkstoffe], [Gegenwurf].

Theorien

Mit dem Schlagwort Theorie kann sehr unterschiedliches gemeint sein. Man kann an die einfachsten Gebilde, die Theorie-Elemente, denken oder ganze Theorienetze mit ihrer komplizierten Dynamik, bis hin zu Theorie-Revolutionen im Auge haben. Wir wollen hier zunächst den einfachsten Fall betrachten und das Theorie-Element beleuchten.

Bei der Besprechung der Begriffe haben wir darauf hingewiesen, daß die Begriffs-und-Theorie-Bildung zum Teil in einem einzigen Geburtsakt vor sich gehen muß. Um die Spezialbegriffe der Theorie zu bilden, muß man bereits die Theorie kennen, und um die Theorie zu bilden, müssen die Spezialbegriffe bereits bekannt sein. Das Aufstellen einer neuen naturwissenschaftlichen Theorie ist aus diesem Grund sehr schwierig und stellt einen extrem kreativen Akt dar, der nur wenigen Wissenschaftlern gelingt.

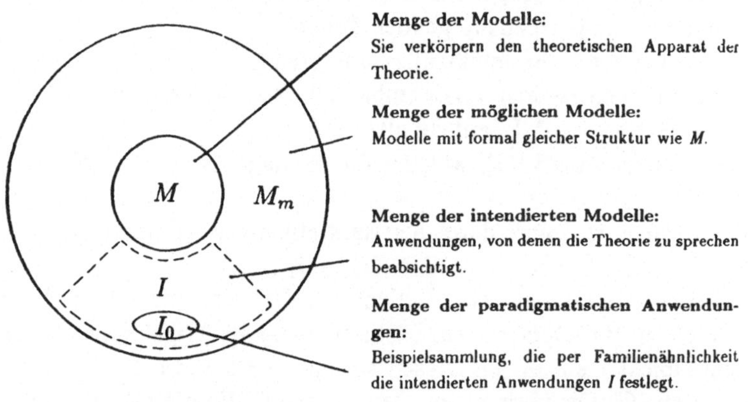

Abbildung 1

Jedes Theorie-Element besteht aus 4 verschiedenen Mengen und einer empirischen Aussage. Die Abbildung 1 zeigt eine symbolische Darstellung:

1. Ein Theorie-Element beinhaltet als erstes und wichtigstes die sogenannte *Menge der Modelle M*, die den theoretischen Apparat der Theorie verkörpert und alle Begriffe und alle gesetzlichen Bedingungen, zum Beispiel in Form mathematischer Strukturen, enthält. Wenn man in vereinfachter Argumentation als Beispiel die Newtonsche Theorie heranzieht, so vereinfacht sich die Menge der Modelle M auf ein Modellbild aus punktförmigen Massen an denen Kräfte angreifen und Beschleunigungen feststellbar sind. Die gesetzlichen Bedingungen reduzieren sich in diesem Fall auf die mathematische Beziehung: Kraft ist Masse mal Beschleunigung. Damit ist aber das Theorie-Element noch nicht vollständig aufgestellt; es fehlen noch 3 weitere Mengen.

2. Das Theorie-Element beinhaltet zweitens die *Menge der möglichen Modelle* M_m. Diese Menge ist eine sehr umfassende Menge, sie faßt alle Gegebenheiten zusammen, die im Prinzip die gleiche allgemeine Struktur wie die Modelle haben und die sich auch durch solche *Begriffe* beschreiben lassen, wie es die Theorie verlangt. Die Bezeichnung "mögliche" Modelle will dabei zum Ausdruck bringen, daß in dieser umfassenden Sammlung noch nicht festgestellt wurde, ob wirklich jede dieser Gegebenheiten den *gesetzlichen* Bedingungen des Formelgerüstes tatsächlich genügt. In unserem Beispiel wären neben den zitierten Punktmassen fliegende Geschoße, bremsende Autos, Planetensysteme, Ebbe und Flut, fallende Birkenblätter und vieles mehr zu nennen. Uns leuchtet dabei sofort ein, daß in einer solchen Sammlung manche Gegebenheiten auftreten werden, auf die die Theorie zunächst nicht anzuwenden ist. Etwa auf das vom Baum segelnde Birkenblatt. Nur ein kleinerer Teil der möglichen Modelle M_m ist also von der Theorie gemeint oder intendiert.

3. Im Theorie-Element wird daher auch eine *Menge der intendierten Anwendungen I* abgegrenzt. Diese Menge umfaßt jenen Bereich von Anwendungen, von denen die Theorie zu sprechen beabsichtigt. Es ist selbstverständlich, daß die intendierten Anwendungen ein Teil der möglichen Modelle sind. Die strichlierte Umrandung im Bild deutet an, daß es gar nicht einfach sein wird, die intendierten Anwendungen anzugeben, weil man sie ja nicht einfach aufzählen kann - es sind ja im allgemeinen unendlich viele Fälle zu berücksichtigen. Dieses Problem der Charakterisierung, welche Anwendungen aus M_m *intendierte* Anwendungen sind, wird durch die sogenannten paradigmatischen Anwendungen gelöst.

4. Die *Menge der paradigmatischen Anwendungen* I_0 hat die Aufgabe, die Menge der intendierten Anwendungen I zu umreißen. Alles, was zu den paradigmatischen Anwendungen eine gewisse "Familienähnlichkeit" hat, gilt als intendierte Anwendung. Die Menge der paradigmatischen Anwendungen ist etwa in den Lehrbüchern zu finden und zwar in den dort

durchgesprochenen praktischen Anwendungen der Theorie, sowie in den selbst zu erarbeitenden Übungsbeispielen. Mit diesem Rüstzeug ist man dann später in der Lage, den theoretischen Apparat der Theorie mehr oder minder erfolgreich selbst anzuwenden.

5. Das Theorie-Element muß auch eine *empirische Aussage* machen, eine Aussage, die überprüfbar ist und die die Theorie gegebenenfalls auch zu Fall bringen kann. Theorien, die grundsätzlich *nicht* falsifizierbar sind, sind gar keine Theorien der Naturwissenschaft. Die empirische Aussage eines Theorie-Elementes lautet in allgemeiner Sprechweise: "*Jedes* mögliche Modell M_m, welches zu den intendierten Anwendungen I unserer Theorie gehört, ist ein Fall für diese Theorie."

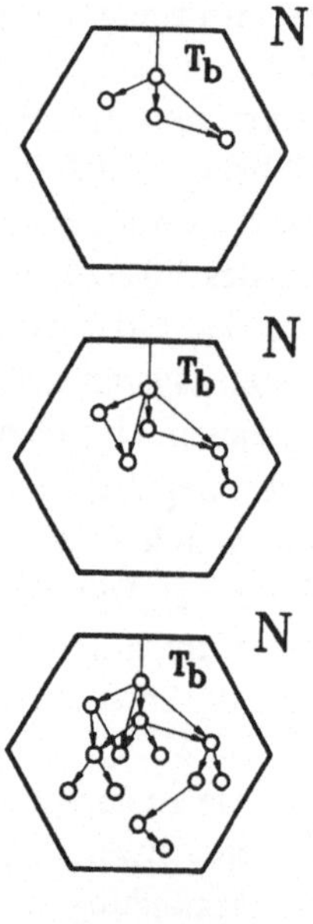

Abbildung 2

Paradigmatische Anwendungen I_0 geben uns also mehr oder minder verläßliche Hinweise, von welchen Anwendungen I das Theorie-Element, dessen theoretischer Apparat durch die Modelle M verkörpert wird, zu sprechen beabsichtigt. Solange die empirische Aussage der Theorie (siehe Punkt 5) nicht widerlegt ist, dürfen wir hoffen, die Theorie erfolgreich anwenden zu können. Man erkennt, daß die vereinbarten Regeln (Erfahrung, Widerspruchsfreiheit, Falsifikationsprinzip, ...) sich im Theorie-Element wiederfinden.

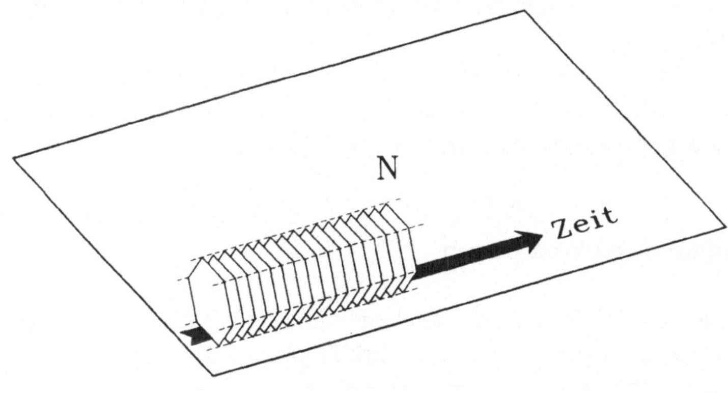

Abbildung 3

Ein erstmals erdachtes, neues Theorie-Element ist natürlich noch nicht das, was später einmal unter einer entwickelten Theorie zu verstehen ist. Aber dennoch ist diese erste Keimzelle für alles, was später folgt, von entscheidender Bedeutung. Aus dieser ersten Keimzelle der Theorie, dem sogenannten Theorie-Basiselement, entwickeln sich bald weitere Theorie-Elemente, und es entsteht im Lauf der Zeit ein vernetztes System, das sogenannte Theorienetz. Die Abbildung 2 zeigt drei Momentaufnahmen der Entwicklung eines solchen Theorienetzes. Die kleinen Kreise sind Theorie-Elemente, deren Feinstruktur wir in Abbildung 1 kennengelernt haben. Das erste Teilbild zeigt ein noch recht wenig entwickeltes Theorienetz N. Den Ausgangspunkt bildet das Theorie-Basiselement, welches durch den kleinen, mit T_b beschrifteten Kreis symbolisiert ist. Wenn dieser erste theoretische Basisgedanke fruchtbar ist, dann können sich durch Spezialisierungen und Erweiterungen zusätzliche Theorie-Elemente[6] bilden, die miteinander verwoben sind. Das zweite und dritte Teilbild zeigen, daß das Theorienetz im Lauf der Zeit immer reichhaltiger und dabei immer aussagekräftiger wird. Dieser Wandel darf uns aber nicht vergessen lassen, daß dem ganzen Theorienetz ein fester und unveränderlicher Ausgangspunkt, nämlich das Theorie-Basiselement T_b zugrundeliegt. Das immer gleich bleibende Theorie-Basiselement, also die erste Keimzelle der Theo-

[6] Ein vereinfachtes Beispiel möge erläutern, was hier gemeint ist: Wenn das Theorie-Basiselement z.B. den freien Fall im Vakuum erfassen kann, dann könnte ein zusätzliches Theorie-Element den Einfluß des Luftwiderstandes berücksichtigen. Falls die Dichte der Luft dabei sehr groß ist, könnte es notwendig sein, durch ein weiteres, zusätzliches Theorie-Element den Auftrieb des Körpers in Rechnung zu stellen usw.

rie, von der alles ausgeht, verhilft dem Theorienetz N, auch wenn es sich ständig verändert, zur eigenen Identität. Die gleichbleibende Identität der Theorie wird durch den stets gleichbleibenden sechseckigen Rahmen dargestellt.

Die Abbildung 3 zeigt symbolisch diese historische Entwicklung. Hier haben wir die tatsächliche Feinstruktur der Theorienetze im Inneren der sechseckigen Rahmen nicht noch einmal dargestellt.

Erklärungen und Voraussagen

Begriffe und Theorien ermöglichen wissenschaftliche Erklärungen und Voraussagen. Begriffe, Theorien, Erklärungen und Voraussagen sind die Grundbestandteile der wissenschaftlichen Methode. Eine wissenschaftliche *Erklärung* ist nichts anderes als eine Antwort auf eine Warum-Frage. Eine Erklärung ist eine (im günstigsten Fall) logische Schlußfolgerung, die uns auf diese Weise zwingend verstehen läßt, warum ein bestimmtes Ereignis eingetreten ist. Eine wissenschaftliche Erklärung weist nach, daß das beobachtete Phänomen mit der Theorie und den sogenannten Randbedingungen im Einklang ist. Ob eine solche Erklärung aber im wissenschaftlichen Sinn auch wirklich angemessen ist, ist oft gar nicht einfach zu entscheiden. Unvollkommene Erklärungen sind in der naturwissenschaftlichen Praxis daher oft nicht zu vermeiden.

Deterministische Erklärung.
Im Rahmen einer wissenschaftlichen deterministischen Erklärung wird aus Antecedensbedingungen (Anfangsbedingungen, Randbedingungen) und allgemeinen Gesetzmäßigkeiten über einen Argumentationsschritt das zu erklärende Ereignis logisch erschlossen.

$A_1, A_2, \dots A_m$	Antecedensbedingungen
$G_1, G_2, \dots G_n$	Gesetzmäßigkeiten
___________	Argumentationsschritt ["mit Sicherheit", "mit Notwendigkeit"]
E	zu erklärendes Ereignis

Die Antecedensbedingungen und die Gesetzmäßigkeiten bilden das Explanans, sie bilden die Prämissen. Das zu erklärende Ereignis ist das Explanandum, ist die Conclusio. Der Übergang von den Prämissen zur Conclusio, also der Argumentationsschritt (es war ein logischer Schluß), gilt "mit Sicherheit" oder "mit logischer Notwendigkeit". Die diesbezügliche

Anmerkung in unserem obigen Schema soll uns daran erinnern. In einer etwas allgemeineren Schreibweise besagt das Schema:

$$\frac{\begin{array}{l}Fa\\ \Lambda x\,(Fx \Rightarrow Gx)\end{array}}{Ga} \qquad \text{[mit Notwendigkeit]}$$

Hierin bedeutet die erste Zeile eine Zusammenfassung aller Antecedensbedingungen zu der Behauptung, daß a ein F ist. Die zweite Zeile formuliert die allgemeine deterministische Gesetzmäßigkeit: "Für jedes x gilt: wenn x ein F ist, dann ist x immer auch ein G." Eine logische Folge der Antecedensbedingung und der allgemeinen deterministischen Gesetzmäßigkeit ist die Conclusio, daß a auch ein G sein muß.[7]

Es ist ganz wichtig zu betonen, daß eine allgemeine Gesetzmäßigkeit - kurz: ein Gesetz - eine allgemeine Behauptung ist, die sich auf eine potentiell unendlich große Klasse von Fällen bezieht; unser oben angeschriebenes Gesetz enthält als erstes Symbol daher auch den Allquantor Λ. Eine Aussage, die nur über eine endliche Klasse von Fällen etwas behauptet, ist dagegen kein Gesetz. Einer endlichen Konjunktion von singulären Sätzen fehlt das Erklärungsvermögen. Die gerne als Beispiel zitierte Aussage "Alle Birnen in diesem Korb sind süß" vermag nicht in unserem Sinn zu erklären, warum jene Birne dort - und wenn sie auch wirklich im Korb gewesen ist - tatsächlich süß ist. Gesetze dagegen machen eine Allaussage; sie umfassen alle tatsächlichen und möglichen, zukünftigen oder vergangenen Fälle. Auch auf irreale Konditionalsätze sind sie anzuwenden: "Wenn dieser Eisenstab erhitzt worden wäre, dann hätte er sich ausgedehnt." Bei endlichen Konjunktionen singulärer Sätze ist das nicht so: "Wenn diese Birne im Korb gewesen wäre, dann wäre sie süß", wird man nicht gelten lassen wollen.

Statistische Gesetze.

Während die vorhin dargestellte deterministische Gesetzesaussage behauptet, daß jeder Einzelfall von F *immer* auch ein Einzelfall von G ist, stellt ein statistisches Gesetz eine gewisse Abschwächung dar. Man schreibt

$$p(G, F) = r$$

[7] Beispiel: Deterministische Gesetzmäßigkeit: "Alle Gegenstände deren Dichte kleiner als jene von Wasser ist, können schwimmen." Antecedensbedingung: "Der Gegenstand x hat eine geringere Dichte als Wasser." Conclusio: "x kann schwimmen."

und meint unter dieser elementaren statistischen Aussage folgenden Sachverhalt: Die statistische Wahrscheinlichkeit p (probability) dafür, daß ein Einzelfall von F auch ein Einzelfall von G ist, ist ihrem Zahlenwert nach gleich r.

Streng zu beachten ist auch hier bei den statistischen Gesetzen, genau so wie bei .den deterministischen Gesetzen, daß sich die betreffende Behauptung auf eine potentiell unendliche Klasse von Fällen bezieht. Es bezieht sich das probabilistische Gesetz also nicht bloß auf die tatsächlichen Einzelfälle, sondern auch auf die möglichen, zukünftigen oder vergangenen Fälle. Auch der Satz - "Wenn man mit diesem regulären Spielwürfel sehr viele Würfelversuche unternähme, dann würde in etwa 1/6 der Fälle die Augenzahl 5 als Ergebnis auftreten" - wird durch das Gesetz gedeckt.

Eine gewisse Berührungsfläche zwischen deterministischen und statistischen Gesetzen scheinen die beiden Fälle

$$\Lambda x\,(Fx \Rightarrow Gx) \quad \text{und}$$
$$p(G, F) \Rightarrow 1$$

zu haben. Man beachte aber, daß diese beiden Aussagen nicht logisch äquivalent sind. Die zweite Beziehung sagt für den Fall einer praktischen Anwendung aus, daß der Bruchteil der Einzelfälle von F, die auch Einzelfälle von G sind, im Großen gesehn (aber dennoch endlich viele Fälle!) *angenähert* gleich 1 ist. Oder: Bei einer großen Zahl von F-Fällen sind *fast* alle diese Fälle auch G-Fälle. Ein einziger "Ausreißer" im Bereich einer solchen endlichen Menge würde die erste Beziehung sofort widerlegen, die zweite Beziehung aber hinsichtlich ihrer guten Bestätigung noch lange nicht schädigen. Sogar sehr viele Gegenbeispiele vermögen in Relation zu der potentiell unendlichen Klasse von Fällen, von denen das statistische Gesetz spricht, den Wahrscheinlichkeitswert 1 nicht zu erschüttern. Eine interessante Frage ist in diesem Zusammenhang die für naturwissenschaftliche Aussagen unverzichtbare Forderung der Falsifizierbarkeit: Wieviele Gegenbeispiele sind in einem solchen Fall für eine Widerlegung erforderlich?

Statistische Erklärungen

Um zu einer Grundform einer statistischen Erklärung zu kommen, scheint es fürs erste naheliegend zu sein, die deterministische Erklärung entsprechend zu verallgemeinern. Man ersetzt hierzu die deterministische Gesetzmäßigkeit im Erklärungsschema durch ein statistisches Gesetz und relativiert den Argumentationsschritt:

Fa
p(G, F) ist fast 1

═══════════ [es ist praktisch sicher]

Ga

Durch die doppelt gezogene Linie deutet man an, daß hier kein logisch deduktiver Argumentationsschritt vorliegt. Die Conclusio, daß a ein G ist, folgt aus den Prämissen nicht mit logischer Notwendigkeit, sondern hier liegt bloß eine abgeschwächte Form vor: "es ist praktisch sicher". Der Doppelstrich bringt zum Ausdruck, daß hier eine induktiv-statistische Beziehung vorliegt, wobei der Grad der Bestätigung, die die Conclusio durch die Prämissen erfährt, in eckiger Klammer angegeben wird.[8]

Problem der Mehrdeutigkeit

HEMPEL ist bei seiner Analyse der induktiv-statistischen Erklärung auf ein ganz eigenartiges Phänomen der Mehrdeutigkeit gestoßen, welches in krassem Gegensatz zu den Verhältnissen bei der deterministischen Erklärung steht. Betrachtet man die Aussage

Fa
p(G, F) = r

═══════ [r]

Ga

und nimmt an, daß der Zahlenwert r fast gleich 1 ist, dann folgt die Conclusio, daß a ein G ist, mit praktischer Sicherheit aus den genannten Prämissen. HEMPEL hat gefunden, daß es aber immer wieder geschehen kann, daß ein rivalisierendes Argument auftaucht:

F*a
p(¬ G, F*) = r*

═══════════ [r*]

¬ Ga

[8] Wir bedienen uns hier einer vereinfachten Argumentation. Insbesondere müßte man an dieser Stelle vom CARNAPschen Bestätigungsgrad sprechen.

Auch hier sei der Zahlenwert r* fast gleich 1. a ist also nicht nur, wie vorhin gesagt, ein F, sondern, wie jetzt festgestellt wird, auch ein F*. Das angeführte statistische Gesetz sagt aus, daß mit hoher Wahrscheinlichkeit ein F* ein ¬ G, also ein Nicht-G ist. Es folgt mit praktischer Sicherheit aus den genannten Prämissen die Conclusio, daß a ein Nicht-G ist. Wir sehen also, daß aus der Conclusio das eine Mal *mit praktischer Sicherheit* "a ist ein G" folgt und das andere Mal, ebenso *mit praktischer Sicherheit* "a ist ein Nicht-G" sich ergibt. Diese Mehrdeutigkeit kommt dadurch zustande, daß a einmal der Bezugsklasse F und das andere Mal der Bezugsklasse F* mit vollem Recht und ohne sich in Widersprüche zu verstricken zugeordnet werden kann, wobei unterschiedliche Gesetze mit unterschiedlichen Wahrscheinlichkeiten (r und r*) vorliegen.[9]

Beiden konträr lautenden Aussagen wird wegen der erwähnten Prozentsätze hohe Sicherheit attestiert. Auf welche Aussage soll man sich jetzt eigentlich verlassen? In dieser Form, wo diese Frage ungeklärt ist, können also statistische Erklärungen jedenfalls nicht rational akzeptierbar sein.

Die Einbeziehung der Wissenssituation.
Ohne den umfangreichen Überlegungen im Schrifttum im Detail nachzugehen, sei nur erwähnt, daß der praktisch einzige Ausweg aus dieser Mehrdeutigkeit in Hempels "Forderung nach maximaler Spezifizierung" gesehen wird. Eine statistische Erklärung ist hiernach - vereinfacht gesagt - nur dann rational akzeptierbar, wenn man *alle* hiermit verbundenen Sachverhalte einbezieht, die auf die Conclusio einen Einfluß haben könnten. Alle einschlägigen Informationen, die in der betreffenden Wissenssituation K enthalten sind, sind also mit großer Gewissenhaftigkeit zu berücksichtigen.

Die epistemische Relativität.
Hempels Forderung kennzeichnet, ob eine bestimmte statistische Erklärung rational akzeptierbar ist. Allerdings muß man sich bei der Anwendung dieser Forderung zwangsläufig auf eine bestimmte, zum Beispiel momentan aktuelle Wissenssituation K_t beziehen. Es ist bemerkenswert, daß hierbei jetzt aber ein entscheidender Wandel im Begriff der statisti-

[9] Man kann sich diese Situation an einem sehr einfachen Beispiel deutlich vor Augen führen. Folgende statistische Gesetze mögen gelten:
"2% aller Schweden sind römisch-katholisch."
"98% aller Menschen, die nach Lourdes pilgern, sind römisch-katholisch."
Wenn eine Person a sowohl in die Bezugsklasse F (a = Schwede) *als auch* in die Bezugsklasse F* (a = Lourdes-Pilger) fällt, dann ergibt sich das eine Mal mit praktischer Sicherheit (98%), daß "a ein Nicht-Katholik" und das andere Mal ebenso mit praktischer Sicherheit (gleichfalls 98%) "a ein Katholik" ist.

schen Erklärung eintritt: Es gibt nämlich keine statistische Erklärung schlechthin, sondern es gibt stets nur eine statistische Erklärung in einer bestimmten Wissenssituation. Man kann daher nur von "statistischen Erklärungen relativ zur Wissenssituation K_t" sprechen und wir sehen uns damit einem Phänomen gegenüber, welches man *epistemische Relativität* genannt hat.

Setzt man also voraus, daß die Prämissen der betreffenden Erklärung eine hervorragende Bestätigung erfahren haben und daß sich an der Güte der Bestätigung nichts ändert, oder noch besser, setzt man voraus, daß die Prämissen der Erklärung sogar wahr sind, dann ist immer noch mit einer epistemischen Relativität zu rechnen. Die betreffende Erklärung kann nämlich durch statistische Gesetze beeinträchtigt werden, *die gar nicht zu den Prämissen der betrachteten Erklärung gehören.* Diese Beeinträchtigung beruht darauf, daß rivalisierende statistische Argumente konstruierbar werden. Selbst bei absoluter Wahrheit der Prämissen und bei gewissenhaftester Einhaltung der "Forderung nach maximaler Spezifizierung" kann sich die statistische Erklärung in einer zukünftigen Wissenssituation $K_{t'}$ als inadäquat herausstellen.

Die bisher fraglose *Kumulativität* des Wissens, die bei absoluter Wahrheit des Explanans und richtigem logischen Argumentationsschritt bei deterministischen Gesetzen gewährleistet war, ist bei statistischen Gesetzen also unterbrochen.

Das Paradigma für rationale Erklärungen.

Die weitere Analyse dieser Situation führt schließlich überhaupt zu einem Wandel der Vorstellung, was man als Paradigma für rationale Erklärungen sehen soll: Ein Ereignis E ist hiernach erklärt, wenn durch Auffinden geeigneter Gesetze G und geeigneter Randbedingungen A die Glaubenswahrscheinlichkeit für das Eintreten dieses Ereignisses gesteigert wurde.

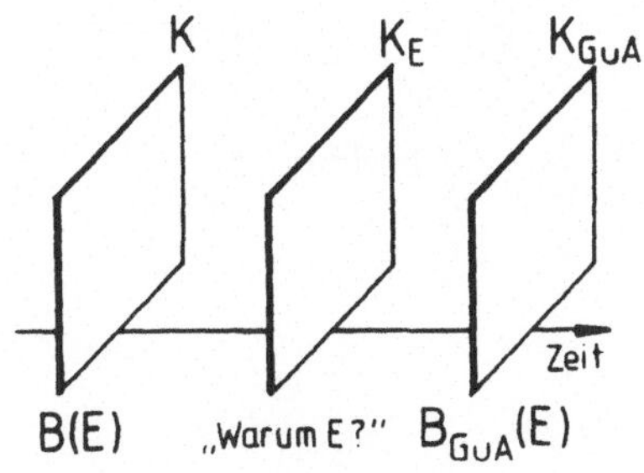

Abbildung 4

Die Abbildung 4 zeigt schematisch, was man daher unter einer rationalen Erklärung zu verstehen hat: In der Wissenssituation K ist die Glaubenswahrscheinlichkeit für das Eintreten des Ereignisses E gleich B(E). Es möge nun, bis zu einem gewissen Grad wider Erwarten, das Ereignis E geschehen und damit die Frage aufgeworfen werden: "Warum E?" Nach Hinzufügen der Gesetze G und der Randbedingungen A verschärft sich die Wissenssituation zu $K_{G \cup A}$ und liefert eine höhere Glaubenswahrscheinlichkeit $B_{G \cup A}(E)$, die man jetzt als Erklärung wertet. Die Bedingung für eine rationale Erklärung ist also

$$B_{G \cup A}(E) > B(E)$$

Voraussagen.

Neben Erklärungen haben in der wissenschaftlichen Praxis auch *Voraussagen* eine zentrale Bedeutung. Sie ermöglichen nämlich das technisch-wissenschaftliche Handeln. Wissenschafliche Voraussagen sind in ihrer Struktur analog gebaut wie Erklärungen. Sie unterscheiden sich lediglich darin, daß bei der Voraussage das behandelte Phänomen noch in der Zukunft liegt. Die Abbildung 5 zeigt das Schema des Paradigmas einer rationalen Voraussage. Auch hier ist die Bedingung

$$B_{G \cup A}(E) > B(E)$$

zu erfüllen.

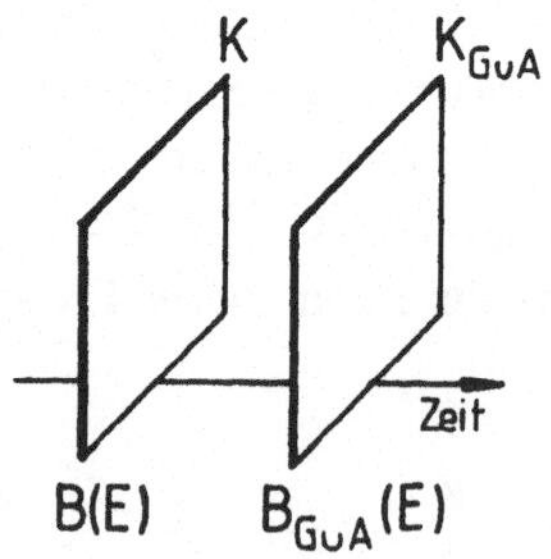

Abbildung 5

Tatsachen, Wirklichkeit und Realität

Das Regelfundament (Erfahrung, Widerspruchsfreiheit, Reproduzierbarkeit, ...) und die wissenschaftliche Methode (Begriffe, Theorie, Erklärung und Voraussage) setzen einen Erkenntnisprozeß in Gang, der zu Ergebnissen führt, die eine besondere *Struktur* aufweisen. Es wird sich zeigen, daß die strukturellen Details für das große Vertrauen verantwortlich sind, welches der Betrachter von Naturwissenschaft und Technik dieser mächtigen kulturellen Institution heute entgegenbringt. Die hier gemeinten strukturellen Details sind das, was man Tatsache, Wirklichkeit und Realität nennt.

Tatsachen sind für den Naturwissenschaftler Elemente der Wirklichkeit. Nicht alles, was uns kritiklos in den Sinn kommt, werden wir als naturwissenschaftliche Tatsache einstufen. Nicht irgendwie stoßen wir auf naturwissenschaftliche Tatsachen. Tatsachen werden erst durch eine sorgfältig ausgefeilte Vorgangsweise sichtbar: Vereinbarte Regeln sind einzuhalten, die wissenschaftliche Methode ist anzuwenden. Erfahrung, Widerspruchsfreiheit und Reproduzierbarkeit, Begriffe, Theorien und Erklärungen wirken zusammen, um Tatsachen erkennbar zu machen. Im Rahmen der Naturwissenschaft werden Tatsachen zumeist durch Experimente aus der Natur erfragt. Die "Antwort", die man auf ein solches Experiment erhält, stuft man als Tatsache ein. Tatsachen sind also nicht einfach da, sondern sie entwickeln sich für den Forscher durch seinen forschenden Zugriff. Und gerade dabei zeigt sich, daß das methodengelenkte Experimentieren Tatsachen ans Tageslicht hebt, die eine besondere Eigenschaft aufweisen: Diese Tatsachen stehen nämlich nicht beziehungslos nebeneinander, sondern sie weisen durch ihre vielfältige Verzahnung auf ein Umfassenderes hin, welches man naturwissenschaftliche Wirklichkeit nennt.

Die Wirklichkeit ist für den Naturwissenschaftler also der Inbegriff dessen, was erfahren wird. Unsere naturwissenschaftliche Wirklichkeit ruht auf Tatsachen, ruht auf "Antworten", die sich aus Experimenten ergeben und die auf den Experimentator *wirken*. Die Gesamtheit all dieser Antworten führt uns die naturwissenschaftliche Wirklichkeit vor Augen. Aber noch einmal läßt sich diese Wirklichkeit verschärfen. Wir erinnern uns an das Regelfundament und der dort fixierten Forderung nach einer Reproduzierbarkeit aller Erfahrungen. Reproduzierbar soll ein Forschungsergebnis aber nicht nur für den Entdecker einer neuen Einsicht sein, sondern Forschungsergebnisse müssen sich auch ganz generell einer umfassenden Überprüfung stellen. Dadurch findet man zu einer noch größeren Gewißheit, man findet dabei zu jenem, was man naturwissenschaftliche Realität nennt.

Eine Realität ist für den Naturwissenschaftler also eine intersubjektive Wirklichkeit, eine Wirklichkeit, die für jedes erkennende Wesen, für jedes Subjekt gültig ist. Eine solche intersubjektive Wirklichkeit bezeichnet man oft auch als eine objektive Wirklichkeit.

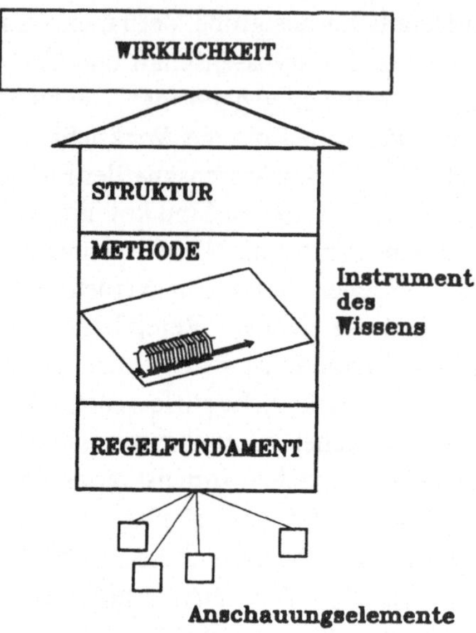

Abbildung 6

Die Abbildung 6 will das bisher Gesagte auch in einer Graphik zum Ausdruck bringen. Der überdimensionale Pfeil, der in der Mitte des Bildes von unten nach oben weist, symbolisiert das Instrument des naturwissenschaftlichen Wissens, symbolisiert das naturwissenschaftliche Verknüpfungsinstrument, also das naturwissenschaftliche Wissens-Werkzeug. Auf der Basis des *Regelfundamentes* ruht die *Methode* mit ihren Begriffen, Theorien, Erklärungen und Voraussagen. Das naturwissenschaftliche Regelfundament und die Methode sind die Basis für die verläßliche und stabile *Struktur* in Form von Tatsachen, Wirklichkeit und Realität. Aus der Abbildung 6 kann man in symbolischer Art die Wirkungsweise des Instrumentes naturwissenschaftlichen Wissens entnehmen: Ausgewählte Phänomene, ausgewählte Anschauungselemente - das sind im Bild die kleinen Quadrate - werden aufgegriffen, durch das Instrument des naturwissenschaftlichen Wissens zusammengeführt und werden als Wirklichkeit sichtbar. In jenem Feld, das in der Abbildung 6 mit "Wirklichkeit" beschriftet ist, können wir all das eintragen, was wir auf diese Weise als Wirklichkeit erkannt haben: Das Weltall mit seinen Himmelskörpern, bis hin zu den Kristallen, Molekülen und Atomen.

Dynamik von Wirklichkeit

Die naturwissenschaftliche Wirklichkeit entsteht durch das Instrument des Wissens, welches gewisse Elemente der Anschauung aufgreift und auf besondere Weise strukturiert. Die Wirklichkeit, die auf diese Weise entsteht, ist kein stationäres Gebilde, sondern es weist eine Dynamik auf.

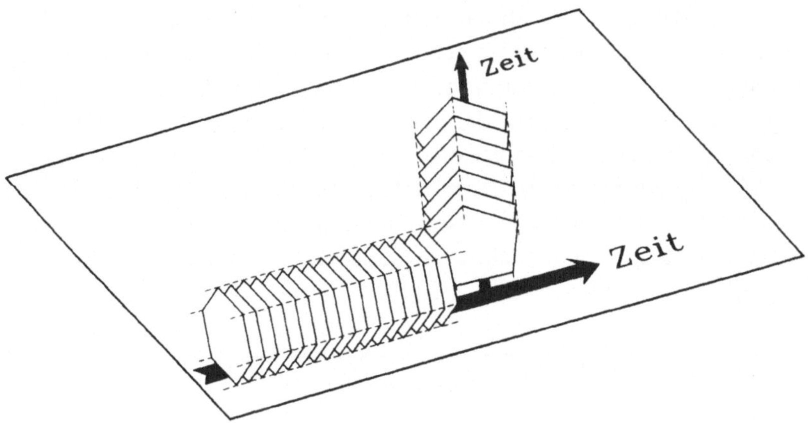

Abbildung 7

Eine erste Ursache für diese Dynamik kann man schon der Abbildung 6 entnehmen: In dem mit "Methode" beschrifteten Feld erinnert uns die skizzierte historische Entwicklung des Theorienetzes daran, daß das Theorienetz im Lauf der Zeit immer reichhaltiger und dabei immer aussagekräftiger wird. Es ist das der dynamische Prozeß des Fortganges der *"Normalen Wissenchaft"*. Durch den Fortgang der Forschungsarbeit werden die Theorienetze im Lauf der Zeit immer reichhaltiger und aussagekräftiger. Durch ständige experimentelle Überprüfung und Anwendung der Methode auf immer neue Gegebenheiten verändert sich das Begriffs-Theorie-Erklärungs-Geflecht und die dadurch zu Tage geförderte intersubjektive Wirklichkeit, die Realität also, schmiegt sich immer enger an ihren "Forschungsgegenstand" an, der zwar nicht unmittelbar zu betasten ist, der aber immer besser abgebildet wird. Es ist sicher nicht verfehlt, wenn man hier von *Realität der Fortschrittsasymptote* spricht. Sie ist zwar nicht greifbar, denn sie liegt sozusagen noch in der Zukunft, sie ist also etwas, was man in Zukunft einmal erfahren wird. Jeder Tag bringt neue Erkenntnisse und das Feld der Wirklichkeit wird immer reichhaltiger. Diese Dynamik zeigt eine Wirklichkeit, die sich in mehr oder minder geordneter Weise verändert. Man hat dabei den Eindruck, daß man sich immer mehr einer Fortschrittsasymptote annähert. Man hat sie zwar noch nicht erreicht, aber man ist am besten Weg dazu.

Eine Dynamik anderer Art wird bei *wissenschaftlichen Revolutionen* sichtbar. Es zeigt sich, daß sich auch Fundamente bewegen können. Ausgelöst werden solche wissenschaftliche Revolutionen zumeist durch widerspenstige Anwendungen, die sich hartnäckig einer Erfassung durch das Theorienetz widersetzen, obwohl sie eigentlich zu den intendierten Anwendungen gehören müßten. Die traditionelle Theorie wird in ihrer Bedeutung zurückgedrängt und man ist auf der Suche nach einem neuen Theorie-Basiselement T_b', um auch diese widerspenstigen Anwendungen erfassen und einer Lösung zuführen zu können. Solche Revolutionen beschränken sich oft nicht bloß auf die Methode (und verändern damit Begriffe und Theorien), sondern sie greifen manchmal auch auf das Regelfundament über und verändern es.

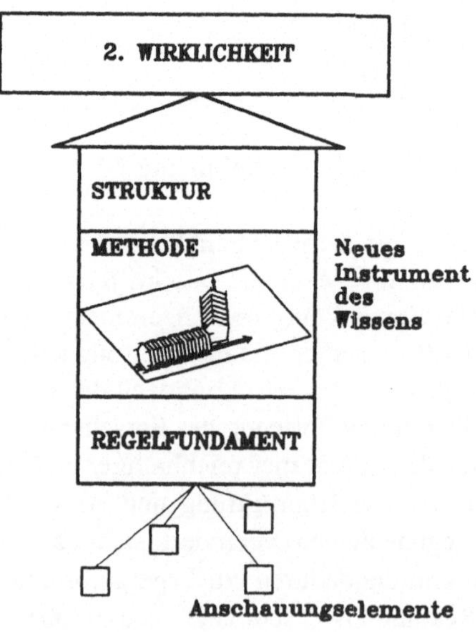

Abbildung 8

Bei einer wissenschaftlichen Revolution hat man also mit der Tradition gebrochen. Ein neues Theorie-Basiselement T_b' ist aufgetaucht, in dem neue Begriffe und neue Theorien vorkommen, die sich aus dem alten Theorienetz nicht ergeben hätten und von dort gesehen, also unverständlich sind.[10] Die Entwicklung geht nun in eine andere Richtung, das Theorienetz hat jetzt eine neue Identität. Die Abbildung 7 zeigt symbolisch die veränderte Situation. Die normalwissenschaftliche Entwicklung der alten Theorie (Sechsecke) kommt durch gravierende Fehlschläge in Probleme; erste Ansätze eines neuen Theorienetzes (Fünfecke) treten auf und verdrängen durch ihre Entwicklungsfähigkeit und Fruchtbarkeit die alte Theorie. Sie stirbt aus.

Ein neues Instrument des Wissens liegt nun vor (Abbildung 8), welches zum Teil andere Anschauungselemente aufgreift und eine andere Wirklichkeit sichtbar macht.

Vergleicht man die Abbildung 8 mit der Abbildung 6, so wird ein wichtiger Gedanke sichtbar: Die physikalische Wirklichkeit kommt immer nur durch ein ganz bestimmtes Instrument des Wissens zum Vorschein, und diese so gefundene Wirklichkeit erweist sich als relativ. Ihr eigener Urgrund - wir haben ihn mit der Chiffre Sein bezeichnet - ist dabei aber nicht zu sehen.

---

[10] Der Übergang von der Newtonschen Theorie der klassischen Mechanik zur Einsteinschen Relativitätstheorie ist zum Beispiel eine solche wissenschaftliche Revolution, in der sich die Bedeutung der "Sprache" geändert hat. Während in der Newtonschen Theorie der Massebegriff durch die Einheit Kilogramm beschrieben wird, ist der Massebegriff in der Relativitätstheorie mit dem Energiebegriff (Einheit: $m^2\ kg\ s^{-2}$ = N m = Joule) vertauschbar. Es leuchtet ein, daß Gedankengebäude, in denen die verwendeten Begriffe Unterschiedliches bedeuten, nicht mehr identisch sein können. (KUHN [Struktur, Seite 139 - 141], FASCHING [Gegenwurf, Seite 188 - 190])

Glossar

Die zentralen Begriffe in diesem Glossar sind:

- ○ Anschauung
- ○ Verknüpfungsinstrumente
- ○ Theorien
- ○ Experiment
- ○ Erklärung
- ○ Gegenwurf
- ○ Wirklichkeit (ohne Anführungszeichen)
- ○ "Wirklichkeit"(unter Anführungszeichen)
- ○ Realität (ohne Anführungszeichen)
- ○ Realität als Fortschrittsasymptote
- ○ entwurzelte Bilder

Hinweispfeile (=>) machen auf die Vernetzung mit anderen Begriffen aufmerksam. Man erkennt dadurch die wechselseitige Beziehung dieser Begriffe und findet von mehreren Seiten Zugang zu dem, was wir Wirklichkeits-Pluralismus nennen.

absolute Realität => "Realität" (unter Anführungszeichen)
absolute Tatsache => "Tatsache" (unter Anführungszeichen)
absolute Wirklichkeit => "Wirklichkeit" (unter Anführungszeichen)
Aggressivität => entwurzelte Bilder
Anschauung.
Das Wort Anschauung meint eine möglichst allgemeine, breite und unverengte Form des Gewahrwerdens und Innewerdens, also gewissermaßen ein wahrnehmungshaftes Gewahrwerden, ein empirisches, nichtbegriffliches Erfassen, aber auch ein "nicht an die Sinne gebundenes" Erfahren. Diese Anschauung, die sich im allgemeinen aus einzelnen Anschauungselementen zusammensetzen wird, ist die Basis, auf der die (=>) Verknüpfungsinstrumente aufsetzen und zum (=>) Gegenwurf führen.

Der "Anschauer der Anschauung" ist das (=>) Selbst, das jenseits der Anschauung und jenseits der daraus konstruierten Bilder liegt.

Man beachte: Wenn von Anschauung die Rede ist, stehen wir ganz am Anfang unserer Überlegungen und planen Begriffe zu bilden, um aus ihnen später eine ganze Wissenschaft zu bauen, zum Beispiel die Physik, die

Chemie oder die Physiologie. Wenn wir von Anschauung sprechen, so müssen wir uns streng davor hüten, schon jetzt durch genauere Angaben die Art, wie die Anschauung gewonnen wird, exakt festzulegen. Man darf also nicht sagen, daß Anschauungselemente zum Beispiel mit meinem Auge, das wie ein Fotoapparat funktioniert, gewonnen wurden, wobei Nervenzellen die Reizleitung zum Gehirn besorgt haben. In diesem frühen Stadium unserer Überlegungen haben wir noch gar keine Physik, die optische Gesetze zur Verfügung stellen könnte. Wir haben noch keine Physiologie, die eine Reizleitung in Nervenzellen denken könnte. Eine genaue Angabe, auf welche Weise die Anschauung gewonnen wird, würde somit ein Vorurteil zugunsten eines *erst später konstruierbaren* Denkmusters sein. "Man setzt das voraus, was man gefunden hat und findet dann jenes, was man vorausgesetzt hat."

a priori (lat. *vom früheren her*)

Die Richtigkeit einer apriorischen Einsicht kann durch eine Erfahrung weder bewiesen noch widerlegt werden. Eine solche Einsicht ist im allgemeinen durch ein unmittelbares Verstehen gekennzeichnet. (=>) Logik und Mathematik zum Beispiel sind rein apriorisch gegeben. Einer apriorischen *Einsicht* steht die aposteriorische *Erkenntnis* (z. B. => empirisch-wissenschaftliche Sicht) gegenüber, die aus der Wahrnehmung und aus der Erfahrung stammt.

Begriffe => Verknüpfungsinstrumente

Bild => Gegenwurf

Denkmuster => Gegenwurf

Einsicht => a priori

empirisch wissen

Wenn man sagt, daß man um etwas "empirisch weiß", dann muß sichergestellt sein, daß hier nur jene Ergebnisse zugelassen werden, die uns aus der Erfahrung entgegen kommen. In der Naturwissenschaft steht daher das (=>) Experiment im Zentrum. Nur die Erfahrung ist die Quelle des empirischen Wissens (=> *Verknüpfungsinstrumente*). Etwas, was nicht empirisch erfaßbar ist, darf daher *nicht* in den Fundus des empirischen Wissens aufgenommen werden.

empirisch-wissenschaftliche Sicht

Die empirisch-wissenschaftliche Sicht ist eine Sicht, die auf empirische und wissenschaftliche Weise gewonnen wird. "Empirisch" meint auf der Erfahrung fußend (=> *empirisch wissen*) und "wissenschaftlich" meint im besten Fall logisch kohärentes Verbinden der Ergebnisse (=> Logik). Wendet man dieses empirisch-wissenschaftliche Vorgehen auf die Natur an, dann betreibt man Naturwissenschaft. Die naturwissenschaftliche Sicht ist also ein ganz wichtiger Teilbereich der empirisch-wissenschaftlichen Sicht (=> *naturwissenschaftliche Sicht*).

entwurzelte Bilder

Es ist von großer Wichtigkeit, daß Bilder, daß (=>) Gegenwürfe nicht entwurzelt werden, sondern daß jedes dieser Bilder stets aus dem eigenen Selbst lebendig vollzogen wird. Durch das Vollziehen eines Bildes wächst es aus dem Selbst. Das eigene tätige Aufspannen des Bildes ist also wichtig. Ein *naturwissenschaftlich-technisches Bild* darf nicht durch Entwurzelung zu einem stumpfen Formelwissen verkommen. Ein solches wäre belanglos, da es fast nicht anwendbar ist. Nur wenn man um die Entstehung dieses Wissens weiß, kennt man die Grenzen der Anwendbarkeit und kann in der Forschung kreativ mitwirken. Auch im Bereich der *Glaubensbilder* ist das eigene Vollziehen des Glaubens der entscheidende Punkt. Es kommt darauf an, das eigene Leben aus innerer Überzeugung, auf den Glaubensgrundsätzen fußend, zu gestalten. Auch ein *Kunstwerk* muß den ganzen Menschen von seiner Tiefe her erfassen. Sogenanntes Faktenwissen mag schön sein, ist hier aber nicht das Primäre.

Entwurzelte Bilder werden sehr leicht verabsolutiert (=> "Wirklichkeit" (unter Anführungszeichen)). Man weiß nicht mehr um ihre Entstehung und glaubt, in diesem Bild eine unverrückbare "Wahrheit" vor sich zu haben. Man glaubt sehr gerne, daß man solch eine Wahrheit wie eine Sache "haben" oder "besitzen" könne. Ein solcher vermeintlicher Besitz erscheint jedoch immer wieder gefährdet, wenn eine anders lautende "Wahrheit" auftaucht. Dieses Gefühl der Gefährdung und Unsicherheit, die Angst, den Boden unter den Füßen zu verlieren, führen oft zur *Aggressivität* und zum Gefühl, den vermeintlichen Wahrheitsbesitz notfalls auch verteidigen zu müssen. (Beispiel: "Deutsche Physik" im Dritten Reich, Glaubenskriege.) Eine besondere Form der Verabsolutierung ist der (=>) Solipsismus.

Entwurzelten Bildern droht darüber hinaus immer die Gefahr einer Verarmung der Bildinhalte. Wenn zwei entwurzelte Bilder nebeneinander stehen und einige einander scheinbar widersprechende Details aufweisen, dann wird man sie in jenem Bild zu eliminieren versuchen, welches man für unwahrscheinlicher hält. (=> Mächtigkeit einer Wirklichkeit)

Erfahrung => empirisch wissen, => empirisch-wissenschaftliche Sicht

Erkenntnis => empirisch-wissenschaftliche Sicht; aber auch => a priori

Erklärung und Voraussage, wissenschaftliche

Eine wissenschaftliche Erklärung ist eine Antwort auf eine Warum-Frage. Man meint dabei eine Schlußfolgerung, die auf Gesetzen und Theorien (=> *Theorien*) fußt, und empirisch feststellbare Einflußgrößen (sogenannte Randbedingungen) einbezieht, wodurch das zu erklärende Ereignis "zu verstehen" ist. Wenn ein Luftballon auf eine Herdplatte fällt und dort zerplatzt, so ist das erklärlich, wenn man erfährt, daß die Festigkeit von Kunststoffen temperaturabhängig ist (= Gesetz) und die Herdplatte sehr heiß war (= Randbedingung). Ein erklärtes Phänomen steht zuletzt als (=>) Gegenwurf, als Denkmuster, als Bild vor unseren Augen; ein Denkmuster eines erklärten Phänomens stellt für uns eine (=>) Wirklichkeit dar.

Wissenschaftliche Voraussagen haben die gleiche Struktur wie Erklärungen, nur liegt das zu erklärende Ereignis noch in der Zukunft.

Experiment

Experimente sind methodengeleitete, planmäßige Eingriffe in der Natur. Hierbei wird die Wirkung der Einflußgrößen auf eine Naturerscheinung in Einzeluntersuchungen, nacheinander und voneinander getrennt studiert (Analyse), und es werden diese sezierten Einzelphänomene hinterher gedanklich zum interessierenden Gesamtgeschehen wieder zusammengesetzt (Synthese). Hierdurch wird das Gesamtgeschehen als Summe der sezierten Einzelphänomene aufgefaßt. Ob allerdings immer das Ganze, an dem Teile unterschieden werden können, deshalb auch schon aus Teilen "zusammengesetzt" ist, ist fraglich. (Aristoteles: Das Ganze ist mehr als die Summe seiner Teile.) Die Naturwissenschaft kann hierüber jedenfalls keine Aussage machen (=> Theorien: Nichtfalsifizierbare Aussagen).

Weiters ist zu bedenken, daß man sich stets Rechenschaft darüber geben muß, *auf welche Weise* denn die "Teile" dieses "Ganzen" erfaßt, untersucht und unterschieden wurden. Denn Experimente führen grundsätzlich immer nur zu *Regel-und-Methoden-relativen* Aussagen. (=> empirisch wissen, => Tatsache (ohne Anführungszeichen), => Wirklichkeit (ohne Anführungszeichen)).

Falsifikation => Theorien

Fortschritt => Realität als Fortschrittsasymptote

Gegenwurf

Mit dem Wort Gegenwurf ist jenes gemeint, was einem "entgegengeworfen" wird, wenn man mit einer bestimmten Methode etwas zu erkennen versucht. Wenn man zum Beispiel mit einer empirisch-wissenschaftlichen Methode (=> Verknüpfungsinstrumente) vorgeht, dann gewinnt man einen empirisch-wissenschaftlichen Gegenwurf. Es wurde das Wort Gegenwurf gewählt, um es deutlich vom Wort Objekt zu unterscheiden, welches in diesem Zusammenhang mißverständlich sein könnte. Das Wort Objekt bedeutet zwar auch "Entgegengeworfenes" (*obicere* lat. entgegenwerfen), aber man verbindet mit diesem Wort gerne den Gedanken, daß ein Objekt einem fest und sicher gegenübersteht, ohne sich zu fragen, wieso und *auf welche Art* man hiervon eigentlich weiß.

Das Wort Gegenwurf ist nicht ausschließlich auf die Bedeutung eines empirisch-wissenschaftlichen Gegenwurfes fixiert, sondern bezieht sich auch auf Gegenwürfe, die auf anderen Wegen, mit anderen Methoden gewonnen wurden (zum Beispiel philosophische, religiöse, künstlerische u. a. Gegenwürfe).

Weitgehend gleichbedeutend zum Wort Gegenwurf ist das Wort Denkmuster. Es bringt etwas unbeschwerter zum Ausdruck, daß neben dem einen gedachten Muster vielleicht auch ein anderes gedachtes Muster stehen könnte. Neben dem Wort Gegenwurf und dem Wort Denkmuster wird oft auch das schlichte Wort Bild oder Sicht verwendet.

Auf einen besonders wichtigen Punkt ist zu verweisen: Ein Gegenwurf entsteht dadurch, daß ein (=>) Verknüpfungsinstrument Anschauungselemente (=> Anschauung) aufgreift und ein Denkmuster gestaltet. Dieser Gegenwurf, dieses Denkmuster lebt dadurch, daß man es selbst vollzieht, daß man es selbst aus der Anschauung über den Weg der Verknüpfungsinstrumente aufbaut. Ein Gegenwurf hat Wirklichkeitscharakter (=> Wirklichkeit). Ein Gegenwurf darf nicht von seinem Gewordensein abgetrennt und entwurzelt werden. (=>) Entwurzelte Bilder laufen Gefahr verabsolutiert zu werden, zu verarmen und unbrauchbar zu werden.

Gesetze => Theorien

Handeln

Das Handeln ist eng mit jenem verbunden, was man Wirklichkeit, Bild oder Denkmuster nennt. Bilder oder Denkmuster können für den Menschen nämlich zum Motiv für sein Handeln werden. Die Bilder geben im allgemeinen eine klare Orientierung für das entsprechende Handeln. Das naturwissenschaftliche Bild gibt zum Beispiel rationale Handlungsanweisungen, die mit Sorgfalt einzuhalten sind. Soferne einzig und allein *nur* ein naturwissenschaftliches Bild vorliegt und sonst keine Bilder gesehen werden, kommt das Handeln nicht über das sorgfältige Einhalten gewisser naturwissenschaftlicher Regeln hinaus. Erst wenn mehrere Bilder vorliegen, die auch ethische Fragen ansprechen, ist *verantwortliches Handeln* in Freiheit möglich.

Hypothese => Theorien

Induktion => Theorien

Intersubjektivität => Realität (ohne Anführungszeichen)

Kumulativität des Wissens

Man glaubt gerne, daß alles, was man *richtig* erkannt hat, für alle Zeiten richtig bleibt und somit zum "sicheren Schatz des Wissens" zählt. Man glaubt gerne an eine Kumulierbarkeit des naturwissenschaftlichen Wissens, wodurch ein " sicherer Turmbau der Wissenschaft " möglich sei. Diese Ansicht ist sehr zu bezweifeln. Auf fast allen Gebieten der Wissenschaft sind statistische Gesetze heute unverzichtbar. Erklärungen aber, die solche Gesetze verwenden, führen in eine Mehrdeutigkeit besonderer Art, die nur durch sorgfältige Einbeziehung der kompletten momentanen Wissenssituation beseitigt werden kann. Die bisher als fraglos gültig angesehene Kumulativität des Wissens ist aber damit unterbrochen, weil sich Wissen ab nun nur noch auf die momentane Wissenssituation (!) bezieht.

Logik und Mathematik

Unter Logik versteht man die Lehre vom richtigen Denken. Die Regeln für diese Richtigkeit werden durch die logischen Axiome festgelegt:

1) Satz der Identität: Jeder Begriff muß im Verlauf eines zusammenhängenden Denkprozesses seine Bedeutung beibehalten.

2) Satz des Widerspruches: Zwei Urteile, die widersprüchlich, einander entgegengesetzt sind, können nicht beide zugleich wahr sein. Wenn das eine Urteil wahr ist, muß das andere Urteil falsch sein.

3) Satz des ausgeschlossenen Dritten: Wenn über einen Gegenstand zwei entgegengesetzte Behauptungen vorliegen, dann kann nur *eine* Behauptung richtig sein und keine *dritte.*

4) Satz vom zureichenden Grund: Eine Erkenntnis kann nur dann als bestehend angesehen werden, wenn dafür ein zureichender Grund vorliegt.

Axiome sind Grundsätze, die nicht bewiesen werden können, die aber im allgemeinen als richtig unmittelbar einleuchten. Axiome dienen als Grundsätze für andere Sätze. Axiome können auch vereinbart werden.

Man spricht von *mehrwertiger Logik*, wenn zwischen zwei entgegengesetzten Aussagen neben "wahr/falsch" auch noch andere Aussagen, wie zum Beispiel "möglich", zugelassen sind.

Die heutige Begründung der *Mathematik* geht nicht mehr von Axiomen aus, *die evidente Wahrheiten sein müssen.* Die Axiome sind vielmehr als formal eingeführte Setzungen zu betrachten, wobei das ganze Axiomensystem in sich widerspruchsfrei sein soll. Die Mathematik findet in der Naturwissenschaft umfangreiche Anwendungen. Man darf aber deswegen nicht in den Irrtum verfallen, die Mathematik als eine Unterabteilung der Naturwissenschaft zu betrachten. Mathematische Gebilde sind apriorische Einsichten (=> a priori). Sie gehen der Naturwissenschaft voraus und sind nicht ein Teil von ihr.

Mächtigkeit einer Wirklichkeit

Das Wort Mächtigkeit meint die Bedeutung, meint den Aussageumfang, den die betrachtete Wirklichkeit hat. Man beachte, daß sich die Mächtigkeit im allgemeinen auf sehr unterschiedliche Merkmale bezieht: Die eine Wirklichkeit kann zum Beispiel eine besondere Bedeutung im Hinblick auf die praktische Anwendung im täglichen Leben haben. Eine andere Wirklichkeit kann eine große Bedeutung für das Zusammenleben in der Gesellschaft gewinnen. Eine dritte Wirklichkeit möge dagegen umgekehrt für den Menschen als Einzelwesen wichtig sein. Die Mächtigkeit der Wirklichkeit ist ohne Gewaltsamkeit nicht auf einer absoluten Skala quantifizierbar. Wirklichkeiten stehen in freier Pluralität neben einander. (=> Pluralismus)

Methoden des Wissens => Verknüpfungsinstrumente

Monokultur des Denkens => Singularismus, => Puzzle-Spiel, => Mosaik

Mosaik

Ein Mosaik besteht aus vielen verschiedenen Mosaiksteinen. Es ist selbstverständlich, daß man aus Mosaiksteinen *beliebig viele verschiedene Bilder* zusammensetzen kann. Das Mosaik wird als Metapher für den (=>) Pluralismus verwendet. Das Gegenstück zum Mosaik ist das (=>) Puzzle-Spiel.

Naturwissenschaft => empirisch-wissenschaftliche Sicht

Naturgesetz => Theorien

naturwissenschaftliche Sicht

Naturwissenschaftliche Sicht meint jene Sicht, die die physikalischen, chemischen, biologischen, medizinischen, geologischen, mineralogischen und meteorologischen Teilbereiche bis hin zur Astronomie behandelt. Die naturwissenschaftliche Sicht ist dadurch gekennzeichnet, daß sie an die *Natur* empirisch (dh. auf "Erfahrungstatsachen" beruhend) herangeht und alle Details wissenschaftlich (dh. logisch kohärent) verbindet. (=> *empirisch-wissenschaftliche Sicht.*)

naturwissenschaftlicher Mystizismus => "Wirklichkeit" (unter Anführungszeichen)

objektive Wirklichkeit => Realität (ohne Anführungszeichen)

Pluralismus

Durch (=>) Verknüpfungsinstrumente, zum Beispiel durch die Methode des Wissens, werden Anschauungselemente (=> Anschauung) aufgegriffen und zu einem (=>) Gegenwurf (Bild, Denkmuster, zu einer Wirklichkeit) verbunden. Andere Methoden der Verknüpfung führen zu anderen Bildern, woraus ein Bilderpluralismus resultiert. Jedes Bild ist zwar aus bestimmten aufgegriffenen Anschauugselementen geworden und ruht daher letztlich auf dem (=>) Selbst und dem Sein. Es darf aber ein Bild nicht als eine wahre Abbildung des Seins, als ein "Abdruck" des Seins mißverstanden werden. Die entstehenden Bilder werden im allgemeinen nicht kohärent sein, sie werden also nicht als verschiedene Aspekte einer einzigen zugrundeliegenden Gegebenheit aufzufassen sein. Das, was einem in komplexer Weise in der Anschauung gegenübersteht, wird im allgemeinen in einer Vielfalt von Bildern zu sehen sein. Eine Metapher für ein Bild im

Bilderpluralismus ist das (=>) Mosaik. Aus Mosaiksteinen kann man verschiedene Bilder zusammensetzen. (=> Mächtigkeit einer Wirklichkeit)

Puzzle-Spiel

Zerschneidet man ein großes, buntes Bild in viele einzelne Teile, so kann man, wenn man sich die Mühe nimmt, dieses Bild wieder zusammensetzen. Ein solches Puzzle-Spiel hat natürlich *nur eine einzige Lösung*, nämlich eine solche Puzzle-Stein-Anordnung, die das ursprüngliche Bild wieder ergibt. Das Puzzle-Spiel wird als Metapher für den (=>) Singularismus verwendet. Das Gegenstück zum Puzzle-Spiel ist das (=>) Mosaik.

"Realität" (unter Anführungszeichen)

Mitunter begegnet man im halbwissenschaftlichen Sprachgebrauch einem Phantom, der sogenannten *absoluten Realität.* Diese "Realität" stellt man sich zumeist irgendwie als etwas vor, was man zwar nicht unmittelbar sehen kann, was aber doch sozusagen "hinter" den Phänomenen *absolut* und *unveränderlich* steht. Wir erkennen (=> "Wirklichkeit" (unter Anführungszeichen)), daß diese geheimnisvolle, verborgene "Realität" eine Hypothese ist, die man nicht braucht.

Realität (ohne Anführungszeichen)

Das Wort *Realität* meint eine intersubjektive (=>) Wirklichkeit, also eine Wirklichkeit, die für *jedes* (oder fast jedes) erkennende Wesen, das in dieser Wirklichkeit vorkommt, für jedes Subjekt gültig ist. Eine solche intersubjektive Wirklichkeit nennt man auch objektive Wirklichkeit. Die Realität ist genauso wie die (=>) *Wirklichkeit* und die (=>) *Tatsachen* an die jeweilige Form des Erfahrens, also zum Beispiel an die verwendete *Methode des Wissens*, gebunden. (Der Ausdruck *Realität* ist nicht nur auf empirisch-wissenschaftliche Realitäten zu beschränken.)

Realität als Fortschrittsasymptote

Die naturwissenschaftliche Methode, die die Realität, die intersubjektive Wirklichkeit, aufzugreifen bestrebt ist, ist durch ständige experimentelle Überprüfung gekennzeichnet. Sobald ein Experiment ein Ergebnis liefert, das mit dem Begriffs-Theorie-Erklärungs-Geflecht (=> Verknüpfungsinstrument) in Konflikt kommt, ist dieses Geflecht derart zu verändern, daß der Widerspruch verschwindet. Das naturwissenschaftliche Bild schmiegt sich dadurch im Lauf der Zeit immer enger an seinen "Forschungsgegenstand" an, der zwar nie unmittelbar zu sehen ist, der aber immer besser modellhaft abgebildet wird. Der wissenschaftliche Fortschritt nähert sich also gleichsam einem Bild, einem Denkmuster an, welches als Fortschrittsasymptote aufgefaßt werden kann. Man beachte, daß diese Asymptote des Forschungsfortschrittes sich bei einer wissenschaftlichen Revolution in ihrer Richtung ändern kann (=> "Wirklichkeit" (unter Anführungszeichen)). Man wird daher darauf Bedacht nehmen, daß man die *Realität als Fortschrittsasymptote* nicht verabsolutiert (=> "Realität" (unter Anführungszeichen)).

Sein => Selbst

Selbst

Das Selbst ist "der Anschauer der (=>) Anschauung". Es ist das Selbst die Voraussetzung für das Anschauen, für das besondere Verknüpfen und für das Bilden eines Gegenwurfes (=> Verknüpfungsinstrument). Das Selbst ist - weil es die Voraussetzung für die Bilder ist - jenseits der Bilder. Unter dem Selbst ist jene unerkennbare *eigene* tiefste Tiefe gemeint, aus der man anschaut. In seiner unauslotbaren und weitesten Ausprägung ist das Selbst das *Umfassende*, ist es das *Sein*.

Sicht => Gegenwurf

Singularismus

Der Singularismus ist die offenbar zu enge Vorstellung, man könne das, was uns in komplexer Weise entgegenkommt, in einem *einzigen* Bild, einem einzigen (=>) Gegenwurf vereinen (=> entwurzelte Bilder). Eine Metapher für den Singularismus ist das (=>) Puzzle-Spiel, das nur *einer einzigen* Lösung fähig ist.

Solipsismus

Solipsismus ist die philosophische Meinung, die das *subjektive Ich* mit seinem Bewußtseinsinhalt für das einzig Seiende hält.

Das *subjektive Ich* darf nicht mit dem *Selbst* verwechselt werden. Das *subjektive Ich* wird in einem Bild, zum Beispiel im naturwissenschaftlichen Bild, sichtbar. Das *Selbst*, das in seiner tiefsten Tiefe im Sein versinkt, bringt dieses naturwissenschaftliche Bild hervor. In diesem naturwissenschaftlichen Bild ist das *subjektive Ich* zu sehen, wie es den *Objekten* gegenübersteht.

Kein Bild und natürlich auch kein Bilddetail darf verabsolutiert werden (=> "Wirklichkeit" (unter Anführungszeichen), => entwurzelte Bilder). Ein Solipsismus, der das Bilddetail eines *subjektiven Ich* verabsolutiert, ist daher abzulehnen.

"Tatsache" (unter Anführungszeichen)

Der Ausdruck "Tatsache" meint jene vermeintlich vorhandene Tatsache, von der man glaubt, daß sie unabhängig von der Form des Erfahrens (=> Verknüpfungsinstrumente) existiere. Das Wort "Tatsache" steht unter Anführungszeichen, weil man hier an eine *absolute Tatsache* denkt, die frei, abgelöst und unabhängig von der Form des Erfahrens besteht. Eine solche "Tatsache" kann es nicht geben, bei der nicht festgelegt wurde, *auf welche Weise* sie zur "Tatsache" wird. Der Ausdruck "Tatsache" (unter Anführungszeichen) ist also bloß eine Worthülse ohne Inhalt. Wer Tatsachen dennoch auf diese Weise sieht, ist in einem *naturwissenschaftlichen Mystizismus* befangen.

Tatsache (ohne Anführungszeichen)

Tatsachen sind die Elemente einer (=>) Wirklichkeit. Tatsachen sind, analog wie die Wirklichkeit, nicht unmittelbar zugänglich. Die Tatsachen sind in ihrer zugehörigen Wirklichkeit aufeinander bezogen und ergeben in vielfältiger Verzahnung den (=>) Gegenwurf. Der Ausdruck *Tatsache* ist nicht nur auf empirisch-wissenschaftliche Tatsachen zu beschränken.

Auch wissenschaftliche Tatsachen *sind also nicht einfach da*, sondern sie entstehen auf besondere Weise, sie entwickeln sich nämlich mit dem methoden-relativen Ergreifen eines Denkmusters. Tatsachen werden erst durch eine Methode sichtbar! Im Rahmen einer physikalischen Wirklichkeit, die durch die Methode des Wissens (=> Verknüpfungsinstrumente) ermittelt wird, kann eine Tatsache zum Beispiel eine "Antwort" auf ein physikalisches Experiment sein.

Technik

Die Technik macht durch Kenntnis der Naturwissenschaft und deren Anwendung das Gegebene, die Natur, den menschlichen Bedürfnissen entsprechend nutzbar. Sie bereichert dabei gleichzeitig - als unerwartete Zugabe gleichsam - in unendlicher Vielfalt die Bedürfnis-Palette des Menschen und befriedigt sie auch im Handumdrehen. Marktwirtschaftlich, versteht sich.

Theorien

Gesetze und Theorien meinen Gebilde der Naturwissenschaft, die in Form eines Modells gesetzliche Bedingungen verkörpern und die möglichst genau sagen, wofür diese Bedingungen gelten. Theorien machen empirische Aussagen, also Aussagen, die der Erfahrung zugänglich sind. (=> *empirisch wissen*, => *Verknüpfungsinstrumente*).

Das Induktionsprinzip war eine jahrzehntelange Hoffnung, daß man die "Wahrheit" von Theorien "beweisen" könne. Doch tausende Aussagen können eine Theorie *nicht beweisen*, eine einzige Aussage kann die Theorie dagegen endgültig widerlegen. Der *Falsifikationismus* beherrscht daher heute unser naturwissenschaftliches Argumentieren. Nichtfalsifizier*bare* Aussagen werden grundsätzlich nicht als naturwissenschaftliche Aussagen anerkannt. "Theorien kann man nie als wahr *erweisen*, sondern höchstens nur als falsch." (=> Realität als Fortschrittsasymptote, => Wahrheit eines naturwissenschaftlichen Bildes)

Umfassendes => Selbst

Verabsolutierung => entwurzelte Bilder, =>"Tatsachen" (unter Anführungszeichen), => "Wirklichkeit" (unter Anführungszeichen), => "Realität" (unter Anführungszeichen), => Solipsismus.

Verantwortung => Handeln

Verknüpfungsinstrumente

Durch Verknüpfungsinstrumente, insbesondere durch die Methode des Wissens, werden Anschauungselemente (=> Anschauung) aufgegriffen und in begriffliche Form gekleidet, zu (=>) Theorien verdichtet und für (=>) Erklärungen und Voraussagen verwendet. Die Methode des Wissens ist also ein Verknüpfungsinstrument, welches Anschauungselemente verbindet, bis einem ein (=>) Gegenwurf, ein Denkmuster, ein Bild (hier die (=>) naturwissenschaftliche Sicht) vor Augen steht. Es ist einleuchtend: Andere Methoden der Verknüpfung führen zu anderen Bildern. Beispiele für andere Verknüpfungsinstrumente sind das *Vergewissern*, das zu einem philosophisch Gedachten führt, oder das *Glauben*, das zum Geglaubten führt.

Voraussage => Erklärung

Wahrheit eines naturwissenschaftlichen Bildes

Ein naturwissenschaftliches Bild könnte man in einem übertragenen Sinn als wahr bezeichnen, wenn es mit seiner eigenen (=>) *Realität als Fortschrittsasymptote* übereinstimmt. Man beachte, daß man diese (idealisiert gedachte) *Realität als Fortschrittsasymptote* allerdings nie direkt zu Gesicht bekommt. Man kann sich ihr nur im Lauf der Forschung immer mehr annähern.

Man beachte, daß die Asymptote des Forschungsfortschritts bei einer wissenschaftlichen Revolution im allgemeinen ihre Richtung ändert (=> "Wirklichkeit" (unter Anführungszeichen)). Die vorherige, populäre Realität wird im Zug der wissenschaftlichen Revolution durch eine neue Realität ersetzt (Paradigmenwechsel). Das bedeutet, daß auch ein in unserem Sinn *wahres* naturwissenschaftliches Bild relativ ist.

"Wirklichkeit" (unter Anführungszeichen)

Der Ausdruck "Wirklichkeit" meint jene vermeintlich vorhandene (sozusagen *eine* und *einzige*) Wirklichkeit, von der man glaubt, daß sie *unabhängig* von der Form des Erfahrens (=> Verknüpfungsinstrumente, => entwurzelte Bilder) existiere. Das Wort "Wirklichkeit" steht unter Anführungszeichen, weil man hier an eine *absolute Wirklichkeit* denkt, die frei, abgelöst und unabhängig von der Form des Erfahrens besteht; eine *Wirklichkeit*, die unabhängig von der Form des Erfahrens *wirkt*. Eine solche "Wirklichkeit" kann es nicht geben, bei der nicht festgelegt wurde, *auf welche Weise* sie zur Wirklichkeit wird. Der Ausdruck "Wirklichkeit" (unter Anführungszeichen) ist also bloß eine Worthülse ohne Inhalt. Wer Wirklichkeit dennoch auf diese Weise sieht, ist in einem *naturwissenschaftlichen Mystizismus* befangen.

Das Phänomen des naturwissenschaftlichen Fortschritts verleitet allerdings sehr leicht dazu anzunehmen, daß es so etwas wie eine *absolute Wirklichkeit* gibt. Die naturwissenschaftliche Methode ist nämlich durch ständige experimentelle Überprüfung gekennzeichnet. Wenn das Experiment Ergebnisse liefert, die mit dem Begriffs-Theorie-Erklärungs-Geflecht (=> Verknüpfungsinstrument) *nicht* in Konflikt kommen, dann ist es gut. Wenn allerdings ein Widerspruch auftritt, dann hat der Naturwissenschafter das Begriffs-Theorie-Erklärungs-Geflecht derart zu verändern, daß der Widerspruch verschwindet. Die naturwissenschaftlichen Bemühungen bringen dadurch Ergebnisse hervor, die in ihrem Fortschritt immer genauer werden. Die Ergebnisse schmiegen sich dabei immer enger an ihren "Forschungsgegenstand" an, der zwar nie unmittelbar zu sehen ist, der aber immer besser modellhaft abgebildet wird. Der wissenschaftliche Fortschritt nähert sich also gleichsam einer Asymptote (=> Realität als Fortschrittsasymptote) an, die man manchmal für die *absolute Wirklichkeit* (die *absolute Realität*) hält. Man beachte jedoch, daß dieser Fortschritt bloß ein Fortschritt "im instrumentellen Sinn" ist. Die Methode der Naturwissenschaft macht ein naturwissenschaftliches Denkmuster (einen => Gegenwurf) sichtbar, welches die Naturwissenschaft im Lauf ihres Fortschritts mit verbesserten Theorien ausgestaltet. Die Naturwissenschaft nähert sich also im wesentlichen *ihrem eigenen Konstrukt*. Sie nähert sich aber *nicht* jenem an, was man gerne *"absolute* Wirklichkeit" nennt. Die absolute Wirklichkeit ist ein Phantom. Die Asymptote des Forschungsfortschrittes ändert nämlich bei einer wissenschaftlichen Revolution ihre Richtung.

Beispielsweise ist das ptolemäische Weltbild in seiner zweitausendjährigen Beobachtungserfahrung im Lauf der Zeit immer genauer und exakter geworden. Man wäre aber trotzdem nicht gut beraten, wenn man deshalb das ptolemäische Zwei-Kugel Universum als "absolute Wirklichkeit" sähe. Es ist das Zwei-Kugel-Universum ein Bild, ein Denkmuster, wie man die Beobachtungsdaten sehen und ordnen kann. Es ist beeindruckend nachzuvollziehen, wie ein und derselbe Datensatz zum Zeitpunkt der kopernikanischen Revolution auf *zwei verschiedene* Weisen - nämlich einmal ptolemäisch und einmal kopernikanisch - also in unterschiedlichen Denkmustern, gesehen und gedeutet werden kann. Es gibt also nicht *eine* "absolute Realität", sondern es gibt *viele* Realitäten, *viele* Wirklichkeiten (=> Wirklichkeiten (ohne Anführungszeichen)), *viele* Bilder. Die Asymptote des *ptolemäischen* Forschungsfortschrittes weist in eine andere Richtung als die Asymptote des *kopernikanischen* Forschungsfortschrittes.

Weitere Beispiele für das Auftreten fundamental anderer Wirklichkeiten ist die newtonsche Mechanik und die Allgemeine Relativitätstheorie:

In dem einen Bild erscheint die *Schwerkraft* als Ursache für den freien Fall eines Körpers, im anderen Bild ist die *Raumkrümmung* dafür verantwortlich. Ähnlich ist es auch bei der newtonschen Mechanik kontra Spezielle Relativitätstheorie oder der Elementarstromtheorie kontra Mengentheorie im Magnetismus.

Von einer absoluten Wirklichkeit oder einer absoluten Realität zu sprechen ist sinnlos. Die *absolute Realität* (die *absolute Wirklichkeit*) ist eine Hypothese, die man nicht braucht und die daher zu eliminieren ist.

Wirklichkeit (ohne Anführungszeichen)

Die Wirklichkeit ist der Inbegriff dessen, was wirkt, was erfahren wird. Die physikalische Wirklichkeit zum Beispiel ruht auf Tatsachen, ruht auf den "Antworten", die sich aus physikalischen Experimenten ergeben und auf den Experimentator *wirken*. Die physikalische Wirklichkeit ruht auf einer Vielzahl solcher "Antworten" und wird in ihrer Gesamtheit im physikalischen Gegenwurf sichtbar.

Die Wirklichkeit ist ein (=>) Gegenwurf, der sich durch Anwendung eines bestimmten (=>) Verknüpfungsinstrumentes, also durch eine ganz bestimmte Form des Erfahrens, ergeben hat. Neben naturwissenschaftlichen Wirklichkeiten gibt es auch andere Wirklichkeiten, wie religiöse, philosophische und künstlerische. Die Wirklichkeit ist also das, was das (=>) Selbst aus seinen Anschauungselementen (=> Anschauung) macht.

Die Elemente, aus denen sich eine Wirklichkeit zusammensetzt, nennt man die (=>) Tatsachen dieser Wirklichkeit. Eine Wirklichkeit läßt sich oft auch noch zur (=>) *Realität* verschärfen.

wissen => *Verknüpfungsinstrumente* und den engeren Begriff => *empirisch wissen*

Zufall

Unter Zufall versteht man das Eintreten unerwarteter Ereignisse. Unerwartet sind solche Ereignisse, die man nicht voraussehen oder voraussagen kann. Wissenschaftliche Voraussagen haben die gleiche Struktur wie (=>) Erklärungen, sie zeigen, daß Ereignisse auf Grund bekannter Gesetze und Theorien zu erwarten sind. Durch den Vorgang des Wissens (=> Verknüpfungsinstrumente) werden nämlich auf methoden-relative Weise ganz bestimmte Anschauungselemente aufgegriffen und durch den Prozeß der Erklärung zu einem Bild gestaltet (=> Gegenwurf, => "Wirklichkeit", => Wirklichkeit (ohne Anführungszeichen)). (=>) Tatsachen werden sichtbar. All das, was durch die Erklärungen jedoch *nicht* erfaßbar ist, wird *nicht* zusammenhängend gesehen, kann nicht erkannt werden und wird somit als *Zufall* eingestuft.

Wissenschaftliche Revolutionen, die zu *anderen* Denkmustern führen und *anderes* aufgreifen, lassen *anderes* unerklärbar zurück. Jetzt ist *anderes* auf methoden-relative Weise zum Zufall geworden.

Beispielsweise sind Details der Planetenbahnen, die von der heutigen Physik als Zufall eingestuft werden, von Kepler in seinen *Harmonices Mundi* einer Erklärung zugeführt worden. Als andere Beispiele könnte man die Homöopathie oder auch Bereiche der Traditionellen Chinesischen Medizin anführen. Ihre Erfolge sind in der Schulmedizin oft nur als Placeboeffekte deutbar. Was als Zufall gesehen wird, hängt also auch vom Paradigma ab.

VERZEICHNISSE

Verzeichnisse

Schrifttum

AISCHYLOS [Orestie]: Die Orestie. Drei Tragödien. Fischer Bücherei, Frankfurt a. M. Hamburg, 1958.

AKUTAGAWA Ryunosuke [Rashomon]: Rashomon. Fischer Bücherei, Frankfurt a. M. Hamburg, 1960.

APOLLODOROS [III 12,5]. Zitiert in Mader [Griech. Sagen, Seite 108 f.]

ARISTOTELES [Himmel]: Über den Himmel. Im Text: Die Lehrschriften. Herausgegeben und übersetzt von P. Gohlke. Paderborn Schöningh, 1958. Textstelle 296b8 - 298a13. Zitiert nach Kuhn [Kopernikus, S. 84].

BAUER D. [Tschernobyl-Opfer]: Tschernobyl, zehn Jahre danach. Eine Bilanz der Opfer. (Aufbrüche). ORF-Ö1, 26. April 1996, 22.20 Uhr.

BERGMANN - SCHAEFER [Optik]: Lehrbuch der Experimentalphysik. Band III: Optik. Walter de Gruyter, Berlin New York, 1974.

BERGMANN-SCHAEFER [Elektrizität]: Lehrbuch der Experimentalphysik. Band II: Elektrizität und Magnetismus. Walter de Gruyter, Berlin New York, 1971.

BERGMANN-SCHAEFER [Mechanik]: Lehrbuch der Experimentalphysik. Band I: Mechanik, Akustik, Wärme. Walter de Gruyter, Berlin New York, 1970.

BISCHKO J. [Akupunktur]: Praxis der Akupunktur. Band 1: Einführung in die Akupunktur. K. F. Haug Verlag, Heidelberg, 1994.

BISCHKO J. [Akupunktur f. F.]: Akupunktur für mäßig Fortgeschrittene. 1994. Akupunktur für weit Fortgeschrittene. 1985. K. F. Haug-Verlag, Heidelberg.

BLEULER E. [Psychiatrie]: Lehrbuch der Psychiatrie. Elfte Auflage, umgearbeitet von Manfred Bleuler. Springer-Verlag, Berlin Heidelberg New York, 1969.

BRAUNECK M. [Volkskunst]: Religiöse Volkskunst. Votivgaben, Andachtsbilder, Hinterglas, Rosenkranz, Amulette. DuMont Buchverlag, Köln, 1978.

BRETTERBAUER K. [Erdmessung]: Erdmessung in der Antike. V. Internationaler interdisziplinärer Kongreß für historische Metrologie: Ordo Et Mensura. Vortrag, gehalten am 4. September 1997 im Deutschen Museum in München.

BRETTERBAUER K. [Klimaentwicklung]: Klimaentwicklung und Meeresniveau. Nova Acta Leopoldina NF 69, 1993, Nr. 285, Seite 151 - 166.

BUCHOWETZ N. [Tschernobyl]: Buchowetz N., Jerschowa M.: Super-Gau Tschernobyl. Styria Verlag. (Zitiert in Zimmermann P. [Gau]).

CANETTI E. [Masse]: Masse und Macht. Fischer Taschenbuch Verlag, Frankfurt am Main, Juli 1980.

DAHL J. [Verwegenheit]: Die Verwegenheit der Ahnungslosen. Klett-Cotta, Stuttgart, 1989.

DEUSSEN P. [Philosophie]: Allgemeine Geschichte der Philosophie. Brockhaus, Leipzig, 1922.

DEUSSEN P. [Nachveda]: Die nachvedische Philosophie der Inder. Nebst einem Anhang über die Philosophie der Chinesen und Japaner. F. A. Brockhaus-Verlag, Leipzig, 1922.

DIESTERWEG A. [Himmelskunde]: Disterwegs populäre Himmelskunde und mathematische Geographie. Herausgegeben von A. Schwassmann. Akademische Verlagsgesellschaft Becker und Erler Ges., Leipzig, 1941.

DINZELBACHER P. [Mystik]: Wörterbuch der Mystik. Alfred Kröner Verlag, Stuttgart, 1989.

ECKEHART [Predigten]: Meister Eckehart: Deutsche Predigten und Traktate. Herausgegeben und übersetzt von Josef Quint. Diogenes Verlag, München, 1963.

ESTERBAUER R. [Physik]: Metaphysische Physik? Zum Metaphysikbegriff in reduktionistischen Weltbildentwürfen moderner Physiker. Theologie und Philosophie. 72. Jahrgang (1997), H. 3, Seite 395 - 403.

ESTERBAUER R. [Zeit]: Verlorene Zeit - wider eine Einheitswissenschaft von Natur und Gott. Verlag W. Kohlhammer, Stuttgart Berlin Köln, 1996.

FASCHING G. [Wirklichkeit]: Zerbricht die Wirklichkeit? Springer-Verlag, Wien New York, 1991.

FASCHING G. [Gegenwurf]: Die empirisch-wissenschaftliche Sicht. Springer-Verlag, Wien New York, 1989.

FASCHING G. [Werkstoffe]: Werkstoffe für die Elektrotechnik. Mikrophysik, Struktur, Eigenschaften. 3. Auflage, Springer-Verlag, Wien New York, 1994.

FASCHING G. [Bilder]: Die Philosophie der Bilder. Zeitschrift für Ganzheitsforschung. Philosophie Gesellschaft Wirtschaft. Neue Folge, 36. Jahrgang, Wien, III/1992.

FASCHING G. [Verlorene Wirklichkeiten]: Verlorene Wirklichkeiten. Über die ungewollte Erosion unseres Denkraumes durch Naturwissenschaft und Technik. Springer Verlag, Wien New York, 1996.

FASCHING G. [Sternbildkalender]: Sternbild-, Mond- und Planetenkalender 1991 - 1992. Springer-Verlag, Wien New York, 1990.

FASCHING G. [Fundament]: Das erkenntnistheoretische Fundament der Technik. Konsequenzen für Umwelt und Mensch. Vortrag im "Wilhelm Kühnelt-Gedächtnisseminar" im Biozentrum der Universität Wien, am 19. Juni 1998.

FASCHING G. [Mond]: Man sollte nicht den Finger, der auf den Mond weist, für den Mond selbst halten. Springer-Verlag Wien New York, 1995.

FASCHING G. [Sprache]: Sprache ohne Gewißheit - Gewißheit ohne Sprache. Ein Essay über "Verlorene Wirklichkeiten". Wiener Klinische Wochenschrift (1997), 109/17, Seite 692 - 699.

FASCHING G. [Sternbilder]: Sternbilder und ihre Mythen. 3. Auflage, Springer Verlag, Wien New York, 1998.

FASCHING G. [Sternbilderkunde]: Sternbilderkunde. Himmelskarten, Himmelskörper, Sternbilder. Friedrich Vieweg und Sohn, Braunschweig Wiesbaden, 1986.

FASCHING G. [Wissenschaft]: Sprengsatz Wissenschaft. Vom Ende unserer Zivilisation. Edition Va Bene, Wien, 1993.

FERGUSON R. B. [Zerrbild]: Das Zerrbild vom gewalttätigen Wilden. Spektrum der Wissenschaft, März 1992, Seite 92 - 101.

FRANKE F. [Tschernobyl]: Franke F., Schreiber N., Vinzens P.: Verstrahlt, vergiftet, vergessen. Die Opfer von Tschernobyl nach zehn Jahren. Insel Verlag, Frankfurt a. M. Leipzig, 1996.

FRANKL V. E. et al. [Handbuch]: V. E. Frankl, V. E. Gebsattel, J. H. Schultz: Handbuch der Neurosenlehre und Psychotherapie unter Einschluß wichtiger Grenzgebiete. 5 Bde., Urban und Schwarzenberg, München Berlin.

GERTHSEN - KNESER [Physik]: Gerthsen, Kneser, Vogel: Physik. Springer-Verlag, Berlin Heidelberg New York, 15. Auflage, 1986.

GLASENAPP H. v. [Weltreligionen]: Die fünf Weltreligionen. Eugen Diederichs Verlag, München, 1992.

GOETHE J. W. [Hamburger Ausg., Band]: Johann Wolfgang von Goethe. Werke, Kommentare und Register. Hamburger Ausgabe in 14 Bänden. 11. Auflage. Verlag C. H. Beck, München, 1994.

GOETHE J. W. [FL, Tafeln]: Die Schriften zur Naturwissenschaft. Erste Abteilung (Texte), Bd. 7. Zur Farbenlehre. Anzeigen und Übersicht, statt des supplementaren Teils und Erklärung der Tafeln. Bearbeitet von Rupprecht Matthaei. Verlag Hermann Böhlaus Nachfolger, Weimar, 1957.

GOETHE J. W. [FL, did, T]: Die Schriften zur Naturwissenschaft. Erste Abteilung (Texte), Bd. 4. Zur Farbenlehre. Widmung, Vorwort und didaktischer Teil. Bearbeitet von Rupprecht Matthaei. Verlag Hermann Böhlaus Nachfolger, Weimar, 1955.

GOETHE J. W. [FL, Hist.]: Die Schriften zur Naturwissenschaft. Vollständige mit Erläuterungen versehene Ausgabe. Erste Abteilung: Texte. Band 6: Zur Farbenlehre. Historischer Teil. (Bearbeitet von Dorothea Kuhn). Hermann Böhlaus Nachfolger, Weimar, 1957.

GOETHE J. W. [Naturwissenschaft, Abteilung, Band]: Die Schriften zur Naturwissenschaft. Erste Abteilung: Texte. Zweite Abteilung: Ergänzungen und Erläuterungen. Verlag Hermann Böhlaus Nachfolger, Weimar.

GOETHE J. W. [FL, did, E]: Die Schriften zur Naturwissenschaft. Zweite Abteilung (Ergänzungen, Erläuterungen), Bd. 4. Zur Farbenlehre. Didaktischer Teil und Tafeln, Ergänzungen und Erläuterungen. Bearbeitet von Rupprecht Matthaei und Dorothea Kuhn. Verlag Hermann Böhlaus Nachfolger, Weimar, 1973.

GOETZ W. [Propyläen, Bd. 1]: Goetz W. (Herausgeber): Propyläen Weltgeschichte. 1. Band: Das Erwachen der Menschheit. Die Kulturen der Urzeit, Ostasiens und des vorderen Orients. Propyläen-Verlag, Berlin, 1931.

HENRY M. [Barbarei]: Die Barbarei. Eine phänomenologische Kulturkritik. Aus dem Französischen übersetzt und eingeleitet von Rolf Kühn und Isabelle Thireau. Verlag Karl Alber, Freiburg München, 1994.

HEYER G. R. [Jung]: Komplexe Psychologie (C. G. Jung). In: Frankl et al. [Handbuch, 3. Bd., S. 285 - 326].

HOFMANN H. [Feld]: Das elektromagnetische Feld. Theorie und grundlegende Anwendungen. Springer-Verlag, Wien New York, 1974.

HOFF H. [Psychiatrie]: Lehrbuch der Psychiatrie. Verhütung, Prognostik und Behandlung der geistigen und seelischen Erkrankungen. Verlag Brüder Hollinek, Wien, 1956.

HOHMEYER O. [Klimaänderung]: Hohmeyer O., Gärtner M.: Die Kosten der Klimaänderung. Eine grobe Abschätzung der Größenordnungen. Bericht an die Kommission der Europäischen Gemeinschaft. Übersetzung des Berichtes: The Cost of Climate Change - A Rough Estimate of Orders of Magnitude. Juli 1992.

HOMER [Odyssee]: Odyssee und Homerische Hymnen. Übersetzt von Anton Weiher. Mit einer Einführung in die Odyssee von Alfred Heubeck. Mit einer Einführung in die Homerischen Hymnen von

Wolfgang Rösler. Bibliothek der Antike. Deutscher Taschenbuch Verlag. Artemis Verlag. DTV, München, 1990.

HORAZ [5. Epode]. Zitiert in Luck [Magie, Seite 96 f.].

HORGAN [Quantenphilosophie]: Quanten-Philosophie. Neuartige Laborversuche und kühne Gedankenexperimente dringen immer tiefer in die surreale Welt der Quantentheorie ein. Spectrum der Wissenschaft, Sept. 1992, S. 82 - 91.

HUIZINGA J. [Homo]: Homo Ludens. Vom Ursprung der Kultur im Spiel. Rowohlts Deutsche Enzyklopädie, Bd. 21. Rowohlt, Hamburg, 1956.

HUSSERL E. [Krisis]: Die Krisis der europäischen Wissenschaften und die transzendentale Phänomenologie. Eine Einleitung in die phänomenologische Philosophie. Herausgegeben, eingeleitet und mit Registern versehen von Elisabeth Ströker. Felix Meiner Verlag, Hamburg, 1982.

HYGINUS [Fabel 93]. Zitiert in Mader [Griech. Sagen, Seite 287]

JAFFÉ A. [Jung]: Erinnerungen, Träume, Gedanken von C. G. Jung. Walter-Verlag, Olten Freiburg im Breisgau, Erweiterte Auflage, 1987.

JASPERS K. [Philosophen]: Die großen Philosophen. 1. Band. R. Piper u. Co. Verlag, München, 1959.

JASPERS K. [Psychopathologie]: Allgemeine Psychopathologie. Sechste unveränderte Auflage. Springer-Verlag, Berlin Göttingen Heidelberg, 1953.

JOURNAL [Experiment]: Das tödliche Experiment. Zehn Jahre nach Tschernobyl. ORF-Ö1, Journal Panorama, 25. April 1996.

JUNG C. G. [Ges. Werke, Band]: Gesammelte Werke. (20 Bände). Walter-Verlag, Zürich, 1958 f.

KAPTCHUK T. J. [Chin. Med.]: Das große Buch der chinesischen Medizin. Die Medizin von Yin und Yang in Theorie und Praxis. O. W. Barth Verlag, Scherz Verlag, Bern München, 1996.

KARISCH K. H. [Tschernobyl-Schock]: Karisch K. H., Wille J. (Hrsg.): Der Tschernobyl-Schock. Zehn Jahre nach dem Super-Gau. Fischer Taschenbuch. (Zitiert in Zimmermann P. [Gau]).

KATO S. [Japanische Literatur]: Geschichte der japanischen Literatur: Die Entwicklung der poetischen, epischen, dramatischen und essayistisch-philosophischen Literatur Japans von den Anfängen bis zur Gegenwart. Scherz Verlag, München Wien, 1990.

KELLER H.-U. [Himmelsjahr]: Das Himmelsjahr (Jahreszahl). Sonne, Mond und Sterne im Jahreslauf. Franckh-Kosmos Verlags Ges. m.b. H., Stuttgart.

KLINGHOLZ R. [Sintflut]: Klingholz R., Pillitz C.: Die Sintflut hat schon begonnen. Bangladesch. Geo, Heft 7, 1991, Seite 20 - 34.

KOCH-GRÜNBERG Th. [Ethnographie]: Vom Roroima zum Orinoco. Band III, Ethnographie, Seite 102 - 105. Insgesamt 5 Bände. Stuttgart 1917 - 1928. Zitiert in Canetti [Masse, Seite 109 - 112].

KUHN T. S. [Struktur]: Die Struktur wissenschaftlicher Revolutionen. Suhrkamp Verlag, Frankfurt a. M., 1967.

KUHN T. S. [Kopernikus]: Die kopernikanische Revolution. Friedr. Vieweg und Sohn, Braunschweig Wiesbaden, 1981.

LAOTSE [Tao, W]: Laotse: Tao Te King. Das Buch der Alten. Vom Sinn und Leben. Aus dem Chinesischen verdeutscht und erläutert von Richard Wilhelm. Diederichs-Verlag, Jena, 1921.

LAUSCH E. [Treibhaus]: Treibhaus Erde. Die Menschheit treibt ein Spiel mit dem Feuer. Geo, Heft 9, 1989, Seite 37 - 92.

LEUPOLD-LÖWENTHAL H. [Psychoanalyse]: Handbuch der Psychoanalyse. Verlag Orac, Wien, 1986.

LIN YUTANG [Laotse]: Die Weisheit des Laotse. Fischer Verlag, Frankfurt a. M., 1989.

LOCKER A., COULTER N. A. jr. [Systems]: A new look at the description and prescription of systems. Behav. Sc. 22, 1977, S. 197 - 206.

LOCKER A. [Beobachter]: Subjekt- und Beobachterproblematik mit Blick auf die "polykontexturale Logik". In: Kotzmann E. (Hg.): Gotthard Günther - Technik, Logik, Technologie, S. 167 - 203. Profil Verlag, München Wien, 1994.

LOCKER A. [Kybernetik]: Kybernetik und Systemtheorie als metatheoretische Brücken zwischen Einzelwissenschaften und Philosophie. In: Kybernetik und Systemtheorie. Wissenschaftsgebiete der Zukunft? ICS-Symposium Dresden. Nov. 1991, S. 23 - 43. Herausgegeben vom Institut f. Kybernetik und Systemtheorie. D-4630 Bochum 1, Am Hülsenbusch 54.

LUCAN [Pharsalia 5.86 f.]. Deutsche Übersetzung in Luck [Magie, Seite 339 - 343].

LUCK G. [Magie]: Magie und andere Geheimlehren in der Antike. Mit 112 neu übersetzten und einzeln kommentierten Quellentexten. Alfred Kröner Verlag, Stuttgart, 1990.

MACIOCIA G. [Chin. Med.]: Die Grundlagen der Chinesischen Medizin. Ein Lehrbuch für Akupunkteure und Arzneimitteltherapeuten. Verlag für Traditionelle Chinesische Medizin. Dr. Erich Wühr, Kötzing Bayer. Wald, 1994.

MADER L. [Griech. Sagen]: Griechische Sagen. Apollodoros, Parthenios, Antoninus Liberalis. Hyginus. Artemis Verlag, Zürich Stuttgart, 1963.

MATTHAEI R. [Goethes Spektren]: Goethes Spektren und sein Farbenkreis. Darin der erste Rekonstruktionsversuch des Goetheschen Farbenkreises auf einer bunten Tafel. Ergebnisse der Physiologie, München, 34. Band, 1932, S. 191 - 219.

N. N. [Katechismus]: Katechismus der Katholischen Kirche. R. Oldenbourg Verlag, München, 1993.

N. N. [Tschernobyl]: Tschernobyl. Sendung des Österreichischen Weltradios auf Kurzwellen. 29. April 1998, 6.10 Uhr.

N. N. [Bibel]: Einheitsübersetzung der Heiligen Schrift. Die Bibel. Gesamtausgabe. Psalmen und Neues Testament. Ökumenischer Text. Kath. Bibelanstalt GmbH, Stuttgart, 1980.

N. N. [I Ging]: I Ging. Text und Materialien. Übersetzt von Richard Wilhelm. Eugen Diederichs Verlag, München, 1996.

NEWTON I. [Optik]: Optik oder Abhandlung über Spiegelungen, Brechungen, Beugungen und Farben des Lichtes. London, 1704. Übersetzt und herausgegeben von William Abendroth. Leipzig 1898. Nachdruck: Vieweg, Braunschweig Wiesbaden, 1983.

OVID [Ibis]: Publius Ovidius Naso: Ibis, Fragmente, Ovidiana. Herausgegeben, übersetzt und erläutert von Bruno W. Häuptli. Wiss. Buchges., Darmstadt 1996.

PARKER S. [Single-Photon-Interference]: Single-Photon Double-Slit Interference - A Demonstration. Amer. J. Phys. 40 (1972) S. 1003 - 1007.

PLATON [Werke]: Sämtliche Werke . 3 Bände. Verlag Lambert Schneider, Berlin, ohne Jahresangabe.

POLACK J. S. [New Zealand]: New Zealand. A narrative of travels and adventure. London 1838. Vol. I, S. 81-84. Zitiert in Canetti [Masse, Seite 30-31].

PÖLTNER G. [Vernunft]: Evolutionäre Vernunft. Eine Auseinandersetzung mit der Evolutionären Erkenntnistheorie. Verlag W. Kohlhammer, Stuttgart Berlin Köln, 1993.

RICHTER M. [Farbmetrik]: Farbmetrik. In: Bergmann Schaefer [Optik, S. 639 - 695]

RORTY R. [Hoffnung]: Hoffnung statt Erkenntnis. Eine Einführung in die pragmatische Philosophie. Aus dem Amerikanischen von Joachim Schulte. Passagen-Verlag, Wien, 1994.

ROSSNAGEL A. [Grundrechte]: Radioaktiver Zerfall der Grundrechte. Zur Verfassungsverträglichkeit der Kernenergie. C. H. Beck Verlag, München, 1984.

SACKS O. [Wissenschaft]: Skotom - Vergessen und Mißachtung in der Wissenschaft. In: Silvers [Wissenschaft, Seite 135 - 170].

SANTILLANA G., DECHEND H. [Mühle des Hamlet]: Die Mühle des Hamlet. Ein Essay über Mythos und das Gerüst der Zeit. Springer-Verlag, Wien New York, 2. Auflage, 1994.

SCHAIFERS K., TRAVING G. [Handbuch]: Meyers Handbuch über das Weltall. 5. Auflage, Bibliographisches Institut, Mannheim Wien Zürich, 1973.

SCHIMMEL A. [Zeichen]: Die Zeichen Gottes. Die religiöse Welt des Islam. C. H. Beck Verlag, München, 1995.

SCHISCHKOFF G. [Philosophisches]: Philosophisches Wörterbuch. 22. Auflage. Alfred Kröner Verlag, Stuttgart, 1991.

SCHUMACHER E. F. [Rückkehr]: Die Rückkehr zum menschlichen Maß. Alternativen für Wirtschaft und Technik. "Small is Beautiful". Rowohlt Verlag, Reinbeck bei Hamburg, 1981.

SILVERS [Wissenschaft]: Silvers R. B. (Hrsg.) et al.: Verborgene Geschichten der Wissenschaft. Berlin-Verlag, Berlin, 1996.

STANLEY [Sinai]: Sinai and Palestine. London 1864. Zitiert in: Canetti [Masse, Seite 177 - 179].

STIFTER A. [Werke]: Stifters gesammelte Werke. Insel-Verlag, Leipzig, ohne Jahresangabe.

SUZUKI D. T. [Weg]: Der westliche und der östliche Weg. Essays über christliche und buddhistische Mystik. Ullstein Verlag, Frankfurt a. M., 1988.

SZABO A. [Geozentrik]: Das geozentrische Weltbild. Astronomie, Geographie und Mathematik der Griechen. Deutscher Taschenbuch Verlag, München, 1992.

TACITUS [Werke]: Cornelius Tacitus: Sämtliche Werke. Phaidon-Verlag, Wien, 1935.

THOMAS O. [Astronomie]: Astronomie, Tatsachen und Probleme. Verlag Bergland-Buch, Graz Wien Leipzig Berlin, 1934.

THÖNE K. [Astronomie]: Einführung in die Astronomie. Hallwag Verlag, Bern Stuttgart, 1971.

TITAYNA [Caravane]: La Caravane des Morts, Paris 1930. Zitiert in: Canetti [Masse, Seite 170 - 172].

TONOMURA et al. [Single-electron]: Demonstration of single-electron buildup of an interference pattern. Amer. J. Phys. 57 (1989), 117 - 120.

VAN DER WAERDEN B. L. [Astronomie]: Erwachende Wissenschaft. Bd. 2: Die Anfänge der Astronomie. Birkhäuser Verlag Basel und Stuttgart, 1968.

WAGNER F. [Wissenschaft]: Die Wissenschaft und die gefährdete Welt. Eine Wissenschaftssoziologie der Atomphysik. C. H. Beck'sche Verlagsbuchhandlung, München, 1964.

WALDENFELS B. [Lebenswelt]: In den Netzen der Lebenswelt. Suhrkamp Verlag, Frankfurt a. M., 1985.

WEHR G. [Jung]: C. G. Jung in Selbstzeugnissen und Bilddokumenten. Rowohlt (Bildmonographien), Hamburg, 1969.

WEITBRECHT H. J. [Psychiatrie]: Psychiatrie im Grundriß. Springer-Verlag, Berlin Göttingen Heidelberg, 1963.

WEIZENBAUM J. [Verantwortung]: Kurs auf den Eisberg. Die Verantwortung des einzelnen und die Diktatur der Technik. Piper, München Zürich, 3. Auflage, 1987.

WEIZSÄCKER C. F. [Goethe]: Einige Begriffe aus Goethes Naturwissenschaft. In: Goethe [Hamburger Ausg., 13. Bd., S. 539 - 555].

WHO [Tschernobyl]: Bevölkerung um Tschernobyl unter psychischer Belastung. WHO-Bericht zum 7. Jahrestag der Katastrophe. Salzburger Nachrichten, 24. April 1993, Chronik, Seite 21.

WIELAND J. [Tschernobyl]: Wieland J., Madej H.: Die Kinder von Tschernobyl. Geo, Heft 3, 1991, Seite 44 - 58.

ZENKER E. V. [China, Band, Seite]: Geschichte der chinesischen Philosophie. Zum ersten Male aus den Quellen dargestellt. 1. Band: Das klassische Zeitalter bis zur Han-Dynastie (206 v. Chr.). 2. Band: Von der Han-Dynastie bis zur Gegenwart. Verlag Gebrüder Stiepel, Reichenberg 1926 und 1927.

ZIMMERMANN P. [Gau]: Zehn Jahre nach dem Gau. Neue Bücher über den Reaktorunfall von Tschernobyl. Kontext, Sachbücher und Themen. ORF-Ö1, 15. April 1996, 22.20 Uhr.

Sachverzeichnis

Seitenziffern in runden Klammern (..) beziehen sich auf Fußnoten.

Seitenziffern im *Kursiv*druck verweisen auf ein Stichwort im Glossar. Im Glossar machen Hinweispfeile auf die Vernetzung mit anderen Begriffen in diesem Glossar aufmerksam.

N

O

P

Gerhard Fasching

Buchpublikationen

(nach dem Erscheinungsjahr der letzten Auflage geordnet)

Gerhard Fasching: Sternbilderkunde. Himmelskarten, Himmelskörper, Sternbilder. 205 Seiten mit 190 Abbildungen. Vieweg-Verlag, Braunschweig Wiesbaden, 1986.

Gerhard Fasching: Die empirisch-wissenschaftliche Sicht. 432 Seiten mit 87 Abbildungen. Springer-Verlag, Wien New York, 1989.

Gerhard Fasching: Sternbild-, Mond- und Planetenkalender. 62 Seiten mit 28 Abbildungen. Springer-Verlag, Wien New York, 1990.

Gerhard Fasching: Zerbricht die Wirklichkeit? 129 Seiten mit 12 Abbildungen. Springer-Verlag, Wien New York, 1991.

Gerhard Fasching: Sprengsatz Wissenschaft. 220 Seiten. Edition Va Bene, Wien, 1993.

Gerhard Fasching: Werkstoffe für die Elektrotechnik. Mikrophysik, Struktur, Eigenschaften. 678 Seiten mit 398 Abbildungen. Springer-Verlag, Wien New York, 3. verbesserte und erweiterte Auflage, 1994.

Gerhard Fasching, H. Hauser, W. Smetana: Werkstoffe für die Elektrotechnik. Aufgabensammlung. 83 Seiten mit 18 Abbildungen. Springer-Verlag, Wien New York, 2. verbesserte Auflage 1995.

Gerhard Fasching: Man sollte nicht den Finger, der auf den Mond weist, für den Mond selbst halten. 98 Seiten mit 11 Abbildungen. Springer-Verlag, Wien New York, 1995.

Gerhard Fasching: Verlorene Wirklichkeiten. Über die ungewollte Erosion unseres Denkraumes durch Naturwissenschaft und Technik. 108 Seiten. Springer-Verlag, Wien New York, 1996.

Gerhard Fasching, Herbert Pietschmann: Fortschritt von Technik und Naturwissenschaft: Wohltat oder Plage? Wiener Vorlesungen, Band 48, 85 Seiten. Picus-Verlag, Wien, 1996.

Gerhard Fasching: Sternbilder und ihre Mythen. 379 Seiten mit 101 Abbildungen. Springer-Verlag, Wien New York, 3., erweiterte Auflage, 1998.

Gerhard Fasching: Lost Actualities. Translated from the German by Heinrich Eichhorn. 102 Seiten. Springer-Verlag, Wien New York, 1999.

Gerhard Fasching: Das Kaleidoskop der Wirklichkeiten. Über die Relativität naturwissenschaftlicher Erkenntnis. 256 Seiten mit 38 Abbildungen. Springer-Verlag, Wien New York. 1999.

Gerhard Fasching, Ingrid Wertner: Sterne, Götter, Mensch und Mythen. Griechische Sternsagen im Jahreskreis. (In Vorbereitung)